马铃薯食品加工技术

主　编　刘凤霞
副主编　李润红　刘玲玲

图书在版编目(CIP)数据

马铃薯食品加工技术/刘凤霞主编．—武汉:武汉大学出版社,2015．9
马铃薯科学与技术丛书
ISBN 978-7-307-16501-4

Ⅰ．马…　Ⅱ．刘…　Ⅲ．马铃薯—食品加工　Ⅳ．TS235．2

中国版本图书馆 CIP 数据核字(2015)第 186870 号

责任编辑:方慧娜　　责任校对:汪欣怡　　版式设计:马　佳

出版发行:**武汉大学出版社**　(430072　武昌　珞珈山)
(电子邮件:cbs22@ whu．edu．cn 网址:www．wdp．com．cn)
印刷:湖北民政印刷厂
开本:787×1092　1/16　印张:16．5　字数:397 千字　插页:1
版次:2015 年 9 月第 1 版　　2015 年 9 月第 1 次印刷
ISBN 978-7-307-16501-4　　定价:34．00 元

总　　序

马铃薯是全球仅次于小麦、水稻和玉米的第四大主要粮食作物。它的人工栽培历史最早可追溯到公元前8世纪到5世纪的南美地区。大约在17世纪中期引入我国，到19世纪已在我国很多地方落地生根，目前全国种植面积约500万公顷，总产量9000万吨，中国已成为世界上最大的马铃薯生产国之一。中国人民对马铃薯具有深厚的感情，在漫长的传统农耕时代，马铃薯作为赖以果腹的主要粮食作物，使无数中国人受益。而今，马铃薯又以其丰富的营养价值，成为中国饮食烹饪文化不可或缺的部分。马铃薯产业已是当今世界最具发展前景的朝阳产业之一。

在中国，一个以“苦瘠甲于天下”的地方与马铃薯结下了无法割舍的机缘，它就是地处黄土高原腹地的甘肃定西。定西市是中国农学会命名的“中国马铃薯之乡”，得天独厚的地理环境和自然条件使其成为中国乃至世界马铃薯最佳适种区，马铃薯产量和质量在全国均处于一流水平。20世纪90年代，当地政府调整农业产业结构，大力实施“洋芋工程”，扩大马铃薯种植面积，不仅解决了群众温饱，而且增加了农民收入。进入21世纪以来，实施打造“中国薯都”战略，加快产业升级，马铃薯产业成为带动经济增长、推动富民强市、影响辐射全国、迈向世界的新兴产业。马铃薯是定西市享誉全国的一张亮丽名片。目前，定西市是全国马铃薯三大主产区之一，建成了全国最大的脱毒种薯繁育基地、全国重要的商品薯生产基地和薯制品加工基地。自1996年以来，定西市马铃薯产业已经跨越了自给自足，走过了规模扩张和产业培育两大阶段，目前正在加速向“中国薯都”新阶段迈进。近20年来，定西马铃薯种植面积由100万亩发展到300多万亩，总产量由不足100万吨提高到500万吨以上；发展过程由“洋芋工程”提升为“产业开发”；地域品牌由“中国马铃薯之乡”正向“中国薯都”嬗变；功能效用由解决农民基本温饱跃升为繁荣城乡经济的特色支柱产业。

2011年，我受组织委派，有幸来到定西师范高等专科学校任职。定西师范高等专科学校作为一所师范类专科院校，适逢国家提出师范教育由二级（专科、本科）向一级（本科）过渡，这种专科层次的师范学校必将退出历史舞台，学校面临调整转型、谋求生存的巨大挑战。我们在谋划学校未来发展蓝图和方略时清醒地认识到，作为一所地方高校，必须以瞄准当地支柱产业为切入点，从服务区域经济发展的高度科学定位自身的办学方向，为地方社会经济发展积极培养合格人才，主动为地方经济建设服务。学校通过认真研究论证，认为马铃薯作为定西市第一大支柱产业，在产量和数量方面已经奠定了在全国范围内的“薯都”地位，但是科技含量的不足与精深加工的落后必然影响到产业链的升级。而实现马铃薯产业从规模扩张向质量效益提升的转变，从初级加工向精深加工、循环利用转变，必须依赖于科技和人才的支持。基于学校现有的教学资源、师资力量、实验设施和管理水平等优势，不仅在打造“中国薯都”上应该有所作为，而且一定会大有作为。

因此提出了在我校创办“马铃薯生产加工”专业的设想，并获申办成功，在全国高校尚属首创。我校自2011年申办成功“马铃薯生产加工”专业以来，已经实现了连续3届招生，担任教学任务的教师下田地，进企业，查资料，自编教材、讲义，开展了比较系统的良种繁育、规模化种植、配方施肥、病虫害综合防治、全程机械化作业、精深加工等方面的教学，积累了比较丰富的教学经验，第一届学生已经完成学业走向社会，我校“马铃薯生产加工”专业建设已经趋于完善和成熟。

这套“马铃薯科学与技术丛书”就是我们在开展“马铃薯生产加工”专业建设和教学过程中结出的丰硕成果，它凝聚了老师们四年来的辛勤探索和超群智慧。丛书系统阐述了马铃薯从种植到加工、从产品到产业的基本原理和技术，全面介绍了马铃薯的起源与栽培历史、生物学特性、优良品种和脱毒种薯繁育、栽培育种、病虫害防治、资源化利用、质量检测、仓储运销技术，既有实践经验和实用技术的推广，又有文化传承和理论上的创新。在编写过程中，一是突出实用性，在理论指导的前提下，尽量针对生产需要选择内容，传递信息，讲解方法，突出实用技术的传授；二是突出引导性，尽量选择来自生产第一线的成功经验和鲜活案例，引导读者和学生在阅读、分析的过程中获得启迪与发现；三是突出文化传承，将马铃薯文化资源通过应用技术的嫁接和科学方法的渗透为马铃薯产业创新服务，力图以文化的凝聚力、渗透力和辐射力增强马铃薯产业的人文影响力和核心竞争力，以期实现马铃薯产业发展与马铃薯产业文化的良性互动。

本套丛书在编写过程中得到了甘肃农业大学毕阳教授、甘肃省农科院王一航研究员、甘肃省定西市科技局高占彪研究员、甘肃省定西市农科院杨俊丰研究员等农业专家的指导和帮助，并对最终定稿进行了认真评审论证。定西市安定区马铃薯经销协会、定西农夫薯园马铃薯脱毒快繁有限公司对丛书编写出版给予了大力支持。在丛书付梓出版之际，对他们的鼎力支持和辛勤付出表示衷心感谢。本套丛书的出版，将有助于大专院校、科研单位、生产企业和农业管理部门从事马铃薯研究、生产、开发、推广人员加深对马铃薯科学的认识，提高马铃薯生产加工的技术技能。丛书可作为高职高专院校、中等职业学校相关专业的系列教材，同时也可作为马铃薯生产企业、种植农户、生产职工和农民的培训教材或参考用书。

是为序。

杨声

2015年3月于定西

杨声：
“马铃薯科学与技术丛书”总主编
甘肃中医药大学党委副书记
定西师范高等专科学校党委书记　教授

前　　言

马铃薯是世界上仅次于小麦、水稻和玉米的第四大粮食作物。马铃薯块茎富含碳水化合物、维生素、矿物质、膳食纤维，可调节人体生理功能，维持生命，有促进人体新陈代谢的作用。以马铃薯为原料可以开发出一系列的加工产品，是当今世界最有发展前景的产业之一。

本书参阅了有关马铃薯食品技术的专著、论文、中国专利网上的专利、其他网络信息，以及相关厂家的最新资料，详细介绍了鲜切马铃薯、马铃薯片、马铃薯条、脱水马铃薯、马铃薯膨化食品、马铃薯发酵食品、马铃薯焙烤食品、马铃薯罐头食品、马铃薯粉丝、粉条和粉皮、马铃薯糖制品、马铃薯淀粉糖等马铃薯食品的加工基础知识和基本原理，包括生产工艺、操作要点、常见质量问题及加工设备。本书信息量大，知识面广，通俗易懂，实用性强，可作为高职高专相关专业学生的教材，也可供广大马铃薯种植者和马铃薯食品加工企业的人员阅读参考。

在本书的编写过程中，得到了许多业内同行和一线专家的大力支持和帮助，作者在此表示衷心的感谢。由于作者水平有限，书中不妥之处在所难免，热诚期望广大读者批评指正。

编　者

2015 年 3 月

目　　录

第1章 绪 论

马铃薯是世界上仅次于小麦、水稻和玉米的第四大粮食作物。马铃薯富含人体所需主要维生素及微量元素，生长在山区没有污染，可称得上“营养最均衡”的绿色常青食品。随着人民生活水平的不断提高，对薯片、薯条等消费量越来越大，马铃薯食品已成为一种时尚食品。

国外对马铃薯食品加工技术的研究和应用历史较长，对马铃薯从原料生产、储藏、产品加工、生产过程的质量控制以及产品的市场营销等方面都进行了全面、系统的研究。近几年，我国在这些方面的研究相当活跃，也取得了一些成果。

我国马铃薯种植面积广、产量较高、价格便宜，这些因素构成了马铃薯用于食品加工业的得天独厚的优势。特别是目前很多马铃薯产区的有关领导部门都十分重视马铃薯产业的发展，各地呼声急，要求迫切，积极性高，这是马铃薯食品加工业迅速开展起来的有利条件。所以，在我国开展马铃薯食品加工业的现实意义不可低估，而且具有广阔前景。

1.1 马铃薯食品的发展历史

马铃薯是我国及世界范围内广泛种植的一种农产品，在人类的食物组成上占有很重要的地位。然而过去人们对马铃薯都是称赞少、误解多。第二次世界大战后，随着社会的进步，方便食品进入人们日常生活的领域，使人们对马铃薯有了新的认识。目前马铃薯已成为方便食品的八大组成部分之一。

马铃薯食品加工有着悠久的历史和不少动人的故事。大约在16世纪初，西班牙海盗战胜了世世代代居住在秘鲁的印第安人，那里的自然资源开始被盗窃，侵略者在被他们征服了的国家里看到了许多新奇的东西，特别让西班牙人感到惊奇的是所有秘鲁人都在吃一种在他们看来有些奇怪的“地下果实”，这种“地下果实”就是我们现在所说的马铃薯。那时，印第安人把马铃薯块茎里的汁液榨出来，然后晒干作为食物。他们甚至已懂得怎样保存这种“地下果实”。秘鲁的气候特殊，夜里很冷，而白天太阳照得很热。印第安人就在夜晚把马铃薯冷冻，白天再把它们放在日光下晒干，反复地冻融直至马铃薯水分全失，变得又轻又硬为止。他们把晒干的产品叫做“昌诺”，拿来当做食物，这就是古代秘鲁人的一种独特的“罐头”食品。从它的加工工艺来看，可以说，这是世界上最早的以冷冻法脱水的马铃薯食物。

据说，西班牙人最初吃马铃薯是生吃，这当然不好吃并且不容易消化。过了一段时间，欧洲人才开始把马铃薯煮熟或烤熟了吃。1553年，西班牙赛维里亚城出版的《秘鲁纪事》一书中曾这样记载：“巴巴——这是一种特殊的地下果实，把它煮熟，就变得柔软，像烤过的栗子一样，外面包着一层皮，不比麦蕈的皮厚。”

马铃薯在法国的历史也很有趣。它在路易十六时期传到了法国，法国人给马铃薯想了一个名字，意思就是“地苹果”。最初，法国人认为马铃薯是一种粗糙的食物，只配给不讲究饮食的人吃。然而不久，马铃薯就得到了一位法国人的赏识，他就是巴黎的药剂师安东。据说在这位药剂师的请求和劝说下，有一次国王终于吃了一盘用马铃薯做的菜，这盘菜很讨国王的喜欢，于是法国最上层社会里就开始流行吃马铃薯了。

这些有趣的马铃薯食品的传说，足以说明马铃薯成为人类的食物已有悠久历史，马铃薯用于食品加工是有其基础的，也是大有可为的。早期的马铃薯食品，品种单一，一家一户，土法加工。而随着人类社会的发展，马铃薯食品加工变得工业化、机械化，生产规模由一家一户到现在的联营加工企业，马铃薯食品从品种单一、吃法简单到现在的形式多样，让人们更好地食用马铃薯。

自17世纪以来，马铃薯先后经丝绸之路、印度、南洋群岛、苏联4条通道传入我国，在我国栽培最早的是西北、西南高原地区，之后相继发展到河北、东南沿海和东北地区。现在我国马铃薯种植面积约8464.935万亩，平均亩产2376斤，鲜薯总产量达10059.57万吨，居世界第一位。但是单产低，人均产量低，与世界先进国家仍有较大差距。近年来，马铃薯的销售量在逐年增加，2013年我国马铃薯产品出口额为18557.64万美元，比2001年的1778.41万美元增长近10倍，年均增幅21.58%，其中鲜马铃薯产品占出口总额的68.24%。值得注意的是，马铃薯加工业发展缓慢。马铃薯加工以马铃薯精淀粉、全粉、冷冻薯条和薯片为主，附加值低，产业链短。以消耗马铃薯原料的量计算，马铃薯淀粉加工量占加工总量的70%左右，马铃薯全粉、薯条、薯片分别占20%、5%、5%。马铃薯淀粉加工的行业门槛低，且缺少合理规划，造成马铃薯淀粉加工业盲目过度发展和低水平重复建设，产能严重过剩，开工率不足。如何扩大马铃薯的销路，开拓马铃薯的用途，我们不妨借鉴国外马铃薯加工技术中的有益经验。

1.2　国内外马铃薯食品的生产现状

根据联合国粮农组织（FAO）2013年统计数据，我国马铃薯总产量居世界第一位，是世界总产量的24.2%。但在我国马铃薯总产量中仅有10%用于马铃薯加工，其加工产品主要集中在加工粉丝、粉条等中低端产品，其余多数作为鲜食和饲用，而西欧国家50%以上的马铃薯用于加工产品。

1.2.1　国内马铃薯食品的生产现状

目前我国马铃薯食品主要有以下几种产品。

1. 油炸薯片

油炸薯片是我国目前市场上最为常见的一种马铃薯食品，也是我国发展相对较快、有关投资方竞相投资的马铃薯食品加工项目。

我国从20世纪80年代末起，先后从美国、瑞典、荷兰、芬兰等国引进了20余条油炸马铃薯片生产线。全国的油炸马铃薯片的年总生产销量估计为4万~5万吨，其中，年生产和销售量均在2000吨以上的企业仅为10家左右。目前，采用国产设备生产薯片的企业数量不多，绝大部分企业采用引进设备进行加工生产。

各地市场上销售的马铃薯食品主要有百事食品（中国）有限公司的乐事薯片、上海晨光食品工业有限公司的上好佳薯片、北京联华食品工业有限公司的卡迪娜薯片、广东荣家香港有限公司的卡露芙薯片、苏州妈咪大宝食品有限公司的薯片先生等，百事食品(中国）有限公司仅上海超市年销售量就在2000吨以上。云南昆明是我国马铃薯食品发展较快的地区之一，现有规模不等的油炸薯片生产厂十几家，除天使食品公司、子弟食品公司两家使用引进设备进行生产外，其余都是一般的小食品加工厂。

2. 复合薯片

复合薯片与其他马铃薯食品相比较具有以下特点：①复合薯片采用马铃薯全粉、马铃薯淀粉等马铃薯一次加工产品为原料进行生产，其对加工点的选择不如油炸薯片那样严格；②复合薯片采用复合工艺加工生产，与其他马铃薯食品相比，在产品的形状、品种、规格，尤其是产品的口味、风味的调制及薯片含油量的控制等方面与油炸薯片相比有着更大的灵活性；③复合薯片大多采用纸复合罐等硬性容器包装，与同样重量的油炸薯片产品相比，包装容积缩小、保质期大大延长。这样，不仅可以大大减少产品运输、存放等的成本、费用，而且也使消费者感到携带、取食方便，打开包装罐后可以几次分食，不必一次吃光，迎合了大多数消费者的消费习惯和消费心理。我国马铃薯全粉加工工业的发展为我国复合马铃薯片的生产打下了扎实的原料基础。复合薯片是一种极具投资前景的马铃薯食品加工项目。

3. 速冻薯条

速冻薯条是美式快餐的主要食品之一。自1992年第一家麦当劳快餐店在北京开业以来，由麦当劳、肯德基、比萨饼等快餐店培育起来的消费群体也正在快速膨胀，速冻薯条在中国的市场正在不断扩大。目前我国加工型马铃薯的品种、产量短缺，致使速冻马铃薯条的生产发展在我国受到了一定的限制。

我国马铃薯加工业总体水平比较落后，在马铃薯生产总量中约有50%用作鲜食、饲用和留种，约有14%用于加工淀粉、粉丝粉条、全粉、薯条、薯片等，约占5%用于出口，还有30%的鲜薯有待利用。随着麦当劳、肯德基等洋快餐在我国落户，炸薯条、薯泥等马铃薯食品很受国内中层消费者的喜爱，尤其是儿童对其情有独钟，他们成为未来我国马铃薯食品庞大的潜在消费群体。目前北京、上海、广州等全国大中城市，以马铃薯条、马铃薯泥为基本原料的麦当劳、肯德基食品已占据我国快餐市场的半壁江山，而从各种渠道进口的其他油炸薯片、膨化食品等马铃薯加工制品也在不断增长。一些国外的马铃薯加工企业纷纷到中国来投资，如1993年北京辛普劳食品加工厂正式投产。该企业是美国辛普劳公司在亚洲开设的第一个食品加工厂，该厂的正式投产运营，使中国的马铃薯食品加工走上了一条快速发展之路。然而我国每年从国外进口的马铃薯食品数量仍很大，2008年，世界冷冻马铃薯总进口量是444.02万吨，中国的进口量是5.81万吨，占全部进口量的1.31%。近几年来，我国马铃薯进口数量仍在不断增加，每年因马铃薯食品的进口就流出数千万美元。

1.2.2 国外马铃薯食品的生产现状

全球现有150多个种植马铃薯的国家和地区，总栽培面积2009年达到0.187亿公倾。在欧美等发达国家，马铃薯多以主食形式消费，并颇得消费者的青睐，成为人们日常生活中不可缺少的食物之一。

马铃薯是制造方便食品的重要原料，目前国外的马铃薯制品已有百余种，可归为以下几类：①冷冻食品。冷冻是保存马铃薯营养成分和风味的最好方法，由于冷冻食品储存期较长而深受欢迎。国外每年冷冻的马铃薯数量占其用于食品加工总数的40%，方法有直接冷冻和油炸后冷冻两种。②油炸制品。油炸马铃薯制品已成为配菜、早点、小吃等大众食品，味美方便，营养丰富。③脱水制品。脱水制品的种类很多，有马铃薯泥、粉、片、丁等，在常温下可放几个月而不变质。此外，将马铃薯粉代替面粉应用于食品领域，可以用来加工各种糕点、面包及其他食品。④其他制品：用马铃薯做原料还可加工成强化制品、膨化制品、配菜、果酱饴糖、饮料、酱油、醋、罐头等多种食品。

1. 美国马铃薯食品

美国的马铃薯加工制品的产量和消费量约占总产量的76%，马铃薯食品多达90余种，在超级市场，马铃薯食品随处可见。美国约有300多个企业生产油炸马铃薯片，每人每年平均消费马铃薯食品30 kg。再加上用来加工成淀粉、饲料和酒精等的加工量，已占到马铃薯产量的85%左右。目前，美国以马铃薯为原料的加工产品已超过100种。

2. 日本马铃薯食品

日本的马铃薯年总产量为351.2万吨，仅北海道每年加工用的鲜薯就有259万余吨，占其总产量的86%；其中用于加工食品和淀粉的马铃薯约为205万吨，占总产量的72.4%。加工产品主要有冷冻马铃薯产品，马铃薯片（条）、马铃薯泥，薯泥复合制品，淀粉以及马铃薯全粉等深加工制品、全价饲料。

3. 欧盟国家马铃薯食品

德国每年进口200多万吨马铃薯食品，主要产品有干马铃薯块、干马铃薯丝和膨化薯块等，每人每年平均消费马铃薯食品19kg。英国每年人均消费马铃薯近100kg，全国每年用于食品生产的马铃薯450万吨，其中冷冻马铃薯制品最多。瑞典的阿尔法·拉瓦-福特卡联合公司，是生产马铃薯食品的著名企业，年加工马铃薯1万多吨，占瑞典全国每年生产马铃薯食品5万吨的1/4。法国是快餐马铃薯泥的主要生产国，早在20世纪70年代初其年生产量就达2万多吨，全国有12个大企业生产马铃薯食品，人均消费马铃薯制品39kg。综上所述，可以看出当前全球马铃薯加工产业的发展正进入兴旺发达阶段。

1.3　我国马铃薯食品工业存在的问题及发展对策

1.3.1　我国马铃薯食品工业存在的问题

1. 专用品种少

适合加工的马铃薯专用品种的数量仍然有限，远不能适应马铃薯加工业的需求；比较畅销的加工型品种大多是从国外引进的，这些品种病害传播和退化速度快，在不同气候条件下和不同土壤上种植的品质差距很大，品质低，不易储存。

2. 加工业的规模不大

我国马铃薯加工企业虽然有好几千家，但规模化的加工企业不足百家，大多数加工企业生产规模小，设备陈旧，技术落后，直接影响马铃薯产业的发展。

3. 储藏技术落后

缺乏理想的储藏技术手段，设施简陋，储藏量小，技术水平低，损耗量大，不能适应现代化加工业的生产要求。

4. 技术标准、质量安全与时代要求不配套

无标生产和低标生产现象仍较严重，现有的部分标准已多年未经修改，指标控制不严或指标明显过时，特别是缺乏质量保证规范。

5. 加工技术水平低

一是装备技术水平低，性能不稳，可靠性差，能耗高，加工质量粗糙；二是生产技术水平低，能耗和物耗高，生产效率低，加工质量差，加工成本高；三是管理水平低，现代化管理开发应用层次浅，规模化生产组织发育不健全，难以达到规模经济的专业化生产要求。

6. 技术创新能力不强

主要表现在以下方面：一是经营者思想观念陈旧，创新意识不强；二是创新设施和服务支撑体系比较薄弱，中介服务和技术市场不健全；三是创新人才匮乏，难以形成创新能力；四是企业自我积累能力较弱，开发投入不足，创新机制不健全，创新主体地位难以确立；五是科研链条短，科研设施陈旧，科技支撑体系薄弱。

1.3.2　我国马铃薯加工业的发展对策

要发展马铃薯产业，使之成为我国马铃薯增值的一个经济增长点，首先应加强科研攻关，培育专用化品种，这是保证产品质量的前提和基础。二是采用高新技术，应用先进设备，提高转化效率，达到马铃薯增值目的。三是建立和完善马铃薯的深加工体系，加大综合开发力度，走产业化开发、生产、加工、销售一体化的经营之路。

第2章　马铃薯简介

2.1　马铃薯的营养成分

2.1.1　马铃薯的化学组成及营养价值

马铃薯块茎的主要化学组成有淀粉、糖类、纤维素、含氮化合物、脂类和灰分等。受不同品种特性、栽培条件、气候因素等的影响，块茎的化学成分变化较大。此外，块茎中含有的维生素、酶、生物碱、无机盐等化合物对马铃薯的品质均有明显影响。在马铃薯植株的营养生长过程中，茎叶和块茎的化学成分都在不断地发生变化。

新鲜马铃薯块茎的主要化学成分详见表2-1。

表2-1　**新鲜马铃薯块茎的化学成分（占百分比）**

物质	比例范围/（%）	平均量/（%）
水	63.0~86.0	80.0
干物质	13.0~36.0	20.0
淀粉	8.0~29.4	17.5
碳水化合物	13.0~30.0	16.9
纤维素	0.2~3.5	1.0
蛋白质	0.7~4.6	2.0
脂肪	0.02~0.96	0.2
灰分	0.44~1.9	1.0
有机酸	0.1~1.0	0.6

1. 淀粉

像其他块茎植物一样，淀粉是马铃薯块茎的主要成分（见表2-2）。块茎的淀粉含量与品种特性和其他因素有关，例如，早熟品种块茎的淀粉含量低于中晚熟品种；淀粉含量高的品种适于工业加工。

淀粉有同化淀粉和储藏淀粉之分，块茎中的淀粉是由葡萄糖合成的储藏淀粉，淀粉粒呈圈层状结构，直径为1~110μm，块茎中淀粉的直径大部分为10~60μm。像其他作物的淀粉一样，马铃薯淀粉也分直链淀粉和支链淀粉。直链淀粉占块茎总淀粉含量的20%~25%，支链淀粉占75%~80%。直链淀粉的相对分子质量为18万，支链淀粉的相对分子质量为100万~600万。每100g淀粉含磷50~100mg，所含的磷与支链淀粉相结合。磷含量与淀粉的黏度有关，含磷越多的淀粉，黏度越大。马铃薯淀粉的糊化温度是55~65℃。

表 2-2　　马铃薯块茎（干物质）的化学成分（占百分比）

物质	比例范围/（%）	平均量/（%）
淀粉	60.0~80.0	70
还原糖	0.25~3.0	0.5~2.0
全氮	1.0~2.0	1.0~2.0
蛋白氮	0.1~1.0	0.5~1.0
膳食纤维	3.0~8.0	6~8
脂肪	0.1~1.0	0.3~0.5
矿物质	4.0~6.0	4~6

淀粉在马铃薯块茎中的分布不均匀，顶部芽眼多，淀粉含量比基部少15%~20%。块茎的形成层和髓外部（占块茎重的70%）含淀粉量最多，表皮和髓内部（占块茎重的25%~30%）含淀粉量少，同一植株的各块茎之间的淀粉含量可相差百分之几。块茎中的淀粉粒大多数是中等大小的。

2. 糖

马铃薯块茎除含有淀粉外，还含有纤维素、果胶质、蔗糖、葡萄糖、果糖等多种碳水化合物，块茎中糖及其衍生物的含量如表2-3所示。糖在块茎中的分布不均匀，一般块茎顶部的含糖量比基部少15%~20%。

块茎中的含糖量在储藏期间会增加，主要是蔗糖、葡萄糖和果糖的含量增加，同时，这些糖的磷酸酯在块茎中也积累相当多。尤其是在低温储藏时对还原糖的积累特别有利。糖分多时可达鲜重的7%，这是由于在低温条件下，块茎内部呼吸作用所放出的二氧化碳大量溶解于细胞中，从而增加了细胞的酸度，促进了淀粉的分解，使还原糖增加。还原糖含量高，会使一些马铃薯加工制品的颜色加深。

表 2-3　　马铃薯块茎（干重）中的糖及其衍生物的含量（占百分比）

成分	含量/（%）
葡萄糖	0.5~1.5
果糖	0.4~2.9
甘露糖	痕量
蔗糖	0.7~6.7
麦芽糖	0~1
棉子糖	痕量
1-磷酸葡萄糖	0~2
6-磷酸葡萄糖	0.7~4.5
6-磷酸果糖	0.2~2.5
丙糖磷酸酯类	0.2~1
肌醇	0.1~0.4

一般情况下，块茎中没有麦芽糖，但在块茎萌发时，淀粉分解很快，麦芽糖可积累到1%。丙糖磷酸酯是块茎中碳水化合物代谢的中间产物。肌醇主要以肌醇酸钙镁盐的形式存在，起储藏物质的作用。根据 Verma 的研究，种植 161d 后块茎中含有还原糖和蔗糖的量比生长 136 d 的少，但是比 110 d 和 117 d 的多。糖在块茎中的分布不均匀，一般在块茎中心区域糖的浓度比边缘区域要高。块茎在低温储存条件下会积累大量的糖，发芽也会提高糖的含量；在氮气中储存不但不能积累糖，反而使淀粉含量降低。

3. 含氮物质

马铃薯的营养价值不仅取决于块茎中的淀粉和糖，而且取决于含氮物质，主要取决于蛋白质和游离氨基酸。马铃薯块茎中粗蛋白的平均含量约占块茎鲜重的 2%，或者占其干重的 8%~10%。

蛋白氮和非蛋白氮在块茎中的比例一般是 2：1 或者 1：1。马铃薯块茎蛋白质以盐溶蛋白为主，约占块茎蛋白质总量的 70%~80%，而碱溶蛋白占 20%~30%。在块茎中没发现有水溶蛋白或醇溶蛋白。马铃薯的蛋白质是完全蛋白质，含有人体必需的 8 种氨基酸，每 100g 块茎蛋白质含有 6.3g 赖氨酸，2.2g 蛋氨酸，6.3g 苯丙氨酸，1.9g 色氨酸，5.3g 苏氨酸，6g 缬氨酸，15.8g 亮氨酸和异亮氨酸。其中赖氨酸和色氨酸是其他粮食作物所缺乏的。因此，马铃薯蛋白质的生物学价值较高，比许多谷类作物的蛋白质质量好。鸡蛋蛋白质的生物学价值为 100%，马铃薯蛋白质的生物学价值平均为 85%。马铃薯蛋白质的等电点是 4.4，变性温度为 60℃。

研究发现在马铃薯中含有丰富的粘体蛋白（一种多糖蛋白混合物），它能预防心血管系统的脂肪沉积，保持动脉血管的弹性，防止动脉粥样硬化的过早发生，还可以防止肝肾中结缔组织的萎缩，保持呼吸道和消化道的润滑。

马铃薯块茎中含有许多非蛋白氮，约占块茎全氮量的 1/3~1/2。非蛋白氮以游离氨基酸和酰胺酸为主。块茎所含游离氨基酸不少于 20 种。游离氨基酸和酰胺提高了块茎的营养价值。

含氮物质在块茎中的分布不均匀，表皮、皮层和髓部含氮物质多，形成层含氮物质少。

4. 有机酸

马铃薯块茎的 pH 值为 5.6~6.2。块茎细胞的胞液里含有许多有机酸，包括柠檬酸、异柠檬酸、苹果酸、草酸、乳酸、焦性酒石酸、酒石酸、琥珀酸和其他酸类。其中，柠檬酸的含量较多，可达 0.4%~0.8%。由块茎制取淀粉时，由每吨块茎同时可制取 1kg 柠檬酸。苹果酸的含量一般为百分之零点几，其他酸的含量较少。马铃薯中有机酸的含量与所施氮肥的形态有密切关系。马铃薯施硝态氮肥时，块茎中有机酸的含量比施氨态氮时有明显提高。

5. 维生素

马铃薯块茎含有多种维生素，每 100g 块茎中含有 10~25mg 维生素 C、0.4~2g 维生素 PP（即维生素 B_3，也称为烟酸）、0.9g 维生素 B_6、0.2~0.3g 泛酸、0.05~0.2g 维生素 B_1、0.01~0.2g 维生素 B_2、0.05g 胡萝卜素。在每 100g 块茎中，维生素 C 的平均含量为 10~25mg，但在某些情况下，可达 50mg。新收获的嫩薯含维生素 C 较多。马铃薯储藏 1~6 个月时，随着储藏时间的延长，维生素 C 含量逐渐降低，降低幅度为 41.7%~

65.6%。去皮马铃薯在烹调时损失维生素 C 大约 25%，而带皮薯块损失 20%。维生素 C 大部分集中在块茎的形成层中，表皮和髓部含量很少。马铃薯是食物中维生素 C 的主要来源。如果冬季块茎含维生素 C 10~15mg，每天进食 200~300g 薯块，在很大程度上即可满足人们对维生素 C 的需要。B_1、B_2、B_6、PP、泛酸等水溶性维生素在马铃薯块茎中的含量比白菜、黄瓜、苹果、梨等蔬菜和水果要多，但仅靠马铃薯不能满足人体对这些维生素的需要。

马铃薯块茎中的维生素 C 以还原态（抗坏血酸）和氧化态（脱氢抗坏血酸）两种状态存在，但后者的含量往往很低。在加工过程中，脱氢抗坏血酸不可逆地转变成二酮古洛糖酸。二酮古洛糖酸不具有维生素 C 的生物活性（见图 2-1）。温度和储存时间均显著影响维生素 C 的含量。

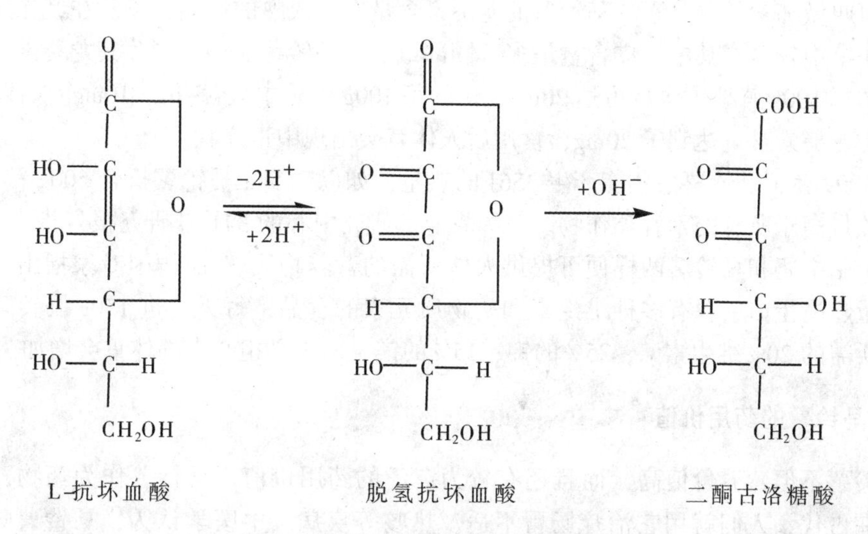

图 2-1　L-抗坏血酸氧化时结构的变化

6. 脂类

马铃薯块茎中脂类的含量很少，其含量约占鲜重的 0.04%~0.94%，平均为 0.2%。在马铃薯块茎的脂肪中，发现有甘油三酸酯、棕榈酸、油酸、亚油酸和亚麻酸，后两种油酸对动物有重要意义，因为动物组织不能合成，必须从饲料中获得。利用马铃薯作饲料，几乎可以满足动物对这些酸的需要。

7. 灰分

马铃薯块茎中的灰分占干物质总量的 2.12%~7.48%，平均为 4.38%。其中以钾为最多，约占灰分总量的 2/3，这是由马铃薯需钾量多所决定的。磷含量次之，约占灰分总量的 1/10，比禾谷类、油料、豆科及其他一些作物的灰分含磷多。马铃薯中钙、硫的含量较低。高血压病人需要摄入硫的量低，因此，马铃薯适合作高血压病人的食物。马铃薯还含有其他无机元素氯、硅、钠、铁、镁、铜、铬、锰、硒和钼，还是极好的氟化物的来源。

无机物在马铃薯块茎中的分布是不均匀的。灰分在表皮中最多，在块茎的其他部分最少。栽培在黏重的土壤上的马铃薯灰分比栽培在疏松土壤上的少。马铃薯施用含氯的钾肥时，灰分含量提高，其中的钾和氯增多。施氮肥会降低马铃薯的灰分含量，而磷肥对马铃薯的灰分含量没有明显的影响。马铃薯的灰分呈碱性，对平衡食物的酸碱度具有显著的作用。

8. 酶类

马铃薯中含有淀粉酶、蛋白酶、氧化酶等。氧化酶有过氧化酶、细胞色素氧化酶、络氨酸酶、葡萄糖氧化酶、抗坏血酸氧化酶等，这些酶主要分布在马铃薯能发芽的部位。马铃薯在空气中的褐变就是其氧化底物绿原酚和络氨酸在氧化酶的作用发生的生化反应。通常防止马铃薯变色的方法是破坏酶类或将其与氧隔绝。

9. 糖生物碱

马铃薯含有糖生物碱，是由含氮有机物和糖组成的黑色苦味有毒物质，一般叫做马铃薯素，也叫做茄素、龙葵素。马铃薯的龙葵素含量在未成熟的块茎，以及在经光照射表皮发绿的块茎中较多，其中外皮含量最多，髓部最少。马铃薯品种不同，其龙葵素含量也不同，高的每 100g 鲜薯中含量可达 20mg，低的每 100g 鲜薯中只含有 2~10mg。如果每 100g 鲜薯中的龙葵素含量达到了 20mg，食用后人体就会出现中毒症状。

每 100g 新鲜马铃薯块茎能产生 356J 的热量，如以 2. 5kg 马铃薯折合 500g 粮食计算，它的发热量高于所有的禾谷类作物。美国农业部研究中心的 341 号研究报告指出："作为食品，全脂牛奶和马铃薯两样便可提供人体所需的营养物质。"而德国专家指出，马铃薯为低热量、高蛋白、含有多种维生素和矿物质元素的食品，每天食进 150g 马铃薯，可摄入人体所需的 20%维生素 C、25%的钾、15%的镁，而不必担心人的体重会增加。

2. 1. 2　马铃薯的药用价值

马铃薯不但营养价值高，而且还有较为广泛的药用价值。马铃薯作为药物，源远流长。早在古代，人们就用它治疗肠胃不适、热咳等疾病。中医学认为，马铃薯味甘，性平，具有和胃、调中、健脾、强身益肾、活血消肿之功效，可以预防和治疗消化不良、食欲不振、习惯性便秘、神疲乏力、筋骨损伤、腮腺炎、关节疼痛、慢性胃炎、胃溃疡及十二指肠溃疡、皮肤湿疹等疾病，还有解毒、消炎作用。现代医学认为，马铃薯中含有大量的钾，对人体胰岛素分泌、酸碱平衡等生理功能有重要作用；也可治疗消化不良。马铃薯所含蛋白质高于普通根茎类蔬菜，其蛋白质是完全蛋白质，对人体具有较高的营养价值。马铃薯还含有多种维生素，有促进胃肠蠕动和加强胆固醇在肠道内代谢的功效，可治疗高血压、高血脂、动脉粥样硬化等。

医学研究证实，马铃薯对消化不良有特效，也是胃痛和心血管病患者的良药，对防治神经性脱发有显著的疗效，并有利尿作用。据专家调查，世界上被称为"长寿之乡"的高加索地区，当地人的主食就是马铃薯。

值得注意的是，马铃薯中含有一种叫茄素的有毒物质。马铃薯完好时，茄素含量极少，不会造成危害。当马铃薯发芽和皮肉变绿发紫时，茄素含量就会增加，特别是芽里的含量最高。因为茄素能破坏红细胞，严重中毒时能引起脑充血、水肿，其次是胃肠黏膜发炎。一般在中毒后先感觉咽喉灼痛，产生恶心、呕吐、腹泻、头痛及发热症状，甚至抽搐和昏迷，应及时抢救。因此，禁食变色、发芽的土豆。

2.2 马铃薯常规加工工艺

2.2.1 原料选择

用于食品加工的马铃薯原料首先应该严格去除发芽、发绿的部分以及腐烂、病变薯块。如有发芽或发绿的情况，必须将发芽或变绿的部分去除，以保证马铃薯制品茄素含量不超过0.02%，否则将危及人身安全。

加工脱水马铃薯泥、油炸马铃薯片食品时，要求原料马铃薯的块茎形状整齐，大小均匀，表皮薄，色泽一致，芽眼少，缺陷、病害和损伤要尽量少。若薯块组织受到损伤，在操作部位会发生褐变，导致组织出现蓝色至灰黑色的变色现象。同时也要求淀粉和总固形物含量高，糖分含量低。还原糖含量应在0.5%以下（一般为0.25%~0.3%）。还原糖含量过高，在干燥或油炸等高温处理时易发生非酶褐变。Ewing研究发现，马铃薯块茎在1℃低温下储藏4天或更多天后，薯片中还原糖含量增加，炸片颜色也变深，若在19℃条件下回暖一段时间（如8天或8天以上），则块茎中还原糖含量下降，炸片颜色也有所改进。

要减少原料的耗用量，降低成本，须选用相对密度大的马铃薯，这样的原料可提高产量和降低吸油量。实验表明，生产油炸马铃薯片时，马铃薯相对密度每增加0.005，最终产量就增加1%。测定马铃薯相对密度一般是先称出样品在空气中的重量，然后将样品浸没在水中称出重量，再按以下公式计算：

$$\text{相对密度}=\frac{\text{空气中的重量}}{\text{空气中的重量}-\text{水中的重量}}$$

马铃薯的相对密度主要受品种、土壤结构及其矿物质营养状况、土壤水分含量、栽培方法、杀菌控制、喷洒农药、打枝、生长期的气温及成熟程度等因素影响。一般选用的薯块的相对密度为1.06~1.08，干重物以14%~15%为较好。

另外，为保证加工制品的品质和提高原料的利用率，加工不同马铃薯食品最好选用不同的加工专用品种的马铃薯。综观全世界马铃薯专用品种的发展走向，主要向四个方向发展，一是发展鲜食型优质专用品种，提高其营养价值和食用品质；二是发展淀粉型优质专用品种，提高淀粉含量，改善加工品质；三是发展油炸食品型优质专用品种，降低还原糖含量；四是发展全粉型优质专用品种，在降低糖含量的同时，努力提高淀粉含量，营养成分含量及干物质质量。

2.2.2 去皮方法

马铃薯块茎的外皮在加工成食品之前，需要除去表皮。常用的去皮方法主要有手工去皮、刀具去皮、摩擦去皮、碱液去皮、蒸汽去皮、碱液和蒸汽去皮相结合、红外线辐射去皮等。手工去皮一般用不锈钢刀进行，效率很低。

1. 去皮方法

(1) 机械摩擦去皮

机械摩擦去皮主要依赖物料与表面涂油金刚砂的粗糙转筒式滚轴的摩擦作用来达到去

皮的目的。去皮后洗去表面黏附的皮和污物，同时去除坏、烂、绿和其他不合格的马铃薯。

（2）蒸汽去皮

蒸汽去皮是一种优质、高效、节能环保的方法。洗净的新鲜马铃薯先通过高压闪蒸，再由水洗和毛刷的组合运用来去皮。输送机和计量装置将清洗过的马铃薯定时、定量地送进蒸煮罐，在中压蒸汽中闪蒸后，排出罐外，此时，熟化后的薯皮快速膨胀，脱离母体，呈脱落或粘连状态。将蒸煮过的马铃薯用螺旋输送机运进干式刷皮机，在若干个旋转毛刷的作用下，薯皮被彻底去除。已脱皮的马铃薯经清洗水流喷淋清洗后，掉落在缓慢移动的挑拣台上，接受人工检查和修整，剔除芽眼、发绿、发黑及病变腐烂的部分和残留的薯皮。随着马铃薯从收获到加工相隔时间的推移、延长，去皮难度也相应增加，应根据实际情况及时调整蒸煮去皮工序的工艺参数。蒸汽去皮对原料的形状没有要求，蒸汽可均匀作用于整个马铃薯表面，大约能除去0.5~1mm厚的皮层。蒸汽去皮特别适合用于外形凸凹不平且不规则的块茎类物料，具有最佳的去皮表面质量；去皮后物料表面光滑，而且去皮率高，去皮损失率小，适于规模化生产等特点，但蒸汽去皮会产生严重的热损失。

（3）碱液去皮

碱液去皮主要依赖强碱溶液的作用，软化和松弛物料的表皮和芽眼，然后用高压冷水喷射，达到去皮目的。碱液去皮有一定条件，碱液浓度为8%，温度为95℃，时间为5min，配以酸中和（酸浓度为1.5%）效果最好。去皮后马铃薯得率为87%，碱液去皮对薯块形状没有要求。另外，去皮过程中要注意防止由多酚氧化酶引起的酶促褐变，可采取的措施有：添加酶反应抑制剂（如亚硫酸盐）、用清水冲洗等。碱液去皮对去皮前后的冲洗工艺要求较高，且碱液或去皮液消耗量过大，成本较高。

（4）红外线辐射去皮

马铃薯去皮

马铃薯去皮的方法不同，营养素损失的量也不同。马铃薯大小、形状、芽眼的深度、储藏时间的长短不同，营养素的损失也有所不同。质量损失变化范围为5%~24%，平均损失为8%~12%。当表皮有裂口或压伤时，这种损伤将导致营养成分损失量的增加。Augustin等发现，使用家用餐刀剥皮时，马铃薯的形状不同，去皮量也不同，以生马铃薯、蒸熟马铃薯和烤马铃薯为例，去皮量占马铃薯总量的6%、2%和10%。脱皮将导致抗坏血酸的损失，抗坏血酸损失的程度取决于去皮方法。在烹调过程中，酚类化合物转移到皮层和内部组织中，糖苷生物碱的流动性比酚类化合物差，只能转移到马铃薯的皮层中。由于酚类化合物和糖苷生物碱向表皮层转移，使得带皮蒸煮的马铃薯变色和有苦味。如果以家庭消费为目的，为了减少原料的损失，最好在煮熟后去皮，而不要在加工前去皮，除非原料有严重的损伤。

辐射去皮是利用辐射波被物料表皮的水分吸收、蒸发，使入射的辐射波刚进入受热体浅表层即引起强烈的共振，被吸收转化为热量，从而达到去皮效果。这种方法去皮效果较好。

去皮较理想的方法是蒸汽和碱液交替使用。因马铃薯的收获与加工之间相隔时间愈久，去皮也就越困难，损耗也越大。在加工季节早期用蒸汽去皮或低温碱液去皮损耗较小。在加工季节后期，当去皮比较困难时，除接受碱液处理外，还要经过短暂的高压蒸汽处理，继而快速释压，最后用冷水冲洗将皮除去，这样去皮会更有效。

2. 去皮设备

(1) 摩擦擦皮机

擦皮机是中小型间歇式去皮机械。依靠旋转的工作构件驱动物料旋转，使得物料在离心力的作用下，在机器内上下翻滚并与机器构件产生摩擦，从而使物料的皮层被剥离。如图 2-2 所示，擦皮机具有铸铁机座及工作圆筒，圆筒内表面是粗糙的。轴带动圆盘旋转，圆盘表面为波纹状。在机座上的电动机通过齿轮和带动轴转动。物料从加料斗装入机内，当物料落到旋转圆盘波纹状表面时，因离心力作用而被抛向两侧，并在那里与筒壁的粗糙表面摩擦，从而达到去皮的目的。擦下的皮用水从排污口冲走。已去好皮的物料，利用本身的离心作用，当舱口打开时从舱口卸出。水通过喷嘴送入圆筒内部，舱口在擦皮过程中用把手封住，轴通过加油孔加润滑油润滑。此外，必须停止注水，以免舱口打开后，水从舱口溅出。

擦皮机具有坚固、使用方便和成本低等特点，其要求选用的薯块呈圆形或椭圆形，芽眼少而浅，大小均匀。芽眼深的马铃薯需要进行额外的手工修整，去皮后马铃薯得率约为 90%。这种方法去皮效果差，且易造成物料表面层的损伤。

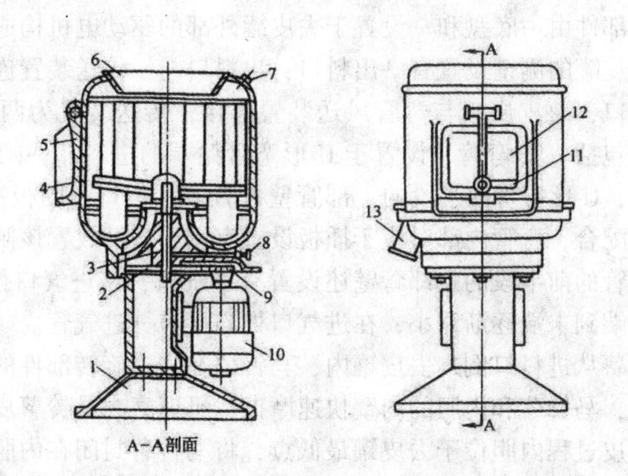

1—机座；2、9—齿轮；3—轴；4—圆盘；5—圆筒；6—加料斗；7—喷嘴；
8—加油孔；10—电动机；11—把手；12—舱口；13—排污口

图 2-2　马铃薯擦皮机结构示意图

(2) 研磨去皮机

如图 2-3 所示是由内蒙古凌志马铃薯科技股份有限公司研制的一款实用新型马铃薯研磨去皮机。

这种新型的马铃薯研磨去皮机，包括两个去皮罐和一个弯管风送装置，在去皮罐的顶

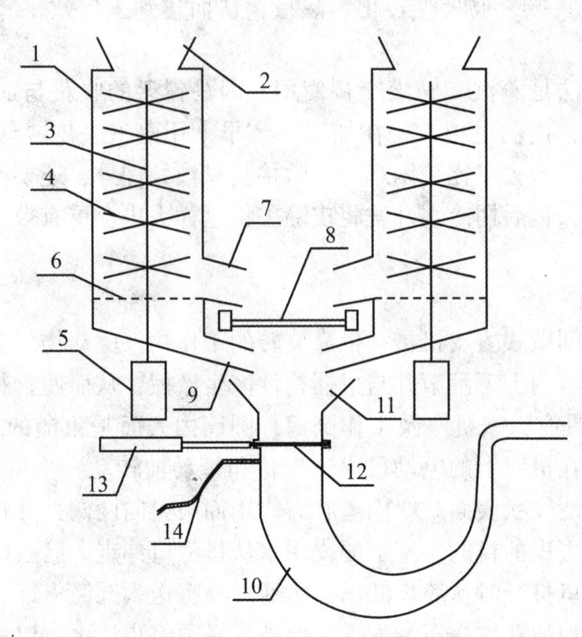

1—去皮罐；2—进料口；3—进气管；4—内胆；5—驱动电机；6—底盘；7—出料口；
8—传送装置；9—薯皮出口；10—U 形弯管；11—进料斗；12—闸板；13—闸板气缸

图 2-3　马铃薯研磨去皮机结构示意图

部设置有进料口，在去皮罐的内部设置有一去皮旋转部件和一通过气缸带动能够上下运动的内胆，去皮旋转部件由一底盘和一设置于去皮罐外部的驱动电机构成，在内胆的内壁密布有耐磨层，在去皮罐的侧壁设置有一出料口，出料口与一传送装置连接，在去皮罐的底部设置有一薯皮出口，薯皮出口与弯管风送装置连接，传送装置为两侧设有挡板的传送带。弯管风送装置包括 U 形弯管、设置于 U 形弯管始端的进料斗、闸板以及连接于该闸板后端的闸板气缸，U 形弯管前半段的上部管壁设置有插板口，闸板穿设于该闸板口内，闸板与闸板口密封配合，弯管内部对应于插板设置有用于容纳放置该闸板并与该闸板密封配合的密封槽，弯管的前半段的上部管壁还设置有进气口，该进气口位于闸板的下方。U 形弯管的内径从始端到末端逐渐缩小，在进气口处连接有一进气管。

使用时，马铃薯从进料口倒入去皮罐内，马铃薯在去皮旋转部件的作用下在内胆内旋转。在旋转过程中，马铃薯和内胆的内壁快速摩擦，迅速磨去马铃薯皮。内胆通过气缸带动可上下运动，去皮过程内胆位于去皮罐最低点，将马铃薯封闭在内胆和底盘之间。放料过程内胆提起，马铃薯在离心力的作用下排出，去皮后的马铃薯由传送装置送入下一道工序。薯皮由薯皮出口漏入 U 形弯管，当薯皮积攒到一定量时，闸板在闸板气缸的推动下插入闸板口，进气管进气将薯皮从 U 形弯管吹出，然后闸板复位，U 形弯管继续容纳新擦出的薯皮。

新型的马铃薯研磨去皮机使用安全，劳动强度低，去皮效率高，去净率高。采用本实用新型的马铃薯研磨去皮机去皮较彻底，减少了二次补充加工工序，去皮损耗较小，最大限度地保留了果实的营养，而且本机结构简单，成本低廉，可用于批量生产，适用范围广，根茎类果实的去皮处理均可使用。

(3) 马铃薯切屑去皮机

马铃薯切屑去皮机主要由工作圆筒、工作转盘、机架和传动部分组成，如图 2-4 所示。

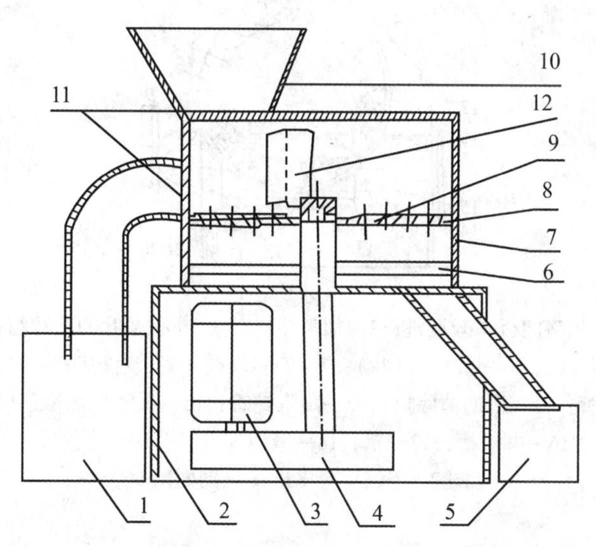

1—筒体；2—机架；3—电机；4—减速箱；5—皮屑筒；6—皮屑刮板；7—圆筒；8—工作盘；9—切屑刀；10—进料口；11—出料口；12—橡胶挡板

图 2-4 马铃薯切屑去皮机

工作时以电机为动力，通过齿轮带动圆筒底部的工作盘旋转。工作盘上均匀分布着 6 个长孔。长孔上分布置着切屑刀片。其中切屑刀片相对长孔间隙可适当调整。工作盘上部的外罩均匀分布着 3 块弹板。工作盘上部装有两片同主轴一同旋转的橡胶挡板。工作时马铃薯块茎通过贮料室投入到工作室内。工作盘按一定速度旋转。在离心力、重力和摩擦力的共同作用下，在圆筒内上、下、左、右翻动，并不断地滚动，利用块茎相对于工作盘上刀片间的相对速度差将马铃薯的皮屑切去；同时，在离心力的作用下块茎被甩向四周，并不断滚动，而周围外罩上分布着几块弹板，同时两片同主轴一同旋转的橡胶挡板将块茎撞离外周和中心，且不断旋转滚动。因此，在刀片、弹板和橡胶挡板共同作用下马铃薯块茎被均匀地切去外皮。在马铃薯切屑去皮的同时，从进水孔注入清水，及时将切去的皮通过工作转盘与筒壁的缝隙冲至排渣口排出机体。在不停机的情况下，打开出料口的活门，物料利用离心力从出料口卸出。卸料前应停止注水，以防止活门打开后从出料口溅出。

(4) 碱液去皮机

碱液去皮机是将马铃薯放在一定浓度和温度的强碱溶液中处理一定时间，软化和松弛马铃薯的表皮和芽眼，然后用 70MPa 压力的喷射水冲洗或搓擦，表皮即脱落。图 2-5 为碱液去皮机示意图。

2.2.3 烫漂

烫漂也称热烫、预煮，是将经过处理的新鲜原料在温度较高的热水或蒸汽中进行加热处理的过程。烫漂后的原料应立即冷却，防止热处理的余热对产品造成不良影响，并保持

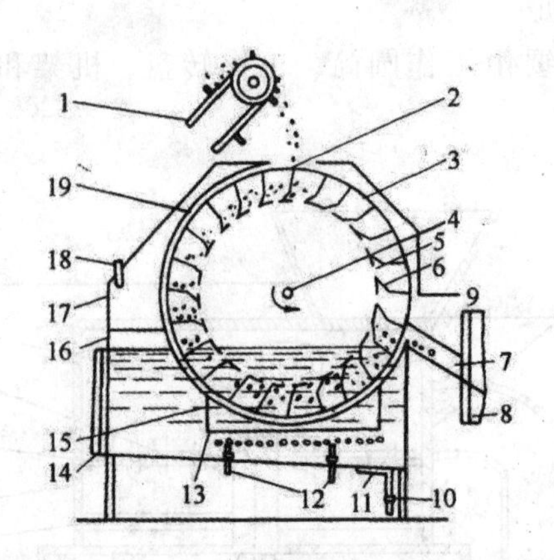

1—与初洗机相接的板式升运机；2—加料斗；3—带斗状桨叶的旋转轮；4—主轴；
5—铁丝网转鼓；6—桨叶（片状）；7—卸料斜槽；8—复洗机；9，15—护板；
10—碱液排出管；11—槽的清除口；12—蒸汽蛇管；13—碱液加热槽；14—架子背面；
16—碱液槽；17—罩；18—碱液加入管；19—主护板

图 2-5　碱液去皮机（纵剖面图）

原料的脆嫩，一般采用冷水冷却或冷风冷却。

1. 烫漂方法

烫漂有热水烫漂和蒸汽烫漂两种。

（1）热水烫漂

热水烫漂可以在夹层锅内进行，也可以在专门的连续化机械（如链带式连续预煮机）和螺旋式连续预煮机内进行。在不低于 90℃的温度下热烫 2~5min。制作罐头的马铃薯原料也可采用 2%的盐水或 1%~2%的柠檬酸液进行烫漂，有护色作用。热水烫漂的优点是物料受热均匀，升温速度快，方法简便。缺点是部分维生素及可溶性固形物损失较多，一般损失 10%~30%。如果烫漂水重复使用，可减少可溶性物质的损失。

（2）蒸汽烫漂

蒸汽烫漂是将原料放入蒸锅或蒸汽箱中，用蒸汽喷射数分钟后立即关闭蒸汽并取出冷却。采用蒸汽热烫，可避免营养物质的大量损失，但必须有较好的设备，否则加热不均，热烫质量差。

2. 烫漂标准

原料一般烫至半生不熟，组织较透明，失去新鲜硬度，但又不像煮熟后那样柔软，即达到热烫的目的。热烫程度通常以原料中的过氧化物酶全部失活为标准。过氧化物酶的活性可用 0.1%愈创木酚酒精溶液或 0.3%联苯胺溶液+0.3%双氧水检查。在热烫到一定程度的原料表面，滴上几滴愈创木酚或联苯胺溶液，再加上几滴 0.3%的双氧水，几分钟内不变色，表明过氧化物酶已被破坏；若变色（用愈创木酚时变成褐色，用联苯胺时变成蓝色）则表明过氧化物酶仍有活性，烫漂程度不够。

3. 烫漂作用

（1）降低原料中的污染物和微生物数量。烫漂可以杀死原料表面附着的部分微生物及虫卵等，减少原料的污染，提高制品卫生质量。

（2）破坏酶活性，防止酶促褐变和营养损失。马铃薯受热后，氧化酶类被钝化，停止本身的生化活动，保持原料在加工过程中不变色。

（3）软化组织，增加细胞膜透性。烫漂使细胞原生质变性，增加细胞膜透性，有利于水分蒸发。经过热烫的原料质地变得柔韧，有利于装罐等操作。对于糖制原料，糖分易渗入，不易干缩。

（4）排除果蔬组织内的空气，稳定和改进制品色泽。排除空气有利于防止制品褐变；有利于马铃薯罐头制品保持合适的真空度，减少马口铁内壁的腐蚀及避免罐头杀菌时发生跳盖或爆裂现象；有利于提高干制品的外观品质；有利于糖制品的渗糖；可使含叶绿素的原料色泽更鲜绿，不含叶绿素的则呈半透明状态，色泽更鲜亮。还可以杀灭污染在原料上的部分微生物，提高原料在加工过程中的新鲜程度；对于脱水成品，经预煮后能加快干燥的速度。

2.2.4　薯肉护色方法

马铃薯切片后若暴露在空气中，会发生褐变现象，影响半成品的色泽，成品颜色会加深，影响外观，因此有必要进行护色处理。发生褐变的原因是多方面的，如还原糖与氨基酸作用产生黑色素、维生素 C 氧化变色、单宁氧化褐变等。

1. 酶褐变

在氧化酶和过氧化酶的作用下，马铃薯中单宁氧化呈现褐色。单宁中含有儿茶酚，这种酚类物质在氧化酶的催化下与空气中的氧相互作用，形成过氧儿茶酚，使空气中氧分子活化。单宁氧化是在氧化酶和过氧化酶构成的氧化酶体系中完成的。如破坏氧化酶体系的一部分，即可终止氧化作用的进行。酶是一种蛋白质，在一定温度下可凝固变性而失去活性。酶的种类不同，其耐热能力也有差异。氧化酶在 71~73.5℃，过氧化酶在 90~100℃，5min 即可遭到破坏。

此外，马铃薯中还含有蛋白质。组成蛋白质的氨基酸，尤其是络氨酸在酪氨酸酶的催化下会产生黑色素，使产品变黑。

2. 非酶褐变

不属于酶作用所引起的褐变，均属于非酶褐变。非酶褐变的原因之一是马铃薯中的氨基酸游离基和糖的醛基作用生成复杂的络合物。氨基酸可与含有羰基的化合物，如各种醛类和还原糖起反应，使氨基酸和还原糖分解，分别形成相应的醛、氨、二氧化碳和羟基呋喃甲醛。其中，羟基呋喃甲醛很容易与氨基酸及蛋白质化合而生成黑蛋白素。这种变色快慢程度取决于氨基酸的含量与种类、糖的种类以及温度条件。

糖类中，参与黑蛋白素形成反应的只是还原糖，即具有醛基的糖。蔗糖无醛基，因此不参与反应。据研究，对褐变影响的大小顺序是：五碳糖约为六碳糖的 10 倍；五碳糖中核糖最快，其次是阿拉伯糖，木糖最慢；六碳糖中半乳糖比甘露糖快，其次为葡萄糖；还原性双糖因其分子比较大，反应比较缓慢。其他羰基化合物中以 α-己烯醛褐变最快，其次是 α-双羰基化合物，酮的褐变速率最慢。抗坏血酸属于还原酮类，其结构中有烯二醇，还原力较强，在空气中易被氧化而生成 α-双羰基化合物，故易于褐变。

黑蛋白素的形成与温度关系极大，提供温度能促使氨基酸和糖类形成黑蛋白素的反应加强。据实验，非酶褐变的温度系数很高，温度上升10℃，褐变率增加5~7倍，因此，低温储藏是控制非酶褐变的有效方法。

此外，重金属也会促进褐变，按促进作用由小到大的顺序排列为：锡、铁、铅、铜。例如单宁与铁生成黑色的化合物；单宁与锡长时间加热生成玫瑰色的化合物；单宁与碱作用容易变黑。而硫处理对非酶褐变有抑制作用，因为二氧化硫与不饱和的糖反应生成磺酸，可减少黑蛋白素的形成。

除了以上所述化学成分的影响外，马铃薯的品种、成熟度、储藏温度以及其他因素引起的化学变化都能反映到马铃薯的色泽上。此外，加热温度、加热时间以及加热方式都对马铃薯食品的颜色起作用。

传统方法用亚硫酸盐和二氧化硫气体处理鲜切马铃薯，会造成二氧化硫的残留，对人体产生一些不良的影响。因此，在鲜切马铃薯加工中，可采用以下几种护色方法：

（1）提取出马铃薯中的褐变反应物

在油炸马铃薯之前先提取出马铃薯中的褐变反应物。将马铃薯浸没在浓度为0.01~0.05mol·L^{-1}的氯化钾、氨基硫酸钾和氯化镁等碱土金属盐类和碱土金属盐类的热水溶液中；或把切好的马铃薯浸入0.25%氯化钾溶液中3min，即可提取足够的褐变反应物，使油炸马铃薯呈浅淡的颜色。

（2）降低还原糖含量

马铃薯在储藏期间会发生淀粉的降解、还原糖的积累。马铃薯在加工前，将马铃薯的储藏温度升高到21~24℃，经过七天的储藏后，大约有4/5的糖分可重新结合成淀粉，减少了加工淀粉时的原料损失以及食品加工时非酶褐变的发生。

（3）化学方法

有望取代亚硫酸盐抑制酶褐变的化学药剂，主要有柠檬酸、抗坏血酸、半胱氨酸、4-己基间苯二酚等。例如对去皮切片马铃薯，用0.5%半胱氨酸+2%柠檬酸浸泡3min，可以有效控制褐变的发生。

在鲜切马铃薯制品的生产中，一般防褐变的化学处理，都要在包装前进行，并且以几种药剂混合浸渍处理的效果比较好。用防褐变药剂结合可食性涂膜处理，则能取得更好的效果。

（4）物理方法

鲜切马铃薯采用低氧和高二氧化碳气调包装，可以有效控制产品储藏期间酶促褐变的发生。一般适宜的氧气浓度为2%~10%，二氧化碳浓度为10%~20%。如切片马铃薯用20%的二氧化碳+80%的氮气进行气调包装，可有效地控制储藏期间褐变的发生。

（5）酶法

酶法是利用蛋白酶对多酚氧化酶的水解作用，从而抑制其活性和酶促褐变的发生的方法。目前已分别从无花果、番木瓜和菠萝中提取得到三种蛋白酶，即ficin、papain和bromelain，它们都能有效控制酶促褐变的发生。例如用ficin抑制马铃薯的褐变，其作用与亚硫酸盐相当。

第3章　鲜切马铃薯制品加工

鲜切马铃薯（fresh-cut potato），又名最少加工马铃薯、半加工马铃薯、轻度加工马铃薯或马铃薯净鲜半成品，它是指以鲜马铃薯为原料，经分级、清洗、整修、去皮、切分、保鲜、包装等一系列处理后，再经过低温运输进入冷柜销售的即食或即用马铃薯制品。鲜切马铃薯既保持了马铃薯原有的新鲜状态，又经过加工使产品清洁卫生，属于净菜范畴。它天然、营养、新鲜、方便以及可利用度高（100%可用），可满足人们追求天然、营养、快节奏的生活方式等方面的需求。

鲜切马铃薯是马铃薯加工的一个重要方向，由于其具有自然、新鲜、卫生和方便等特点，正日益受到消费者喜爱。鲜切马铃薯可供餐饮业和家庭直接烹饪，可广泛应用于快餐业、宾馆、饭店、单位食堂或零售，节省时间，减少马铃薯在运输与垃圾处理中的费用，符合无公害、高效、优质、环保等食品行业的发展要求。鲜切马铃薯不但可拓宽马铃薯原料的应用范围，实现马铃薯的综合利用，而且是马铃薯产业化链条的一个新的突破点。鲜切马铃薯的主要产品如图3-1所示。

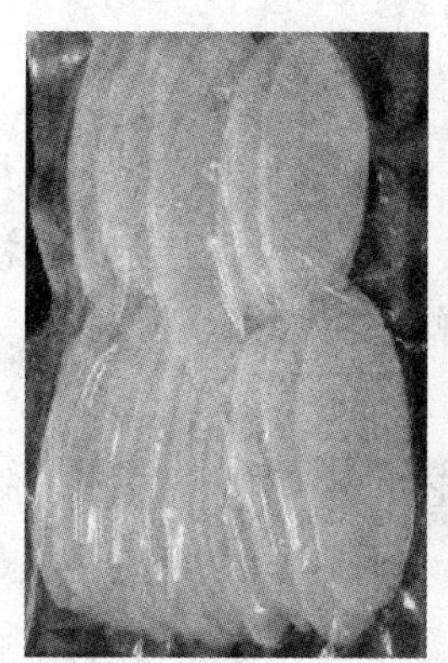
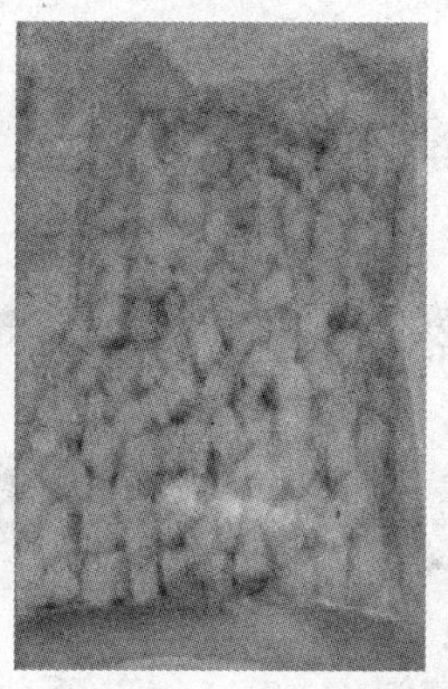
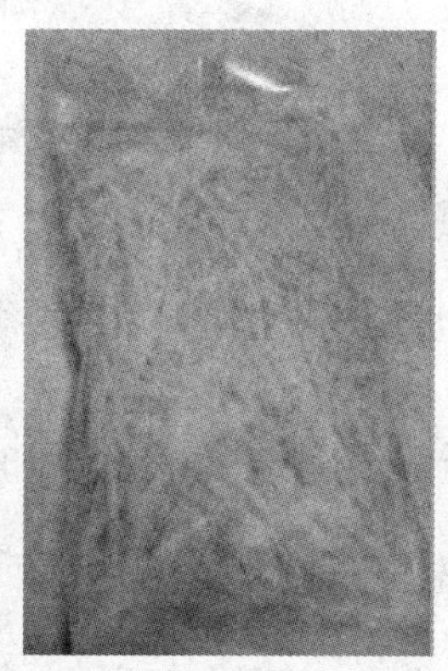

图3-1　鲜切马铃薯片、丁、丝、块

3.1　生产工艺

鲜切马铃薯的生产工艺过程：马铃薯原料→清洗→杀菌→去皮→切分（丁、片、丝、块）→漂洗→护色→沥干→真空包装→计量→冷藏。

主要设备：切制机、漂洗杀菌机、清洗机等及由它们组成的生产线，分别如图3-2、图3-3、图3-4、图3-5所示。

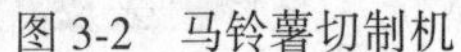

图 3-2　马铃薯切制机

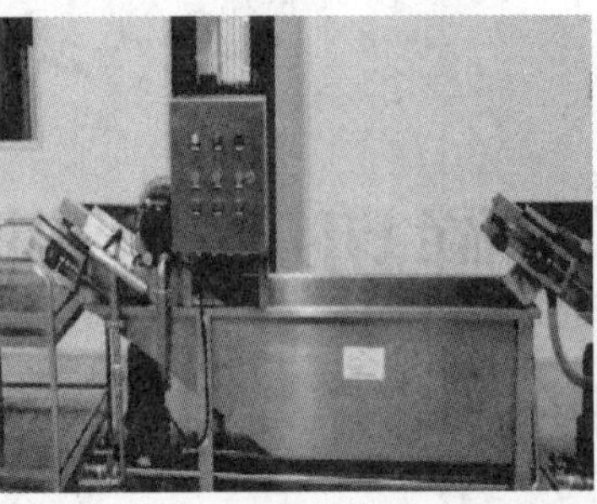

图 3-3 马铃薯漂洗杀菌机

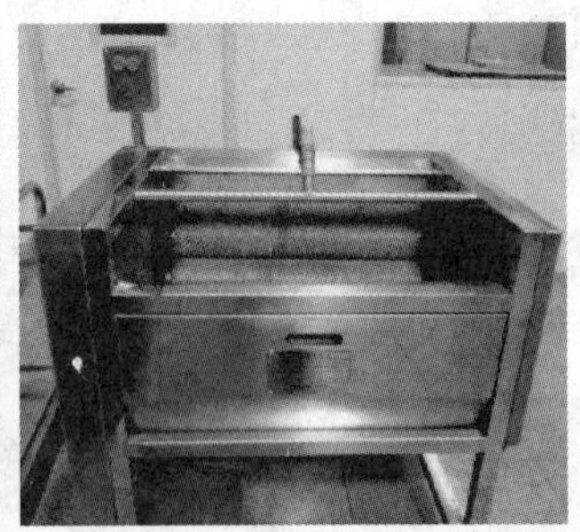

图 3-4 马铃薯清洗机

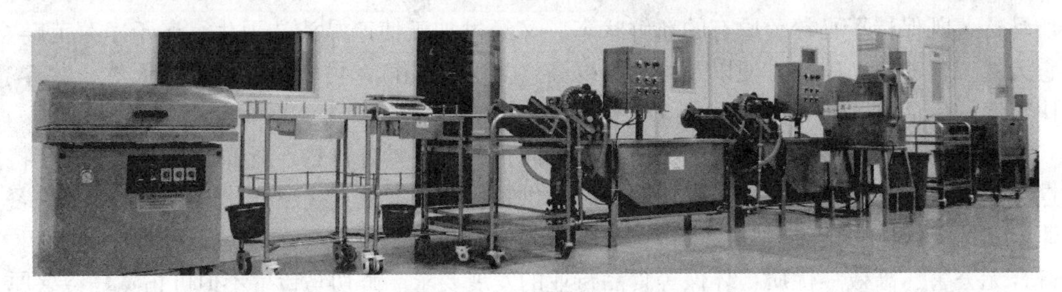

图 3-5　鲜切马铃薯制品生产线

3.2　操作要点

1. 选料

选择表面光滑，色泽正常，不发芽，不变绿，薯块肥大、硬实，无病虫害，无人为机械损伤，酚类物质含量低，去皮切分后不易发生酶促褐变等的新鲜马铃薯。

2. 清洗

清洗的目的是去除马铃薯表面的泥土和杂质。用自来水在清洗机中清洗去表面的泥污、杂质等。

3. 杀菌

用漂洗杀菌机在 100ppm 的次氯酸钠溶液浸泡 10~15min 杀菌。杀菌后用自来水清洗 1~2 次，以减少其表面的氯残留。

4. 去皮

马铃薯去皮方法主要有摩擦去皮、碱液去皮、蒸汽去皮或碱液与蒸汽去皮相结合，红外线去皮。

5. 切分

使用切制机进行切分。切分成符合饮食需求、利于保存、大小一致的马铃薯丝、丁、片、块。丝和片的厚度为 3~5mm。

6. 护色处理

切分后用自来水冲洗 1~2 次以减少切割表面渗出的营养成分，减少微生物的繁殖。

采用曲酸、山梨酸钾和柠檬酸等护色剂进行护色处理。

7. 沥干

沥干马铃薯表面的水分，以防止微生物的滋生和蔬菜组织的软烂。采用鼓风的方式吹干马铃薯表面的水分。

8. 真空包装

沥干后，按一定的重量标准进行称量，分装入真空包装袋，采用多用真空封装机进行真空包装。

9. 冷藏、配送与零售

冷藏、配送与零售必须在低温下冷链操作。采后立即在低温下运输或预冷（在 2h 内使原料温度降至 7℃以下），清洗用水需 10℃以下，分级、切割、包装等的环境温度在 7℃以下，冷藏温度在 5℃以下，包装小袋要摆成平板状。配送运输时，要使用冷藏车，或带隔热容器和蓄冷的保冷车。销售时，货架温度控制在 5℃以下。

3.3 鲜切马铃薯微生物的控制

生产上控制微生物的生长的方法主要有以下几种：

1. 创造低温条件

造成低温环境，可有效抑制微生物的生长，从而达到保持品质，延长货架期的目的。因此，在鲜切马铃薯的加工、储存和流通过程中，应尽可能创造适宜的低温条件，一般为 0~5℃。

2. 使用化学防腐剂

醋酸、苯甲酸、山梨酸及其盐类，可有效地抑制微生物的生长繁殖。这对那些在低温下仍能生长的腐败菌和致病菌，是一个很有效的控制措施。

3. 气调包装

采用适当的低氧和高二氧化碳气调包装，能抑制好气性微生物的生长。但是，必须注意避免缺氧环境，防止厌氧微生物的生长和产品本身的无氧酵解而产生异味。

4. 降低 pH 值

鲜切马铃薯组织的 pH 值一般为 4.5~7.0，正适合于各种腐败菌和致病菌的生长。在鲜切马铃薯中加入适当的醋酸、柠檬酸和乳酸等，可降低马铃薯组织的 pH 值，抑制微生物的生长繁殖。但一定要掌握好酸的用量，否则过多的酸会破坏新鲜蔬菜本身的风味。

5. 应用生物防腐剂

生物防腐剂，是指来自植物、动物及微生物中的一类抗菌物质。由于鲜切马铃薯为即食产品，化学防腐剂的应用受到一定限制，因此来自生物的天然防腐剂的研究和应用，便日益受到重视。现已发现，乳酸菌的代谢物细菌素或类细菌素，能有效地抑制鲜切蔬菜中嗜水气单胞菌和单核李氏杆菌等有害微生物的生长。

第4章　马铃薯片食品加工

4.1　马铃薯片食品加工工艺

4.1.1　油炸马铃薯片

马铃薯片食品种类很多，其中油炸马铃薯片（fry potato chip）是当今流行较广的一种，它食用方便，销量很大。油炸马铃薯片以其松脆酥香、鲜美可口、营养丰富、老少咸宜、存携方便、价格低廉等特点而成为极受大众欢迎的方便食品，人们可以随时随地买到它。自从100年前在美国问世以来，油炸马铃薯片生产量与消费量与日俱增，速度惊人，现在已成为一种备受欢迎的全球性方便食品。

与中国传统的一些马铃薯加工方法（如炒或煮）相比，“炸制”可以较有效地防止马铃薯中水溶性营养成分的损失，而能较好地保留新鲜马铃薯的营养成分。另外，在生产炸制马铃薯片的过程中，一些营养成分还可在炸制和调味工序中不断被加入，成为强化马铃薯制品。强化后的马铃薯制品中，维生素、钙质等的含量成倍增加，因此油炸马铃薯片的营养价值比新鲜马铃薯更高。

1. *方法一*

（1）生产工艺

马铃薯→流水洗涤→去皮→切片→洗片→冷却护色→热烫→着色→脱水→油炸→调味冷却→包装→入库。

加工油炸鲜马铃薯片的关键在于原料的选择、切片厚度的控制、用于炸制的食油及其温度控制、抗氧化剂的使用、调味料的选用以及包装。

（2）操作要点

①原料选择。要获得品质优良的油炸鲜马铃薯片，减少原料的耗用量，必须选择符合工艺要求的马铃薯。要求用于加工的马铃薯块茎形状整齐，大小均匀，表皮薄，色泽一致，芽眼少，相对密度大，缺陷、病害和损伤要尽量少。另外，选用的马铃薯还原糖含量还应在0.5%以下。

②洗涤。首先将马铃薯倒入进料口，在输送带上拣去烂薯、石子、沙粒等，清理后，通过提升斗送入洗涤机中，用清水浸没，洗去表面的泥沙、污物后，再进行去皮。

③去皮。采用碱液或红外线辐射去皮，效果较好。要除尽外皮，保持去皮后薯块外表光洁，防止去皮过度。经去皮的块茎还要用水洗，然后送到输送机上进行挑选，挑去未剥掉的皮及碰伤、带黑点和腐烂的不合格薯块。

④切片和洗片。手工切片厚薄不均匀，一般采用旋转刀片自动切片。切片厚度要根据

块茎品种、饱满程度、含糖量、油炸温度或蒸煮时间来定。切好的薯片可进入旋转的滚筒中，用高压水喷洗，洗净切片表面的淀粉。洗好的薯片放入护色液中护色。漂洗的水中含有马铃薯淀粉，可收集起来制作马铃薯淀粉。

⑤热烫。将洗净的切片倒入沸水中热烫1~2min，煮至切片熟而不烂，组织比较透明、失去鲜马铃薯的硬度但又不会像煮熟后那样柔软即可。目的是破坏马铃薯片中酶的活性，防止油炸高温褐变，同时失去组织内部分水分，使其易于脱水，还可以杀死部分微生物，排除组织中的空气。热烫的温度和时间，一般是在80~100℃下煮1~2min。

⑥冷却护色。马铃薯切片浸没在0.25%亚硫酸氢钠溶液中（加盐酸调pH=2）进行护色。

⑦着色。为了提高油炸薯片的风味，增加薯片的外观色泽，提高消费者的食欲，护色后的薯片要在加有1%~2%的食盐和加有一定量色素、柠檬酸的水池中再浸泡10~20min，使盐味和色素渗透在整个片中，使油炸后的薯片咸淡适宜，外观好。

⑧脱水。将加盐和着色符合工艺要求的切片从水池中捞起，再倒入脱水机中脱去部分游离水。因薯片表面含水量太高油炸时表面起泡，泡内含油，既影响商品外观，也增大耗油量，薯片脱水越干越好。

⑨油炸。马铃薯片的油炸可以采用连续式生产和间歇式生产。若产量较大，多采用连续式深层油炸设备。该设备的特点是：能将物料全部浸没在油中，连续进行油炸。油的加热是在油炸锅外进行的，具有液压装置，能够把整个输送器框架及其附属零件从油槽中升起或下降，维修十分方便。

实验证明，在较低温度下油炸，马铃薯表面起泡，内部钻油，颜色较深，而在高温下无此现象。因此，应选用高温短时油炸较好。油炸时间一般不宜超过1min。对不同批次的马铃薯片应进行检查并作必要的调整。注意防止因切片厚度不一造成颜色不均，力求切片厚度一致。同一批产品因下锅和出锅先后造成的时间差异也导致其色泽不一。油炸温度一般控制在180~190℃，因为高温会大大加速油脂分解，产生的脂肪酸能溶解金属铜，成为促进脂肪酸分解的催化剂，故铜和铜合金不应与油炸薯片接触。不锈钢是制造油炸锅的最好材料。油炸时蒸发出来的脂肪酸成分应通过排气系统排除，防止它们回流入锅造成不良气味和加速油变坏。

油炸片的风味、质量、外观将受到吸附油的量及油本身特性两方面的影响。常用于炸制马铃薯片的油有棉籽油、豆油、玉米油、花生油、棕榈油和氢化植物油，动物油极少采用。近年来使用米糠油较多，在米糠油中加盐，很适合马铃薯片的风味。生产实践证明，用纯净的花生油、玉米油和棉籽油炸制的马铃薯片比用猪油炸制的好，但是如果将猪油脱臭、氢化和稳定处理后，其质量也不亚于玉米油和棉籽油。其中以用花生油的质量最好，使用3个星期后，几乎没有什么变化。在生产过程中，炸制油要经常更换，马铃薯片吸油很快，必须不断地加入新鲜油，每8~10h需彻底更换一次。另外，炸制用油在用过一段时间后应当过滤，以除去油中炸焦的淀粉颗粒和其他炸焦的物质。不除去这些物质会影响油炸薯片的味道和外观。

利用抗氧化剂可防止油脂的酸败，常采用的抗氧化剂有去甲二氢愈创木酚（NDGA）、丙基糖酸盐、丁羟基茴香醚（BHA）、二丁基羟基甲苯（BHT），其中BHA是最常用的。如果同其他酚类抗氧化剂结合，同时添加柠檬酸之类的协合剂，则效果更好。硅酮在高温下能极大地增加食用油的氧化稳定性，可用含有 2mg/kg 硅酮的油来油炸马铃薯片。

常用于煎炸的棕榈油羰基值不得超过 20meq/kg（毫克当量/千克），酸值不得超过 1.8mg KOH/g（毫克氢氧化钾/克油），过氧化值小于 2.5mmol/kg（毫摩尔/千克），颜色透明、纯净。

羰基类化合物是指油脂在高温下氧化酸败生成的酮、醛类等有害化合物和聚合物，它是煎炸油热劣变的灵敏指标。酸值指的是中和 1g 油脂中的游离脂肪酸所需氢氧化钾的毫克数（常用以表示其缓慢氧化后的酸败程度）。过氧化值指的是油脂中活性氧氧化碘化钾的物质量，以每千克油脂中活性氧的毫摩尔数表示过氧化值，或者用每千克中活性氧的毫克当量（毫克当量/千克）表示。宋丽娟等人研究认为，油脂的羰基值和酸价随煎炸时间的延长而增加，而过氧化值随着煎炸时间延长先增大后逐渐减小。

我国已经对各种食用植物油制定了卫生标准，其中食用植物油卫生标准适用于普通食用油，精炼食用植物油卫生标准适用于高级烹调油，色拉油卫生标准适用于色拉油。评判精炼食用植物油质量的主要指标有感官指标、理化指标、卫生指标等。

a. 感官指标：具有正常植物油的色泽、透明度、气味和滋味，无焦臭、酸败及其他异味。

b. 精炼食用植物油的理化指标见表 4-1。

表 4-1　**精炼食用植物油理化标准**

项　目	指　标
酸价（KOH）/（mg/g）	≤0.5
过氧化值/（meq/kg）	≤10
羰基价/（meq/kg）	≤10
黄曲霉毒素 B_1/（μg/kg）	≤5

c. 精炼食用植物油的卫生指标见表 4-2。

表 4-2　**精炼食用植物油卫生标准**

项　目	指　标
浸出油溶剂残留量/（MNP/100g）	≤70 个
棉籽油中游离棉酚/（%）	≤0.02
砷（以 As 计）/（mg/kg）	≤0.1
汞（以 Hg 计）/（mg/kg）	≤0.5
黄曲霉毒素 B_1/（μg/kg）	花生油≤20，其他植物油≤10
苯并芘/（μg/kg）	≤10

⑩调味。油炸好的薯片可进行适当的调味。当薯片用网状输送机从油锅里提升上来，装在输送机上方的调料斗时，把盐均匀撒在薯片表面，添加量为 1.5%~2%。根据产品需

要还可添加味精，或是将其调成辛辣、奶酪等口味，以满足不同消费者。另外，马铃薯片在油炸前用生马铃薯的水解蛋白溶液浸泡一下，也可改进其风味。

济宁耐特食品有限公司食品工程师经过反复实验，向大家推荐以下香辣味调味料配方：盐1g、糖3g、蒜粉0.5g、姜粉0.2g、天博香精B-3 0.3g、天博香精CH-2 0.6g、辣椒粉0.3g、花椒粉0.18g、味精1g、黑辣椒粉0.1g、八角粉0.03g。添加量通常为4%~8%，根据产品的需求可增减添加量。

⑪冷却、包装。经调味至常温后，就在皮带输送机冷却、装袋、称重、包装。包装材料可根据保存时间来选择，可采用涂蜡玻璃纸、金属复合塑料薄膜袋进行包装，亦可采用充氮包装，最后入库销售。

2. *方法二*

(1) 生产工艺

马铃薯→选剔→洗涤→切片→热烫→干制→油炸→调味冷却→包装→成品。

(2) 操作要点

①洗涤和选剔。选择芽眼较浅，无病虫、无较大机械伤、肉质白或黄白色的马铃薯块茎为原料，并用清水洗涤干净。

②切片和热烫。将洗净的马铃薯块茎送入切片机切片（小批量加工也可用手工切片），切片厚度为2mm左右。切片后立即投入清水中浸泡，以防褐变。为防止酶促褐变和提高成品质量，将切好的马铃薯片由清水中捞出后立即投入沸水中热烫1~2min，当烫透而不软、呈半透明时，即可捞出冷却。

③干制。干制分人工干制和自然干制（晒干）两种。自然干制是将热烫好的马铃薯片放置在晒场，于日光下暴晒，待七成干时，翻一次，然后晒干。人工干制可在干燥机中进行，要使其干燥均匀，当制品含水量低于7%时，即结束干制。该半成品也可作为脱水马铃薯片包装后出售，可用做各种菜料。若将脱水马铃薯片置于烤炉中烘烤，可制成风味独特的烘烤马铃薯片。近年来，烘烤马铃薯片在西方的销售势头越来越好，因为其油脂含量大大低于油炸马铃薯片，受到人们的青睐。

④油炸。马铃薯片的油炸，在加工量非常小的地方，可以采用间歇式油炸法生产。产量较大的，多采用自动进料连续式的油炸锅。现代的连续油炸锅每小时加工2~4吨生马铃薯。

⑤调味。当炸马铃薯片充分膨胀并转为白色或黄白色时用笊篱捞出，立即加盐，这一点很重要，因为此时油脂是液态的，能够形成最大的颗粒黏附。在马铃薯片表面加些味精也可增加食味。盐中也可包含增强剂和抗氧化剂，将马铃薯片放在旋转的拌料筒内，用撒粉和喷雾的方法给马铃薯片均匀地调味。

⑥包装。炸好的马铃薯片冷却至40℃以下时即可用小塑料袋分装，并立即封口。有条件的厂家也可采用真空包装，以延长保质期。为增加花色品种，袋内也可放入另行包装不同风格的佐料。

(3) 成品质量标准

油炸马铃薯片白或黄，入口香脆，特有风味，保质期为3~6个月。

(4) 产品质量

①影响油含量的因素。以干物质为基础，1kg植物油的成本比马铃薯价格高。因此，

加工者希望炸马铃薯片的油含量能保持在消费者满意的最低水平上。影响炸马铃薯片油含量的因素是：a. 块茎的固形物含量；b. 片的厚度；c. 油的温度；d. 油炸时间。

消费者担心食用过多的油炸食品易患心脏病、直肠癌等疾病。而且油炸食品的吸油量越高，失水量越大，对产品的品质和成本都有影响。如何消除消费者对油炸食品的排斥心理，进一步降低成本，提高产品质量，就需要控制油炸食品的含油率。油炸马铃薯片的含油量与多种因素有关。马铃薯相对密度越大，油炸片的含油量就越少。油炸前，薯片水分越低，其含油量越少。经验证明，将马铃薯片干燥使其水分降低 25%，油脂含量就可减少 6%~8%。切片厚度与含油量成反比关系，切片愈薄，含油量愈高。炸制油的种类不同，其含油量亦不同。一般情况下，植物油含油量为 34. 4%~37. 1%，而猪油的含油量为 38. 18%~38. 95%。油炸过程中油温越高，吸油量越少，其原因是随着油温上升，油的密度下降，因此单位时间内吸油量也减少。最适宜的油温应随马铃薯的品种、相对密度和还原糖的含量而定。还原糖量增高时，油温要低些。总的趋势是油温下降时，吸油量又稍增加。油炸时间与油温密切相关，马铃薯片在油锅中停留的时间越长，吸入的油就越多。

新鲜的马铃薯片在油炸前部分干燥可以减少炸马铃薯片的油含量。但新鲜的马铃薯片，如果用热水沥滤（为了除去过多的还原糖）会增加马铃薯片的吸油量。

②炸马铃薯片的风味。经过高温加工的天然食品，大多存在着数百种风味化合物，但其中只有少数几种化合物起着重要作用。已经对油炸马铃薯片所包含的风味成分进行了广泛研究。据有关报道，油炸马铃薯片中含有令人愉快的、美好风味的挥发性化合物 53 种，其中有 8 种含氮的化合物、2 种含硫化合物、14 种碳氢化合物、13 种醛、2 种酮、1 种醇、1 种酚、3 种酯、1 种醚和 8 种酸。而烷基取代吡嗪的芳香物质如 2，4 -二烯醛、苯乙醛和呋喃甲酮是对油炸马铃薯片的风味起着重要作用的化合物。感官评比人员把芳香成分 2，5-二甲吡嗪和 2-乙基吡嗪的风味描写成“具有浓郁的马铃薯风味”或“烤花生的香味”。

③储藏的稳定性。油炸马铃薯片是高含油食物，油分高达 35%~45%，而且面积大，易受光线影响，易氧化哈败。为了增加制品储藏的稳定性，所使用的油储藏期间尽可能不接触空气，使用过的油不与储藏油混在一起，游离脂肪酸量控制在 1%以下。油炸马铃薯片包装尽可能使制品不与空气接触，应避光，这样可增强制品的储藏稳定性。

如果油炸马铃薯片所用的油在使用过程中是稳定的且没有变坏，包装材料是不透明的并具有低的透气性，那么产品在大约 20℃下的储藏期为 4~6 周。这是不用真空包装、冷冻或其他特殊处理的最长储藏期。在此期间，产品在质量方面有些下降，还是能被消费者所接受。装在袋中的油炸马铃薯片会发生三种类型的质量问题，给产品的销路带来不利的影响，它们是包装破裂、薯片吸收水分而失去脆性以及油脂氧化导致哈喇味。

运输过程中，如有不当会造成油炸马铃薯片的破碎，但这可以通过使用坚韧的包装材料部分地加以防止，使用充气包装也可以避免在装运过程中将油炸马铃薯片压碎。水分的吸收可以通过选择适当的包装材料加以防止。实验证明，使用有各种不同防水层的玻璃纸作为制袋的材料，存放 4~6 周，可以得到满意的结果。光（特别是荧光）加速氧化，因此必须使用不透明的包装材料以防止油脂氧化哈败。

3. 方法三

这种方法是把鲜马铃薯泥和要求掺和的其他原料混合均匀。一般掺和的原料有玉米粉、面粉、干马铃薯泥、全粉等，掺一种或一种以上均可；食品添加剂有甘油单酸酯、甘油二酸酯、磷酸盐、化学酸母、二氧化硫等；食品调味料有盐、味精、色素、乳化剂等。干粉的添加比例可占鲜薯泥的50%~150%。添加甘油单酸酯、二酸酯的作用是将游离淀粉形成复合物，二氧化硫起防腐作用。混合均匀的马铃薯泥可用饼干机先预压成面饼状，再压成0.5~1 mm的薄片，切成三角形、菱形、椭圆形面片均可。

(1) 原料配方

75%鲜马铃薯泥、15%玉米淀粉、3%木薯粉、1%食盐、5%白糖、0.5%味精、0.5%调味料（花椒粉、辣椒粉、葱粉或葱末），炸制油为棕榈油。

(2) 生产工艺

马铃薯泥+玉米粉混合→调粉→糊化→调味→搓棒→冷却→老化→切片→干燥→油炸→脱油→包装→成品。

(3) 操作要点

①调粉、糊化。以马铃薯泥作为半成品，加入玉米粉混合，按设计配方，分别称取各种原料，混合均匀制成湿面团后放入蒸锅内进行糊化处理，温度为58~65℃，时间为20min。

②调味、搓棒。待蒸熟的面团冷却后，将已称量好的味精、花椒粉、辣椒粉、葱粉或鲜葱末分别倒入面团中进行调味，制成不同口味的湿坯，再进一步搓成直径2~4cm的面柱。调味操作也可在油炸脱油后进行。

③冷却。将面柱装入塑料袋中，密封后放入冷藏室冷却，冷却条件为4~6℃，时间为5~11h，具体处理时间应依据面团大小和冷却速度而定。

④老化、切片和干燥。将充分老化的面柱切成1.5~2.0mm厚的薄片，放入干燥机内，在45~50℃温度下干燥4~5h，使干坯内水分含量降至4%~9%。

⑤油炸。用棕榈油在180~190℃温度下油炸，即为成品。

4. *方法四*

本方法是机械化加工生产油炸马铃薯片。

(1) 原料配方

①甜酥薯片：糖100%。

②鲜味薯盐：盐80%、味精16%、五香粉4%。

③辣味薯片：辣椒粉21.6%、胡椒粉13.5%、五香粉13.5%、精盐48.7%、味精2.7%。

④蒜香薯片：蒜粉58.3%、味精8.3%、盐33.4%。

⑤咖喱薯片：咖喱粉55.5%、味精11.2%、盐33.3%。

(2) 加工设备

马铃薯去皮机、马铃薯切片机、薯片吹干机或电风扇、油炸锅、调味滚筒、秤、热合封口机等。

(3) 生产工艺

马铃薯倾卸器→斗式送马铃薯器→除石升运器→连续削皮机→检查削皮器→切片机进料器→切片机→薯片漂洗机→薯片吹干器→炸薯片机→振动检查输送器→调味滚筒斗式升运器→缓冲漏斗→振动分送器→过秤→装袋密封包装→成品。

(4) 操作要点

①去皮。去皮可用摩擦去皮法。最好选用大小均匀、圆形、没有损伤的马铃薯。如有深芽眼的马铃薯，要求用手工修整。摩擦去皮机的特点是简单、坚固、成本低和使用方便，特别适用于制作油炸马铃薯片的马铃薯去皮。在切片前，通过摩擦去皮大约损失块茎原来重量的10%。

②切片。去皮后的马铃薯采用旋转式切片机切成1.7~2.0mm厚的薄片。切时，利用离心力压着块茎，对着固定的套筒和刀片进行切片。厚度的变化、块茎的大小、油炸温度和时间都与产品质量有关。在任何时候切出的薯片厚度必须非常均匀，以便得到颜色均匀的油炸马铃薯片。粗糙的或表面破裂的薯片，可以从破裂细胞中流出过多的可溶性物质，这些物质吸收大量的脂肪，所以必须除去薯片表面由切破的细胞而释放出的淀粉和其他物质。为了使切出的片容易分开和油炸完全，薯片应在不锈钢丝网的圆筒或转鼓中洗涤。圆筒或转鼓置于矩形的不锈钢槽内，用高压喷水将翻转的薯片表面上附着的物质冲走。洗涤后的薯片用高速空气流（热或不热）经多孔的橡胶压力滚筒或振动的网眼运输带等进行干燥。干燥的薯片表面有助于缩短油炸时间。

③油炸。从干燥器中出来的马铃薯片直接输送到油炸锅中，油炸锅的生产能力通常是生产线上的限制因素。目前各国多采用连续油炸锅，但某些批量式的仍然采用。现代的连续油炸锅每小时可加工2000~4000kg的生马铃薯。

(5) 成品质量指标

①感官指标。味：具有特殊的、应有的风味，不得有哈喇味；色：微黄色（白色马铃薯）、金黄色（黄色马铃薯）；口感：酥、脆。

②理化指标。油炸马铃薯的成分及比例：3.6%蛋白质、2.5%灰分、0.90%纤维、43.8%脂肪、45%糖、4.2%水分。

③微生物指标。细菌总数≤100个/g，大肠菌群和致病菌不得检出。

(6) 产品的稳定性

一般油炸马铃薯片用不透明的透气性低的材料包装后，在20℃下可储藏4~6周。影响产品质量的因素主要有如下几个方面：包装破裂或薯片破碎，薯片吸收水分而失去脆性以及脂肪的氧化导致哈喇味。脂肪的氧化与加工时所用油的质量关系很大，如油的质量差、旧油反复使用，都会加速产品中脂肪的氧化。

(7) 注意事项

①马铃薯的品种不同，加工方法也稍有不同。一般白色马铃薯品种比黄色马铃薯品种要好，黄色马铃薯油炸时易焦煳，白色品种马铃薯炸出的薯片颜色微黄，黄色马铃薯炸出的薯片呈金黄色。

②加工黄色马铃薯时，切片厚度要比白色马铃薯片厚一些，一般在1.9~2.0mm；在沸水中煮的时间也要比白色品种长，但也不宜太长。时间如何掌握，主要是凭经验。

4.1.2　马铃薯仿虾片

虾片的传统生产方法是用虾汁加淀粉制成的。用马铃薯制作虾片的方法有两种，一种是用马铃薯全粉代替10%~20%淀粉，制作过程与传统方法相同，虾片中添加全粉后，提高了虾片的营养价值和膨胀度。另一种方法是用鲜马铃薯经一系列加工过程制成相似于虾片的产品，称作马铃薯仿虾片。

1. 生产工艺

马铃薯→清洗→切片→漂洗→煮熟→干制→分选→包装。

2. 操作要点

(1) 选料

选择无病虫害、无霉烂、无发芽、无失水变软的马铃薯为原料，利用清水洗净后，然后手工刮去表皮或碱液去皮或化学脱皮剂去皮均可。去皮后的薯片立即放在清水中清洗残留的碱液或化学脱皮剂，并防止暴露在空气中，产生褐变。

(2) 切片与漂洗

切片厚薄均匀，约为2mm的薄片，倒入清水中冲洗，洗净其表面的淀粉。

(3) 煮熟

将冲洗后的马铃薯片倒入沸水锅中，煮沸3~4min，当薯片达到熟而不烂时，迅速捞出放入冷水中，轻轻翻动搅拌，让薯片尽快凉透，并去净薯片上的粉浆、粘沫等物，使薯片分离不粘。

(4) 干制

干制分人工干制和自然干制（晒干）两种。自然干制是将凉透的马铃薯片捞出，淋干水分，单层整平排放在席子上，在日光下晾晒，待薯片半干时，再整形一次，然后翻晒至透，即成薯虾片。也可采用烘房干制，烘房温度一般控制在60~80℃。

(5) 分选包装

为了能长期储存，在晒的过程中，按薯片重量的0.2%比例，配些防霉防腐的山梨酸或安息香酸液，进行浸晒，然后阴干。根据薯片大小，分级进行包装，置于通风干燥处保存。

(6) 油炸

将仿虾片入油锅煎炸，油温不宜过高，以防炸糊。炸至色泽微黄（时间约1min）表面发起小泡时，即可起锅。

这种仿虾片食用方法和海虾片的食用方法相同，仿虾片用热油干炸时比海虾片容易，且没有海虾片易返潮不脆的缺点。其特点是酥脆可口，营养丰富，嚼起来有一种独特的清香风味。

4.1.3 真空油炸马铃薯脆片

马铃薯脆片（potato crispy chip）是近年来开发的新产品，利用了新兴的真空低温(90℃)油炸技术，克服了高温油炸的缺点，能较好地保持马铃薯的营养成分和色泽。脆片含油率低于20%，口感香脆，酥而不腻。

1. 生产工艺

马铃薯→分选清洗→切片→护色→脱水→真空油炸→脱油→冷却→分选包装。

2. 操作要点

(1) 切片、护色

由于马铃薯富含淀粉，固形物含量高，其切片厚度不宜超过2mm。切好的薯片立即投入98℃的热水中处理2~3min，以除去表面淀粉，防止油炸时切片相互粘连，或淀粉浸入食油影响油的质量，同时，也可破坏酶的活性，稳定色泽。热处理防止在油温逐渐变热，淀粉糊化形成胶体隔离层，影响内部组织的脱水，降低脱水速率。经热处理的脆片硬度小，口感好。

（2）脱水

去除薯片表面的水分可采用的设备有冲孔旋转滚筒、橡胶海绵挤压辊、振动网形输送带及离心分离机。

（3）真空油炸

真空油炸时，先往贮油罐内注入 1/3 容积的食用油，加热升温至 95℃；把盛有马铃薯片的吊篮放入油炸罐内，锁紧罐盖。在关闭贮罐真空阀后，对油炸罐抽真空，开启两罐间的油路连通阀，油从贮罐内被压至油炸罐内；关闭油路连通阀，加热，使油温保持在 90℃，在 5min 内将真空度提高至 86.7kPa，并在 10min 内将真空度提高至 93.3kPa。此过程中可看到有大量的泡沫产生，薯片上浮，可根据实际情况控制真空度，以不产生“暴沸”为限。待泡沫基本消失，油温开始上升，即可停止加热。然后使薯片与油层分离，在维持油炸真空度的同时，开启油路连通阀，油炸罐内的油在重力作用下，全部回流到贮罐内。随后先关闭各罐体的真空阀，再关闭真空泵。最后缓慢开启油炸罐连接大气的阀门，使罐内压力与大气压一致。

（4）离心脱油

趁热将薯片置于离心沥油机中，以 1200r/min 的转数，离心脱油 6min。

（5）分选包装

将产品按形态、色泽条件装袋、封口。最好采用真空充氮包装，保持成品含水量在 3%左右，以保证质量与保存时间。另外在离心脱油后可根据口味，喷撒味精、盐或芝麻、香菜干与葱末干等，以增加风味等品种。

采用真空低温油炸技术，除可制作马铃薯脆片以外，还可生产其他种类的果蔬脆片，如甘薯片、莲藕片、南瓜片、胡萝卜片、香蕉片、苹果片等。

4.1.4　真空冻炸彩色马铃薯脆片

1. 生产工艺

原料挑选→清洗去皮→二次挑选→修检→精密分切→漂洗淀粉→漂烫杀青→清水冷却→振动或离心沥水→速冻隧道或冷库速冻→真空油炸→真空脱油→均匀调味→金属异物检测→包装→成品装箱入库。

2. 操作要点

（1）原料挑选

挑选颜色深（深紫、深红、深蓝）、纹理细腻、个头均匀的彩色薯原料，以便于切出完整均匀的片、条或丁。

（2）清洗去皮

采用手工或机械去皮，由于彩色薯大多表皮光洁且无芽眼清洗方便，一般采用机械磨皮方式去皮较好，但要求注意不要过分磨损。

（3）二次挑选、修检

将去皮后的彩色薯原料的芽眼和余皮剔除干净。

(4) 精密切分

采用高精度切分设备将彩色原料薯切成1.5~2.0mm厚度的平片、2.5~3.0mm厚度的波浪或波纹形片或者15mm×15mm×15mm的方形丁。

(5) 漂洗淀粉

用清水或漂洗液轻微漂洗一下即可，时间不超过30min为佳，该漂洗液需用0.01%柠檬酸加0.04%亚硫酸氢钠勾兑而成，这种漂洗液起到即漂去薯片表面的淀粉又达到护色的目的。

(6) 杀青漂烫

将漂洗后的原料彩色薯片送入85~90℃的可以变频调速的连续式杀青机中烫漂5~7min，接着用冷清水冷却并振荡沥水或离心脱水均可。这样的温度有效保证了彩色薯片固有的原花青素大量地保留下来，色泽非常艳丽，原花青素是国际公认的有效清除人体内自由基、抗氧化预防癌、心脏病发生的物质。

(7) 隧道或冷库速冻

根据设备实际情况，如果是全自动流水线则将原料彩色薯片直接送入速冻隧道冻结即可；如果是间歇式设备则需将原料彩色薯片送入18~20℃的冷库中冻结2h。

(8) 真空油炸和真空脱油

将冻结好的原料彩色薯片无需解冻直接送入真空油炸主机内（立式、卧式两种）进行料片冻结状态下的真空油炸。油温控制在85~105℃；油炸时间控制在25~35min；真空度控制在0.085~0.095MPa；真空脱油时间设定为4min，转速400r/min为最佳。真空脱油也在真空油炸主机内进行，间歇式油炸罐为真空离心式脱油方式；全自动真空油炸流水线为真空仓内输送网带振动脱油方式。

料片在冻结状态下直接真空炸制，这种炸制方式确保了彩色薯片因减少了解冻环节避免了料片二次氧化褐变，而且因为冻结状态下的彩色薯料片在真空负压环境中突然遇热升华干燥，平展的冻片瞬间失去水分后仍旧保持平展形态，这样炸出的彩色薯片片型平展、色泽鲜艳悦目，且口感酥脆度非常好。

(9) 调味

采用全自动调味机将调味粉均匀喷撒在成品彩色薯脆片的表面上，以便确保味道均匀。如采用荷兰库柏斯公司制造的全自动调味喷撒机，本机配有调味料箱，当成品彩色薯片传送到调味机输送带上时，光电传感器即发出喷撒信号指令，调味机开始工作。薯片的调味料，国际上一般采用盐味（即白砂糖、食盐、味素混合）或其他诸如麻辣粉、番茄粉等多种口味，调味料可以由薯片厂家自己配制，为常规技术，也可以由正规调味品厂家供应。

(10) 包装

为了保证产品新鲜色泽和品尝期限，最好将彩色薯脆片成品装入密闭遮光的铝箔袋包装中。因为彩色薯片富含抗氧化物质——花青素，所以对于光线不敏感，即便是装在透明的包装袋或器皿中，也能长时间保持色彩艳丽。

3. 产品特点

片型平整如初、颜色接近原料本色、营养丰富、口感香酥、厚薄均匀、超低的含油率。

4.1.5　马铃薯香辣片

1. 原料配方

马铃薯粉 70%、辣椒粉 14%、芝麻粉 10%、胡椒粉 2%、食盐 3%、食糖 1%。

2. 生产工艺

原料处理→拌料→成型→晾干→油炸→冷却→包装→成品。

3. 操作要点

(1) 备料

将马铃薯洗净去皮，捣碎晒干，经粉碎磨细过 60 目筛后，入锅炒至有香味时出锅备用；辣椒粉经过 60 目筛后备用；胡椒粉入锅炒出香味后备用。

(2) 拌料

将马铃薯粉、辣椒粉、芝麻粉、胡椒粉、食盐、食糖用适量优质酱油调成香辣湿料，然后置于成型模具中压成各种形状的湿片，晾干表面水分。

(3) 油炸

将香辣片放入煮沸的油锅中炸制，待其表面微黄时出锅，冷却后包装出售。

4. 成品质量指标

成品口感柔软，食味改善、好吃，食用方便，营养成分的保存率和消化率高，易于储存，价格便宜。

4.1.6　微波膨化营养马铃薯片

经微波膨化将马铃薯制成营养脆片，得到的产品能完整地保持原有的各种营养成分，同时微波的强力杀菌作用避免了防腐剂的使用，更利于幼儿健康。

采用微波膨化生产马铃薯片，最大限度地保护了原有营养；在生产过程中，不采用长时间高温，可有效地避免维生素 C 损失；产品生产周期短，适宜于流水作业；工艺简单，成本极低，适宜于进行大规模生产。

1. 原料配方

马铃薯 96.5%、食盐 2.5%、明胶 1%。

2. 主要设备

微波炉：微波频率 2450MHz，功率 0~750W。

3. 生产工艺

生产工艺如图 4-1 所示。

明胶、食盐、水
↓
原料→去皮→切片→护色→浸胶→调味→微波

图 4-1　微波膨化营养马铃薯片的生产工艺

4. 操作要点

(1) 原料

选择不霉、不变质、无虫、无发芽、皮色无青色、储藏期小于一年的马铃薯为原料。将选择好的马铃薯利用清水将表面的泥土等杂质洗净。

（2）配制溶液

因为考虑到原料的褐变、维生素 C 的损失和品味的调配，所以配制的溶液应同时具有护色、调味等作用，且要掌握的时间。

量取一定量水（要求全部浸没原料），加入 2.5%的食盐和 1%的明胶，加热至 100℃，明胶全部溶解。制作同样的两份溶液，一份加热沸腾，一份冷却至室温。

（3）去皮

去皮要厚于 0.5mm，然后进行切片，切片厚度为 1~1.5mm，要求薄厚均匀一致。

（4）护色及调味

先将马铃薯片放入沸腾的溶液中烫漂 2min，马上捞出放入冷溶液中，并在室温下浸泡 30min。

（5）微波膨化

将薯片从溶液中捞出后马上放入微波炉内进行膨化，在调整功率为 750W 的微波炉中膨化 2min 后进行翻动，再次送入功率 750W 的微波炉中膨化 2min，然后把微波炉功率调整为 75W，持续 1min 左右，产品呈金黄色，无焦黄，内部产生细密而均匀的气泡，口感松脆。

（6）成品包装

从微波炉中将马铃薯片取出后要及时封装，采用真空包装或惰性气体（氮气、二氧化碳）包装，防虫防潮、低温低湿避光储藏，包装材料要求不透明、不透气、非金属材质，产品经过包装后即为成品。

5. 成品质量指标

成品颜色金黄、松脆、味香、无油、不含强化剂和防腐剂，老幼皆宜。

4.1.7 马铃薯泥片

1. 生产工艺

马铃薯选择→清洗→去皮→水泡→切片→水泡→蒸煮→冷却→捣碎→配料→搅拌→挤压成型→烘烤→抽样检验→包装→成品。

2. 主要设备

削脱皮机、蒸煮锅、搅拌机、高速捣碎机、成型模、红外线自控鼓风式烘烤箱等。

3. 操作要点

（1）备料

选无病、无虫、无伤口、无腐烂、未发芽、表皮无青绿色的马铃薯为原料。将选择好的马铃薯放入清水中进行清洗，将其表面的泥土等杂质去除。

（2）去皮

将经过清洗后的马铃薯利用削皮机将马铃薯的表皮去除，然后放入清水中进行浸泡（时间不宜超过 4h）。主要是使薯块隔离空气，防止薯块酶促褐变的发生，同时浸泡也可以除去薯块中的有毒物质（龙葵素）。

（3）切片

将马铃薯从清水中捞出，利用切片机将其切成5mm左右厚的薯片，然后放入清水中浸泡（时间不超过4h），待蒸煮。

（4）蒸煮

从清水中捞出薯片，放入蒸煮锅中进行蒸煮，蒸煮时温度为120~150℃，时间为15~20min。

（5）冷却、捣碎

将蒸煮好的薯片取出，经过冷却后利用高速捣碎机将其捣碎。

（6）配料

按比例加入麦芽糊精、精炼食用油、黄豆粉、葡萄糖等。将配料初步调整后作为基础配料，然后根据需要调成不同的风味，如麻油香味、奶油香味、葱油味等。

（7）搅拌和挤压成型

将各种原料利用搅拌机搅拌均匀并成膏状，然后送入成型机中压制成型。

（8）烘烤

将压制成型的马铃薯泥片，送入远红外线自控鼓风式烘烤箱中进行烘烤。

（9）抽样检验产品及包装

将烘烤好的食品送到清洁的室内进行冷却，随机抽样进行检验其色、香、味等。将合格的产品经过包装即可作为成品出售。

4. 成品质量指标

（1）感官指标

颜色：淡黄色或淡白色；

风味：具有马铃薯特有的香味，兼有特色香味；

口感：脆而细，入口化渣快，香味持久。

（2）理化指标

酸度6.5~7.2，铅（以Pb计）≤0.5mg/kg，铜（以Cu计）≤5mg/kg。

（3）微生物指标

细菌总数 ≤750个/g，大肠菌群≤30个/g，致病菌不得检出。

4.1.8 马铃薯五香片

1. 原料配方

马铃薯粉25kg，糯米粉5kg，花椒、八角、小茴香、桂皮、丁香、肉豆蔻各25g，精盐、白砂糖适量。

2. 生产工艺

原料选择→处理→调和→压片→油炸→冷却→包装→成品。

3. 操作要点

（1）原料处理

① 选择无病虫害、无损伤、大小均匀、表面光滑的新鲜马铃薯，经流水反复冲洗，清除杂质，沥干水分。再倒入20%的碱液中浸泡3~5min，用水冲去表皮。捣碎后晒干，或放在60~70℃的烘房内烘干，粉碎成粉状。

② 将糯米洗去杂质，用清水浸泡2h，粉碎成粉。

③ 将花椒、八角、桂皮、小茴香、丁香、肉豆蔻用布包好加水煮 20~30min，冷却后加适量精盐、白砂糖备用。

（2）调和、压片

取处理好的香料液和糯米粉搅和，放入锅内利用文火熬煮成糊状，趁热与马铃薯拌和成团，再用大竹筒碾成 0.2cm 厚的薄片，用刀切成各种形状的片块。

（3）油炸

将植物油倒入热锅中用猛火加热至泡沫消失，稍有油烟时，把薯片投入油炸，边炸边翻动薯片，待薯片面色微黄时立即捞出。

（4）包装

炸好的薯片冷却至 20℃ 即用小塑料袋包装，贴上标签即可作为成品出售。

4.1.9 烤马铃薯片

1. 生产工艺

马铃薯→清洗→切片→漂洗→护色→热烫→干制→烘烤→着味→冷却→分选→包装→成品。

2. 操作要点

（1）切片与漂洗

将马铃薯洗净去皮后切成厚度均匀约 2mm 的薄片，用高压水冲洗，洗净表面淀粉，洗好的薄片放入护色液中护色。漂洗的水中含有马铃薯淀粉，可以收集起来制作马铃薯淀粉。

（2）护色

薯片可用 0.25%的亚硫酸盐溶液进行护色。

（3）热烫

在 80~100℃ 的温度下烫 1~2min，使薯肉半生不熟，组织比较透明，失去鲜薯片的硬度，但又不柔软即可。

（4）干制

干制分人工干制和自然干制（晒干）两种。自然干制是将热烫好的马铃薯片放置在晒场，于日光下暴晒，待七成干时，翻一次，然后晒干。人工干制可在干燥机中进行，要使其干燥均匀，当制品含水量低于 7%时，即结束干制。

（5）烘烤

将薯片摊开，均匀摆放于烤盘中，送入烘烤炉进行烘烤，烘烤温度为 170~180℃，烘烤时间视原料的厚薄、含水量而定，一般在 2~3min，烤至薯片表面微黄。

（6）着味

烘烤后的薯片可以直接包装，也可经喷油、撒拌调味料着味后进行包装，产品经过包装后即为成品。

3. 产品特点

烘烤马铃薯片焦香酥脆，风味独特。油脂含量大大低于油炸马铃薯片，近年来，在西方的销售势头越来越好，受到人们的青睐。

4.1.10　蒜味马铃薯片

1. 生产工艺

马铃薯→水洗→去皮→切片→速冻→解冻→油炸→调味→充气包装→成品。

2. 操作要点

（1）原料选择

马铃薯要求个体均匀，成熟一致，无虫蛀、无腐烂、无发芽。辣椒、大蒜、姜、洋葱等要求脱水干燥后磨碎，辣椒细度达 80 目，其余为 100 目。

（2）前处理

利用清水洗去马铃薯表皮的泥土、污物，然后去皮。

（3）切片

将马铃薯切成厚 2~3mm 的片，切片后立即浸入水中，以防止与空气中的氧气接触，产生氧化褐变。

（4）速冻、解冻

将马铃薯片沥干，立即放入冰柜中冷冻 3~4h，温度低于-10℃，然后取出放入清水中进行解冻。

（5）油炸

将油温加热到 170~180℃进行高温瞬时油炸处理，时间为 30s。

（6）调味

油炸完毕后，立即用混合调味料进行均匀喷洒，使调味料均匀粘在马铃薯片上。

（7）包装

调味完毕后，立即装入塑料袋中，用充气封口机充氮气进行封口包装，产品经过包装即为成品。

3. 成品质量指标

外形：薯片表面平整，厚薄一致。

色泽：淡褐色。

风味：具有马铃薯鲜香味，淡淡的辣味及大蒜的余味，入口香酥、松脆。

4.1.11　马铃薯酥糖片

1. 生产工艺

马铃薯→清洗→切片→漂洗→水煮→烘干→油炸→上糖衣→冷却包装→成品。

2. 操作要点

（1）选薯、切片

选择 50~100g 重的薯块，淀粉含量高，且无病虫、无霉烂薯块。洗净的薯块用 20%~22%的碱液去皮，然后用切片机切成厚度均匀 1~2mm 的薄片，切好的薯片浸没水中以防变色。

（2）水煮

将马铃薯片倒入沸水锅中，当薯片达到八成熟时，迅速捞出晾晒。在此工序中一定要掌握好火候，使马铃薯片煮到熟而不烂。

（3）干制

若天气晴好，可以将马铃薯片在阳光下晒，若天气不好时，可以用烘房人工烘干（温度控制在30~40℃）。直至抛撒有清脆的响声，一压即碎为度。

（4）油炸

油炸时注意翻动，使受热均匀，膨化整齐。当薯片呈金黄色时，迅速捞出，沥干油分。

（5）上糖衣

将白糖放入少量水加热溶化，倒入炸好的薯片，不断搅拌，缓慢加热，使糖液中的水分完全蒸发而在薯片表面形成一层透明的黏膜，最后冷却包装密封。

3. 产品特点

加工简单容易，产品具有香、甜、酥的特点。

4.1.12　薯香酥片

1. 生产工艺

甘薯和马铃薯→清洗→预煮→去皮→复煮→打浆→拌料→加酵母→发酵→干燥→压片→切片→烘烤→摊冷→油炸→沥油→冷却→包装→成品。

2. 操作要点

（1）原料处理

将选择好的甘薯和马铃薯（比例为6：1）用清水洗净。置沸水中预煮10~20min，去皮后切块复煮至熟透，预煮水中预先加入0.05%的亚硫酸钠进行护色。

（2）打浆

将已煮熟的薯块放入捣碎机中打成糊状，必要时可添加少量的水，但不宜过多。

（3）拌料、发酵

在混合薯浆中加入0.4%干酵母、8%蔗糖、0.2%食盐，在28℃下发酵2h。

（4）干燥

发酵后的浆料在80℃左右的温度下干燥60~80min，以能压片为度。干燥过程中要勤翻动，防止浆料焦煳。

（5）压片、切片

用手摇压面机将干燥浆料压制成2~3mm厚的均匀薄片，再切成3cm×4cm大小一致的小片。

（6）烘烤、冷却、油炸

将切成的小块在60~70℃烘烤3~5min，经摊冷后，在（170±2）℃的温度下油炸30~40s，取出沥去余油，经冷却包装即为成品。

4.1.13　琥珀马铃薯片

以马铃薯为主要原料制作的琥珀马铃薯片风味独特，营养丰富，是一种理想的休闲食品，市场前景十分广阔。

1. 生产工艺

原料选择→清洗→去皮→切片→漂洗→烫漂→护色→干制→套糖→油炸→冷却→甩

油→调味→包装→成品。

2. 操作要点

(1) 原料选择

选择新鲜的白皮马铃薯，要求同一批原料大小均匀一致。

(2) 清洗

小批量可采用人工洗涤，在洗池中洗去泥沙后，再用清水喷淋；大批量可采用流槽式清洗机或鼓风式清洗机进行清洗。

(3) 去皮

小批量可采用人工去皮，大批量生产应使用摩擦去皮机或碱液去皮。采用碱液去皮时，碱液浓度为10%~15%，温度为80~90℃，时间为2~4min。

(4) 切片

小批量生产可采用人工切片，注意厚度要均匀一致。大批量生产可采用切片机将去皮马铃薯切成均匀的薄片。

(5) 漂洗

切片后迅速放入清水中或喷淋装置下漂洗，以去除表层的淀粉。

(6) 烫漂及护色

马铃薯片的褐变主要包括酶促褐变和非酶促褐变两种，在加工过程中以酶促褐变起主要作用，所以需对切好的马铃薯片进行灭酶及护色处理。烫漂温度为75~90℃，处理时间控制在20s~1min，可以使马铃薯中的多酚氧化酶和过氧化酶充分钝化，降低鲜马铃薯的硬度，基本保持原有的风味和质地，软硬适中。护色液组成为0.03%柠檬酸+0.05%亚硫酸氢钠（pH=4.9）时，结合烫漂操作，护色效果最理想。

(7) 干制

干制可采用自然晒干或人工干制。自然晒干是将烫漂护色后的马铃薯片放置在晒场，于日光下晾晒，每隔2h翻一次，以防止晒制不均匀，引起卷曲变形。人工干制、可采用烘房，温度控制在60~80℃，使干制品水分低于7%即可。

(8) 套糖

糖液制作：白砂糖50kg、液体葡萄糖2.5kg、蜂蜜1.5kg、柠檬酸30g、水适量，置于夹层锅中溶解并煮沸。将干马铃薯片放入50%~60%的糖液中，糖煮5~10min，使糖液浓度达70%，立即捞出，滤去部分糖液，摊开冷却到20~30℃。

(9) 油炸

在低温（温度低于140℃）条件下油炸时，马铃薯片表面起泡、颜色深，影响外观和口感；在高温（温度高于170℃）下油炸则可以避免上述现象。

(10) 冷却

将炸好的马铃薯片迅速冷却至60~70℃，翻动几下，使松散成片，再冷却至50℃以下。

(11) 甩油

将上述油炸冷却的马铃薯片进行离心甩油1min，使表面油分脱去。

(12) 调味、包装

可在油炸冷却后的马铃薯表面撒上或滚上熟芝麻或其他调味料，使其得到不同的风味。在油炸后冷却1h内，装入包装袋，并进行真空封口。若冷却时间过长，则会由于吸潮而失去产品应有的脆度。产品经过包装即为成品。

4.1.14 低脂油炸薯片

1. 原料配方

马铃薯100kg，大豆蛋白粉1kg，碳酸氢钠250g，植物油2kg，调味品及香料适量。

2. 生产工艺

马铃薯→清洗→去皮→切片→护色液浸泡→离心脱水→混合涂抹→微波烘烤→调味→包装→成品。

3. 操作要点

（1）原料预处理

皮薄，芽眼浅，表面光滑，50~100g的薯块，比重>1.6，含糖量<2%，避免发芽，表皮干缩。去皮后检查薯块，除去不合格薯块，并修整已去皮的薯块。

（2）护色液浸泡

把切好的马铃薯片放入由0.045%的偏重亚硫酸钠和0.1%的柠檬酸配成的护色液中，浸泡30min可抑制酶褐变和非酶褐变。切片要求厚薄均匀，厚度1.8~2.2mm，烘烤出的马铃薯片松脆可口且色泽均匀。

（3）离心脱水

用清水冲洗浸泡后的薯片至口尝无咸味即可。然后将薯片在离心机内离心1~2min，脱除薯片表面的水分。

（4）混合涂抹

将干洁马铃薯片置于一个便于拌和的容器内，按马铃薯片重量计，加入脱腥大豆蛋白粉1kg、碳酸氢钠250g、植物油2kg，然后充分拌和，使其在马铃薯片涂抹均匀，静置10min可烘烤。

（5）微波烘烤

用特制的烘盘单层摆放薯片，然后放在传送带上进行微波烘烤，速度可任意调控，约受热3~4min，再进入热风段，除去游离水分约3~4min后又进入下一段微波烘烤，整个过程约10min左右。

（6）调味

烘烤出来的马铃薯片，如有边角未干脆的，可另作烘烤处理，剔除焦煳的。选好的酥脆马铃薯片调味时，直接将调味品和香料细粉撒拌在马铃薯片上混匀。风味品种有：①椒盐味；②奶油味；③麻辣味；④海鲜味；⑤孜然味；⑥咖喱味；⑦原味，不加任何调味品与香料。

（7）包装

用铝塑复合袋，每袋装成品50g，然后置于充气包装机中，充氮后密封，即得成品。

4.1.15 油炸成型马铃薯片

1. 原料配方

配方1：脱水马铃薯片100kg、水35L、乳化剂0.8kg、酸式磷酸盐0.2kg、食盐、柠檬酸和抗氧化剂各适量。

配方 2：马铃薯粉 6. 5kg、小麦粉 1kg、马铃薯糊 2. 5kg、炸油适量。

2. 生产工艺

脱水马铃薯片→粉碎→混合→压片→成型→油炸→成品。

3. 操作要点

(1) 粉碎

将脱水马铃薯片（泥）利用粉碎机粉碎成细粉。

(2) 混合

乳化剂、磷酸盐和抗氧化剂等先用适量温水溶解，然后加入配方中规定的所有水量与马铃薯粉混合成均匀的面团。为了防止马铃薯中还原糖对成品色泽的影响，可以在面团中加入少量活性酵母，先经过发酵消耗掉面团中可发酵的还原糖。

(3) 切片、成型

面团用辊式压面机压成 3mm 厚的连续的面片，然后用切割机切成直径为 6cm 左右的椭圆薄片。

(4) 油炸

成型好的薯片在油温为 160～170℃的油中炸 7s，炸好后在薯片表面均匀撒上成品重 2%左右的盐即成。

4. 成品质量指标

该油炸薯片形态规则，质地均匀，松脆可口，具有浓郁的马铃薯风味和香味。在表面撒上成品重 2%左右的盐即为成品。

4.1.16　烘烤成型马铃薯片

1. 原料配方

马铃薯粉 8 kg，小麦粉、马铃薯淀粉各 0. 5kg，生马铃薯片 1kg，油脂适量。

2. 生产工艺

原料→混合→挤压成型→烘烤→喷涂油脂→成品。

3. 操作要点

(1) 成型

将马铃薯粉，小麦粉，马铃薯淀粉，生马铃薯片（边长 4mm）混合，放在挤压成型机中，加热到 120℃挤压成型。

(2) 烘烤

在烤箱中用 110℃烘烤 20min，烤后喷涂油脂即为成品。

4.1.17　中空薯片

1. 原料配方

马铃薯粉 100kg、发酵粉 0. 5kg、化学调味料 0. 5kg、马铃薯淀粉 20kg、乳化剂 0. 6kg、水 65kg、精盐 1. 5kg。

2. 生产工艺

原料→混合→压片→冲压成型→油炸→成品。

3. 操作要点

（1）混合

按配方称料，在和面机中混合均匀。

（2）压片

用压面机将和好的面团压成 0.6～0.65 mm 厚的薄片料（片状生料中含水量约为 39%）。

（3）冲压成型

将上述面片两片叠放在一起，用冲压装置从其上方向下冲压，得到一定形状的，两片叠压在一起的生料片。

（4）油炸

生料片不经过干燥，直接放在 180～190℃的油中炸 40～45s。由于加进 20%的马铃薯生淀粉，生料的连接性很好，组织细密，炸后两层面片之间膨胀起来，成为一种特别的中间膨胀的产品。

4.1.18　苦荞薯片

荞麦是五谷之王，营养丰富，是无毒、无公害的有机食品，具有舒肝和胃、补肾减肥、美容、抗菌消炎、抗癌之功效。长期食用荞麦能增强人体免疫功效，预防心脑血管疾病，降低高血糖、高血压、高血脂。其中，苦荞具有较高的营养价值和药用价值，含有蛋白质、脂肪、维生素、单宁、芦丁、蛋白酶抑制剂、矿物质和微量元素等，其含量普遍高于大米、小麦和玉米等，且还含有其他禾谷类粮食所没有的叶绿素和生物类黄酮物质。苦荞不仅蛋白质含量较高，而且其蛋白质的氨基酸组成十分平衡。它既是一种很好的营养源，又具有明显地降低血糖、血脂、尿糖等的功能，非常适合人类的营养需求。

1. 原料配方

55%马铃薯泥、12%马铃薯淀粉、20%苦荞粉、2%食盐、0.8%味精、2%植物油、1%香葱粉、1%胡萝卜粉、1.2%白糖、5%螺旋藻粉。

2. 操作要点

（1）原料预处理

选取干物质含量高的新鲜马铃薯并清洗、去皮，再利用机器将其捣碎成泥状。采用市售的苦荞粉或用苦荞原料进行加工成粉为原料。

（2）混合

将马铃薯泥、马铃薯淀粉、苦荞粉、螺旋藻粉以及配料加水混匀，制成团块。

（3）熏蒸

在蒸笼中用 90～100℃蒸汽对制成的团块进行熏蒸，时间控制在 1h 左右。

（4）切片

冷却至常温并适度烘干。选用市售常规切片机进行匀速切片，切片的厚度在 1～2mm 之间。

（5）油炸

先在 120℃的油中预炸 30s，然后再进行高温短时间油炸，油温严格控制在 175～180℃，油炸时间控制在 70～80s。

(6) 调味

通过调味机调味后，根据不同的口味要求，可将薯片调制出具有五香味、牛肉味、麻辣味等不同风味的薯片。

苦荞食品在加工过程中，尤其是油炸、烘焙的过程中会导致营养物质的丧失，影响了食品的保健作用和原始风味。该工艺采用了特殊的制作工艺和方法，克服上述问题，是具有营养和保健双重价值的苦荞薯片。

4.2　马铃薯片加工设备

4.2.1　马铃薯清洗设备

用于食品加工的马铃薯通常带有泥沙和杂草，所以加工前要进行清洗、去皮等处理。清洗过程的本质是利用清洗介质将污染物与清洗对象分离的过程。各种清洗机械与设备一般用化学与物理原理结合的方式进行清洗。物理学原理主要利用机械力（如刷洗、用水冲等）将污染物与被清洗对象分开；而化学原理是利用水及清洗剂（如表面活性剂、酸、碱等）使污染物从被清洗物表面溶解下来。在许多工厂中原料的清洗和输送是同时进行的。

1. 原料输送

通常原料从储藏运送到清洗工段室由皮带输送机、斗式提升机、刮板输送机、流水输送槽和输送机来完成的。鲜薯的输送通常用流水槽，因为它在原料输送的同时完成部分清洗工作。

2. 清洗

(1) 手工洗涤

手工洗涤是洗涤马铃薯最简单的方法，始于小型食品厂，即将马铃薯放在盛有容器中进行洗涤。容器的大小可根据生产能力和操作条件而定。马铃薯的洗涤也可在洗涤池或大缸内进行，即用人工将马铃薯放在竹筐里，然后置于洗涤池或缸中用木棒搅拌，直至洗净为止。采用这种洗涤方法，应及时更换水和清洗缸底，应做到既节约用水又能将薯块洗净。马铃薯不论在任何容器中清洗，都应经常用木棒搅拌搓擦，一般换水 2~3 次即可清洗净；最后再用清水淋洗一次。这种方式劳动强度大，生产效率低，只适合于小批量原料的清洗。为了提高清洗效率和保证清洗质量，食品加工生产过程应尽可能采用机械清洗方法。

(2) 流水槽洗涤

在机械化马铃薯类加工厂，一般采用流水输送的方法，将马铃薯由储存处送入加工车间内，这样即可使马铃薯在进入洗涤机之前，在输送中就洗去 80%左右的泥土。

流水槽由具有一定斜度的水槽和水泵等装置组成。流水槽横截面一般呈 U 形，如图 4-2 所示。它可以用砖砌成，后加抹水泥，或用混凝土制成，也可用木材、硬聚乙烯板或钢板制成。槽内做得比较平滑。流水槽其宽度一般为 200~250mm，槽的深度由储存处至车间应逐渐加深，保持一定的倾斜度。槽的起始深度约为 200mm，以后槽长每增加 1m，槽底加深 10mm，转弯处每米槽长需要加深 15mm，为了避免输送时造成死角，转弯处曲

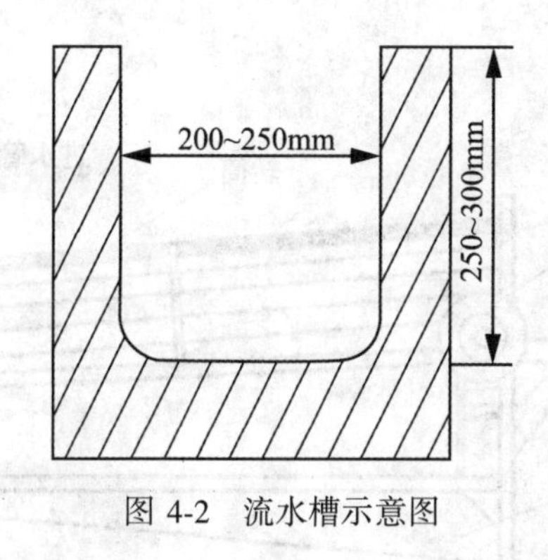

图 4-2　流水槽示意图

率半径大于 8m。流水槽内流水用泵从一端送入，用水量为原料质量的 3~5 倍，槽中操作水位为槽高的 75%，水的流速约 1m/s。在输送过程中，由于比重的差异，大部分泥沙、石块可被除去，杂草可用除草器除去。最简单的除草器示意图如图 4-3 所示，在流水槽上架一横楔，下悬一排编好的铁钩，钩向逆流，被勾住的杂草用人工及时捞出。

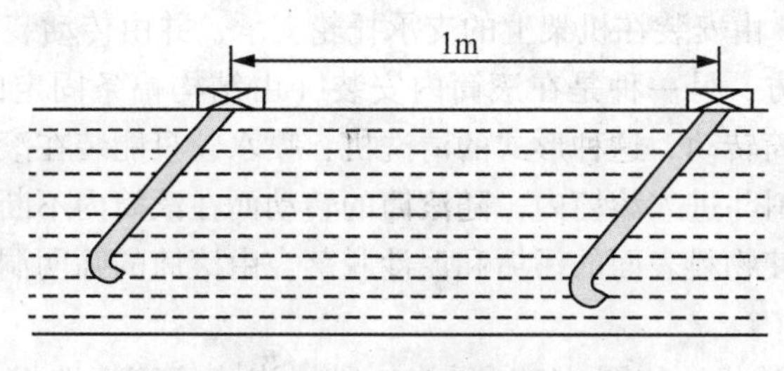

图 4-3　流水槽除草器示意图

在流水槽尾端为一洼池，底部装铁栅，马铃薯留在铁栅上，然后送至清洗机中清洗。污水流过铁栅由水沟排除，流入沉淀池中，经净化处理后，清水再循环使用。

（3）清洗机

常用的清洗机有滚筒式清洗机、鼠笼式清洗机和螺旋式清洗机 3 种。

①滚筒式清洗机。滚筒式清洗机的主体是滚筒，其转动可以使筒内的物料自身翻滚、互相摩擦和与筒壁发生摩擦作用，从而使表面污物剥离。但这些作用只是清洗操作中的机械力辅助作用。因此，这类清洗机需要与淋水、喷水或浸泡配合。喷淋式、浸泡式清洗机也因此而得名。滚筒一般为圆形筒，但也可制成六角形筒。

滚筒式清洗机的驱动方式，可分为齿轮驱动式、中轴驱动式和托辊-滚圈驱动式 3 种。但目前，中轴驱动仍有使用，齿轮驱动已经淘汰，采用最多的是托辊-滚圈驱动方式。这种驱动方式结构简单可靠，传动平稳。按操作方式，滚筒式清洗机可以分为连续式和间歇式两种。

a. 喷淋式滚筒清洗机：这是一种连续式清洗机，结构较简单，适用于表面污染物易被浸润冲除的物料，结构如图 4-4 所示。它主要由栅状滚筒、喷淋管、机架和驱动装置等构成。滚筒是清洗机的主体，可由角钢、扁钢、条钢焊接成，必要时可衬以不锈钢丝网或多孔薄钢板。

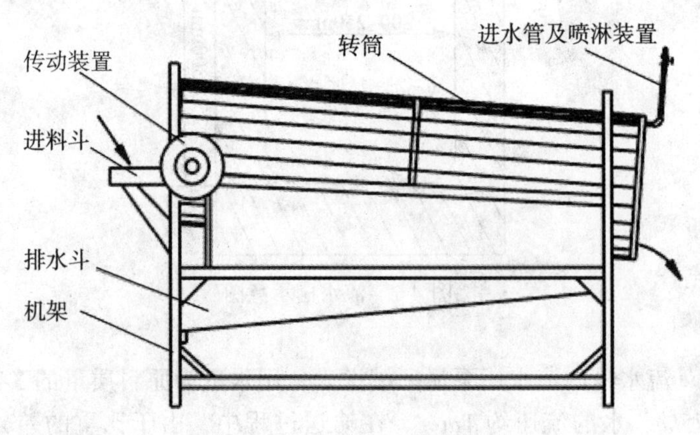

图 4-4　喷淋式转筒清洗机

滚筒的驱动有两种形式：一种是在滚筒外壁两端配装滚圈。滚筒（通过滚圈）以一定倾斜角度（3°~5°）由安装在机架上的支承托轮支承，并由传动装置驱动转动。喷水管可安装在滚筒内侧上方；另一种是在滚筒内安装（由结构幅条固定的）中轴，驱动装置带动中轴从而带动滚筒转动。这种形式的清洗机，喷水管只能装在滚筒外面。

清洗时物料由进料斗进入滚筒内，随滚筒的转动而在滚筒内不断翻滚、相互摩擦，再加上喷淋水的冲洗，使物料表面的污垢和泥沙脱落，由滚筒的筛网洞孔随喷淋水经排水斗排出。

b. 浸泡式滚筒清洗机：如图 4-5 所示为一种浸泡式滚筒清洗机的剖面示意图，这是一种通过驱动中轴使滚筒旋转的清洗机。

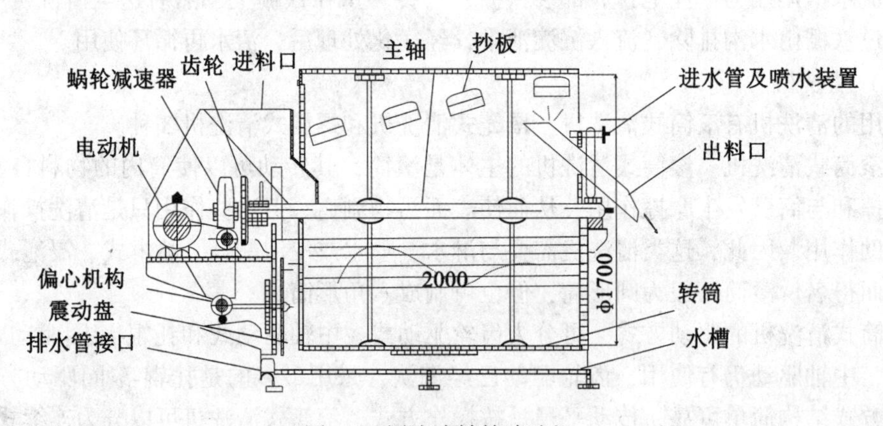

图 4-5　浸泡式转筒清洗机

工作原理：转动的滚筒的下半部浸在水槽内。电动机通过 V 带传动蜗轮减速器及偏心机构，滚筒的主轴由蜗轮减速器通过齿轮驱动。水槽内安装有振动盘，通过偏心机构产生前后往复振动，使水槽内的水受到冲击搅动，加强清洗效果。滚筒的内壁固定有按螺旋线排列的抄板。

清洗时，物料从进料斗进入清洗机后落入水槽内，由抄板将物料不断捞起再抛入水中，最后落到出料口的斜槽上。在斜槽上方安装的喷水装置，将经过浸洗的物料进一步喷洗后卸出。

②鼠笼式清洗机。鼠笼式清洗机结构如图 4-6 所示。它由鼠笼式滚筒、传动部件和机壳 3 大部分组成。鼠笼由扁钢或圆钢条焊接而成，每两根钢条间距为 20~30mm，鼠笼长 2~4m，直径 0.6~1m。滚筒内有螺旋导板，螺距 0.2~0.5m。

工作时，鼠笼直径的 1/3 左右浸在水中，马铃薯由加料口送入鼠笼的一端。在机器转动时，浸泡在水中的薯块一方面沿轴向运动，同时做圆周运动，薯块间相互碰撞、摩擦，薯块与钢条相撞击，从而洗去泥沙和部分去皮。洗涤水由出料端上的喷头加入，泥沙沉淀从排污口排出。鼠笼式清洗机优点是可以同时完成清洗和输送物料的任务，缺点是不能去石，这将给以后的加工机械带来极大的危害。

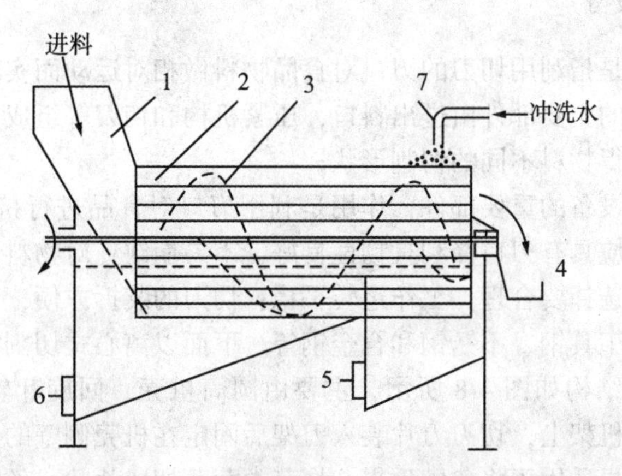

1—加料口；2—滚筒；3—螺旋导板；4—出料口；5，6—排污口；7—喷头

图 4-6 鼠笼式清洗机结构示意图

③螺旋清洗机。螺旋清洗机有两种形式：水平式和倾斜式，如图 4-7 所示。水平清洗机由一带漏斗排沙口的 U 形水槽和电机传动的螺旋刷组成，水槽上面有一排喷水口，漏斗排沙口上是一带孔的筛板。物料由输送机一端进入，水槽中薯块相互碰撞与摩擦，同时与螺旋刷摩擦，薯块表面的泥沙被喷淋水冲洗而从另一端排出。倾斜式的清洗槽与螺旋叶片轴成一定夹角，物料与冲洗水成逆流方向相遇将薯块清洗干净。

为了清洗彻底，常常将多种洗涤装置结合使用，一般将螺旋清洗机放在最后，因为它兼有洗涤和输送两种功能。

洗涤质量取决于原料的污染程度、清洗机的结构、薯块在清洗机中停留的时间、供水量及其他因素。一般洗涤时间为 8~15min，洗后薯块的损伤率不大于 5%，洗涤水中淀粉含量小于 0.005%。

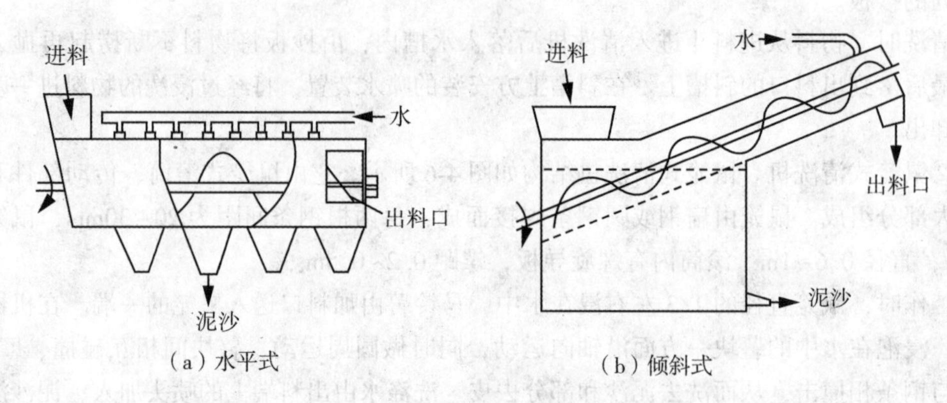

图 4-7　螺旋清洗机结构示意图

4.2.2　马铃薯切割设备

马铃薯切割设备是指利用切刀的刃口对食品物料做相对运动而实现切片，切块或切成丝。马铃薯切割机械的主要部件由进出料口，压紧机构和切刀等组成，通常只需更换不同形状的刀片就可以获得物料不同的切割形状。

切刀是食品切割设备的重要部件，作用是利用刃口对食品进行挤压，使之断裂分离，因此，良好的切刀，应具有刃口锋利且韧性良好，不易崩缺；对物料切入角度合理，耗用功率小；切刀的中心选择要合理，工作运转平稳；切刀的装拆方便，便于磨刃。切刀的材料有多种，常用的有工具钢、不锈钢和合金钢等。下面以离心式切割机为例进行说明。

离心式切割机的结构如图 4-8 所示，主要由圆筒机壳、回旋叶轮、刀片和机架等组成，圆筒机壳固定在机架上，切刀刀片装入刀架后固定在机壳侧壁的刀座上，回旋叶轮上固定有多个叶片。该机适用于将各种瓜果、块茎类蔬菜切成片状、丝状。

离心式切割机的工作原理：原料经圆锥形进料斗进入离心式切割机内，叶轮以 262r/min 的转速带动物料回转。物料生产的离心力可以达到其自身重量的 7 倍，此离心力使物料紧压在切割机的内壁表面移动，内壁表面的定刀就将其切成厚度均匀的薄片，切下的片料沿着圆锥机壳的内壁下落，最后落到卸料槽内。调节定刀刃和机壳内壁之间的间隙，即可获得所需要的切片厚度。被切割物料的直径要求小于 100mm。定刀厚度一般为 0.5～3mm。更换不同形状的定刀片，即可切出平片、条形和波纹片等。

4.2.3　预煮设备

在马铃薯食品加工过程中需要经过预煮，使食品脱水、抑制或杀灭微生物，使食品完成一定的生物化学，保持产品的色、香、味，方便其他工序的操作，对保证加工成品具有合格的品质、延长保质期均有非常重要的作用。

常用的预煮设备有夹层锅。夹层锅又称二层锅、蒸汽锅等，它属于间歇式预煮设备。夹层锅采用夹套加热，加热介质可分为蒸汽、导热油、电。常用来物料的热烫、预煮、调味料的配制及熬制一些浓缩产品。设备结构简单，使用方便，是定型的压力容器。

夹层锅按其深浅可分为浅型、半深型和深型，按其操作方式可分为固定式和可倾式。

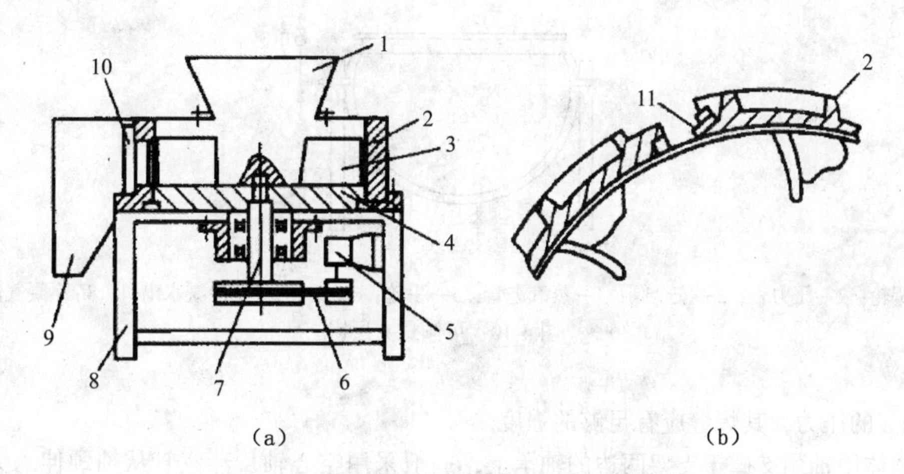

1—进料斗；2—圆筒机壳；3—叶片；4—叶轮盘；5—电机；6—传动带；
7—转轴；8—机架；9—出料槽；10—刀架；11—刀片

图 4-8 离心切割机

1. 固定式夹层锅

固定式夹层锅如图 4-9 所示，它的蒸汽进管安装在与锅体成60°角的壳体上，出料通过底部接管，利用落差排料，或在底部接口处安装抽料泵，把物料用泵抽至其他高位容器，因此固定式夹层锅常用来调制配汤等液体物料。当容器大于 500L 或用作加热稠性物料时，常带有搅拌器，搅拌器的搅拌叶片有浆式和锚式，转速一般为 10~20r/min。

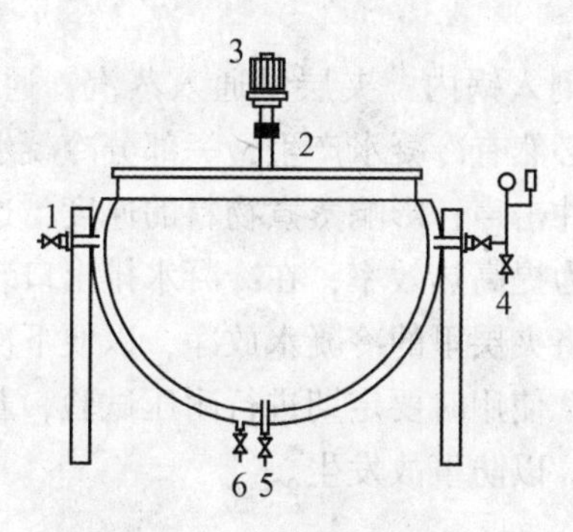

1—不凝气体出口；2—锅盖；3—搅拌器；4—蒸汽进管；5—物料出口；6—冷凝水出口

图 4-9 固定式夹层锅

2. 可倾式夹层锅

最常用的为半球形（夹层）壳体上加一段圆柱形壳体的可倾式夹层锅，如图 4-10 所示。

可倾式夹层锅主要由锅体、填料盒、冷凝水排出管、蒸汽进管、压力表、倾倒装置及排出管口等组成。内壁是由一个半圆形与一个圆柱形壳体焊接而成的容器，外壁是半球形壳体，用普通钢板制成。内外壁用焊接法焊成，以防漏气。由于夹层加热室要承受

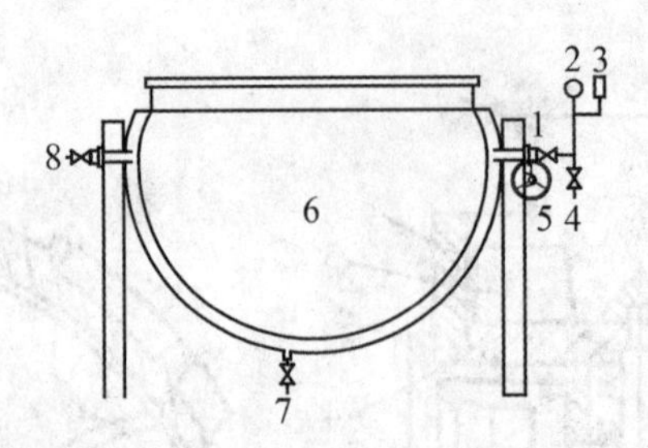

1—蜗轮；2—压力表；3—安全阀；4—蒸汽进管；5—手轮；6—锅体；7—冷凝水出口；8. 不凝气体出口

图 4-10　可倾式夹层锅

0.4MPa 的压力，其焊缝应有足够的强度。

锅体用轴颈支撑于支架两边的轴承上，一般采用空心轴、蒸汽管从轴颈伸入夹层中，为防止漏气，周围加填料制成填料盒密封。当倾倒时轴颈绕蒸汽管回转而容易磨损，故此处仍易泄露蒸汽，固定式夹层锅则把锅体直接固定在支架上。

进气管在夹层锅装有压力表的一端，不凝气体排出管在另一端。压力表旁装有一安全阀，生产中如果排气端因故受阻或其他原因引起压力升高，超过允许压力时，安全阀能自动排汽，以确保夹层锅的安全生产。

倾倒装置是出料时用的，常用于烧煮一些固态物料时出料。若熬制液态物料时，通过锅底出料管出料更方便。特别是用泵输送物料至下一工序时，一般可不用倾倒装置。倾覆装置包括一对具有手轮的蜗轮蜗杆，蜗轮与轴颈固接，当摇动手轮时可将锅体倾倒和复原。蜗轮蜗杆和锅体两边的轴承油杯处要经常加润滑油，始终保持润滑，这样既便于操作，也能延长设备的使用寿命。

蒸煮物料时可先将物料倒入锅内，夹层里通入蒸汽，通过锅体内壁与物料进行热交换，用以加热物料。此时，必然有冷凝水产生，一部分冷凝水停留在夹层里，积聚到一定程度后，可听到夹层内水的冲击声，影响蒸煮物料的速度，这时应及时打开接在不凝气体出口上的旋塞放出冷凝水。为提高热效率，在冷凝水排出口装只疏水阀，以便冷凝水经常排出。每次使用完毕后，要将夹层里的冷凝水放净，以便下次使用。

夹层锅是一种压力容器，使用时要定期进行耐压试验，若发现焊接部分过薄甚至漏气时就要停止使用，进行维修，以防事故发生。

4.2.4　油炸工艺及设备

油炸作为食品熟制的一种加工工艺由来已久，油炸也是较古老的烹调方法之一。油炸食品在加工过程中能够比较彻底地杀死食品中的微生物，从而延长食品的保质期，并增添独特的食品风味，改善食品营养成分的消化性，并且其加工时间也比一般的烹调方法要短。油炸时，食品表面的水分迅速汽化形成干燥层，食品表面温度迅速达到油温，随后水分汽化层逐渐向内部迁移，温度慢慢趋向 100℃。

油炸主要有浅层煎炸和深层油炸两种方式，浅层煎炸（如煎炸鸡蛋、馅饼等）严格地讲不能列入油炸工艺中。油炸应指深层油炸，它适合于加工不同形状的食品，可分为常压深层油炸和真空深层油炸，或者又分为纯油油炸和水油混合油炸。纯油油炸是一种传统的油炸方式，如今许多宾馆、饭店及食品工厂均采用此种形式。

油炸设备一般包括加热元件、盛油槽、油过滤装置、承料构件、温控装置等，可根据加热方式、操作方式等分为多种类型。本节介绍几种常见的典型油炸设备。

1. 普通电热式油炸锅

图4-11为一种小型间歇式油炸设备，普遍应用于宾馆、饭店和食堂。一般电功率为7~15kW，炸笼容积5~15L。操作时，待炸薯片置于炸笼内后放入油中炸制，炸好后连同物料篮一起取出。炸笼只起拦截物料的作用，而无滤油作用。为延长油的使用寿命，电热元件的表面温度不宜超过265℃。

这种设备不宜用于大规模工业化生产。

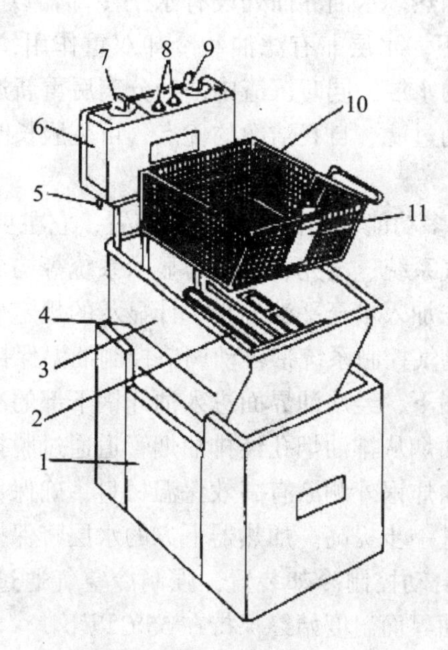

1—不锈钢底座；2—不锈钢电加热管；3—移动式不锈钢；4—油位指示剂；5—最高温度设置旋钮；6—移动式控制盘；7—电源开关；8—指示灯；9—温度调节旋钮；10—炸笼；11—篮支架

图4-11　小型台式油炸锅结构示意图

2. 水油混合式油炸设备

传统的油炸工艺对食品品质存在以下一些不良影响：

① 油炸过程中，全部的油均处于持续的高温状态（在160℃以上），有时甚至达到230℃以上的温度。如此高的温度显然对食品的营养成分，特别是对一些热敏性营养物质有一定的破坏作用。当食品所释放的水分和氧气同油接触，油便会氧化生成羰基化合物、酮基酸、环氧酸等物质，这些物质均会使食品产生不良的味道，并使油变黑。随着油使用时间的延长，在无氧状态下，油分子会与各种产物聚合生成环状化合物及高分子聚合物，使油的黏度上升，降低油的传热系数，增加食品的持油率，影响食品的质量与安全性。重复使用几次后的油便失去了使用价值。

② 油炸过程中产生的马铃薯碎屑会慢慢积存于油炸器的底部，时间一长就会被炸成炭屑，使油变污油。同时，食物残渣附着于油炸食品的表面，会使油炸食品质量劣化。

③ 油在高温条件下被反复使用，不饱和脂肪酸会产生热氧化反应，生成过氧化物，直接妨碍机体对食品脂肪和蛋白质的吸收，降低其营养效价。

④ 油在高温条件下被反复使用，油的某些分解产物会在不断地聚合、分解的过程中，产生许多种毒性不尽相同的油脂聚合物，如环状单聚体、二聚体及多聚体，这些物质在人体内达到一定的含量会导致神经麻痹，甚至危及生命。

油炸对食品营养价值的影响主要与油炸的工艺条件有关。在理想的操作条件下，油炸应该是比较安全的食品加工手段。水油混合深层油炸是近年来国外新兴的一种工艺技术，它有着传统纯油油炸不可比拟的优点，因而极受食品加工企业、中西式快餐店的欢迎。

水油混合式食品油炸工艺是指在同一容器内加入油和水，油浮于上层，而水在底层。在油层内设有加热器进行加热。水油界面处设有水平冷却器以及强制循环通风冷却装置，使下层温度控制在 55℃以下。水层兼有滤油和冷却双重作用，即炸制过程中形成的沉渣可从高温油层沉降至低温的水层，同时沉渣中油经分离后重新返回到油层。这种工艺具有限位控制、分区控温、自动过滤、自我洁净的优点，可克服长时间高温油炸产生的沉渣问题，产品质量好。

如图 4-12 所示为无烟多功能水油混合式油炸装置，它主要由油炸锅、加热系统、冷却系统、滤油装置、排烟气系统、蒸笼、控制与显示系统等构成。炸制食品时，滤网置于加热器上方，在油炸锅内先加入水至平油位指示计显示的规定位置，再加入炸用油至高出加热器 60mm 的位置。由电气控制系统带自动调节控制油温保持在 180~230℃。炸制过程中产生的食品沉渣从滤网漏下，经水油界面进入油炸锅下部的冷水中，积存于锅底，定期由排污阀排出；所产生的油烟从排油烟孔经排油烟管道通过脱排油烟装置排出。加热器设计成上表面发热，另外，油炸锅外侧涂有高效保温材料，确保加热器产生的热量可被油层有效地吸收，热效率得到进一步提高。加热器下方的水层将保持低温状态，当水油界面温度超过 55℃时，控制系统自动控制冷却装置，强制冷空气通过水油界面上的冷却循环系统，将热量带走，使得水油界面温度始终保持在 55℃以下。

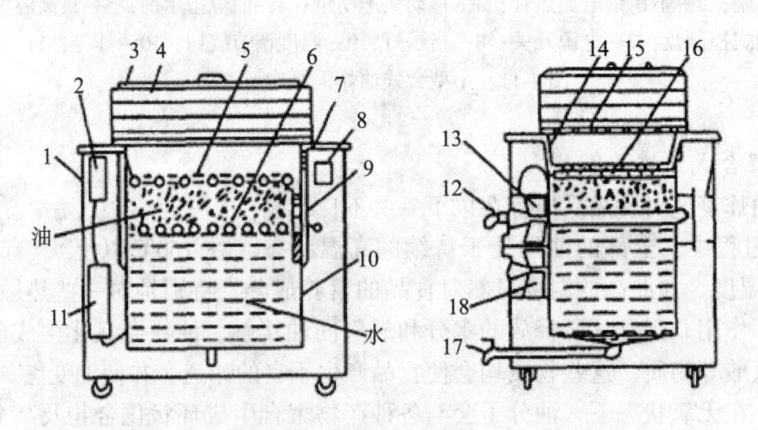

1—箱体；2—操作系统；3—锅盖；4—蒸笼；5—滤网；6—冷却循环系统；7—排油烟管；8—温控显示系统；9—油位指示器；10—油炸锅；11—电气控制系统；12—放油阀；13—冷却装置；14—蒸煮锅；15—排油烟孔；16—加热器；17—排污阀；18—脱排油烟装置

图 4-12　无烟型多功能水油混合式油炸锅

3. 真空低温油炸机

真空低温油炸是利用在减压条件下，食品中水分沸点降低，可在短时间内快速脱水的原理，实现在低温条件下对食品进行油炸的工艺。

真空低温油炸的炸制优点有：

① 可以降低物料中水分的蒸发温度，与常压油炸相比，热能消耗相对较小，油炸温度大大降低，可以减少食品中维生素等热敏性成分的损失，有利于保持食品的营养成分，避免食品焦化。而且油炸锅内的氧气浓度大幅度减少，油炸食品不易褪色、变色、褐变。

② 可以形成缺氧的环境，能有效杀灭细菌和某些有害的微生物，减轻物料及炸油的氧化速度；不必加入其他抗氧化剂，可以提高油的反复利用率，降低成本。一般油炸食品的含油率高达40%~50%，而真空油炸食品的含油率在25%以下，节油20%，节油效果显著。真空低温油炸还可提供防止物料“褐变”的条件，抑制了物料霉变和细菌感染，有利于产品储存期的延长。

③ 在足够低的压强下，物料组织因外压的降低将产生一定的膨松作用。真空状态还缩短了物料的浸渍、脱气和脱水的时间。

真空低温油炸从20世纪60年代末70年代初开始在国外推行。油炸工艺有熟制作用和干制作用。常压下进行的油炸工艺，因油炸温度较高，有氧环境的氧化影响难以避免。食品的真空低温油炸，由于真空的存在，所需油温较低，且氧化影响较小，使得脱水占有相当重要的地位，因此与传统意义的油炸有所不同。目前，采用真空低温油炸工艺将油炸和脱水有机地结合一起的技术发展更快，应用范围更广，尤其适用于含水量较高的果蔬炸制产品。真空低温油炸食品具有较好保留原有风味和营养成分、味道可口、附加值高的特点，具有广阔的开发前景。

(1) 间歇式真空低温油炸机

间歇式真空低温油炸设备的油炸釜为密闭容器，上部与真空泵相连，为了便于脱油操作，内设离心甩油装置，如图4-13所示。甩油装置由电动机带动，油炸完成后降低炸油液面，使炸油液面低于油炸产品，开动电动机进行离心甩油，甩油结束后取出产品，再进行下一周期的操作。油的输送由真空泵控制，即由真空泵来控制油炸釜的油液面高度。过滤器的作用是过滤炸油，及时去除油炸产生的渣滓，防止油被污染。

这种间歇式油炸机的缺点是：①由于每次油炸过程都要破坏和重新建立真空，辅助工作多，生产效率低，产品质量不稳定；②真空油炸属间歇性操作，进料卸料十分繁琐，劳动强度大；③由于分批油炸，每次投料过多，容易因重量的积压而互相粘连，影响炸透和破碎变形。同时在油炸过程中水分蒸发是由多到少，油炸室内真空度变化很大，从而影响产品质量。

(2) 连续式真空低温油炸机

连续式真空低温油炸机采用真空密封装置，解决了油炸室的动态密封问题，可以在一定真空度下，连续放入或取出物料。同时采用特殊机构对油炸后的食品进行连续脱油，使进料、油炸、脱油、出料等作业一机完成。

图4-14为一连续式真空低温油炸设备，其主体为一卧式筒体，筒体设有与真空泵相接的真空接口，内部设有输送链，进出料口采用关风器结构。工作时，筒内保持真空状

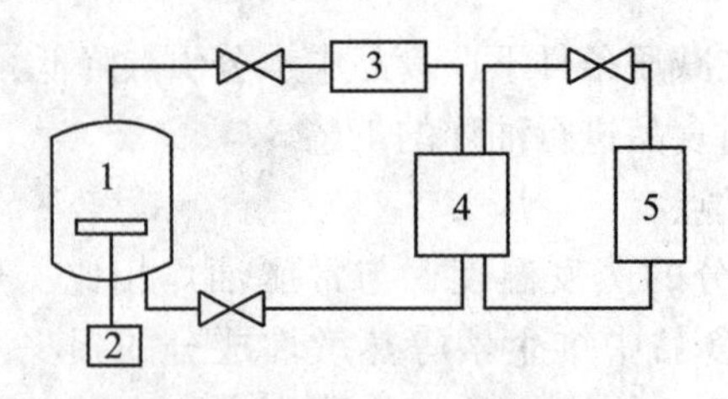

1—油炸釜；2—电机；3—真空泵；4—储油箱；5—过滤器

图 4-13　间歇式真空油炸装置

态，待炸坯料经进料关风器连续分批进入，落至充有一定油位的筒内进行油炸，坯料由输送带带动向前运动，其速度可依产品要求进行调节。炸好的产品由输送带送入无油区输送带，经沥油后由出料关风器连续分批排出。

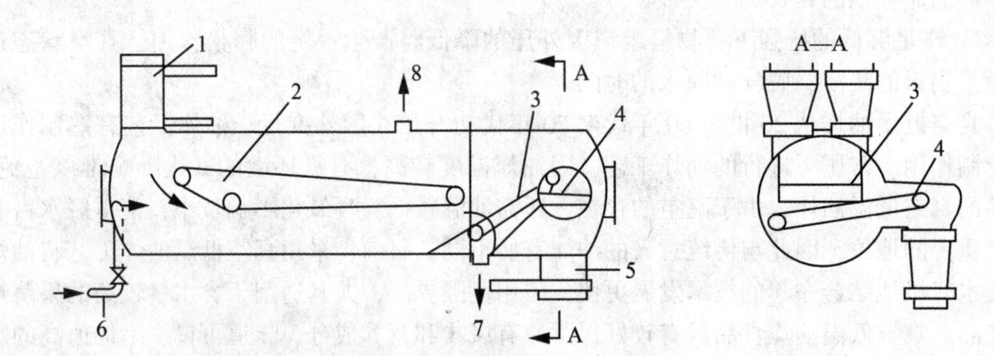

1—关风器；2—输送装置；3，4—无油区输送带；5—出料关风器；

6—油管；7—出油口；8—真空接口

图 4-14　连续式真空低温油炸机

连续真空油炸机具有效率高、产品质量好、自动化程度高等特点，它克服了分批式真空油炸机的缺点。同时由于采用与分批式油炸机一样的真空系统和热循环系统，因而成本增加并不多。

4. 回油式真空油炸脱油机

回油式真空油炸脱油机是实现同罐油炸和脱油的第二代机型中的一种。其主要特征是油炸后，炸罐内热油放出至储油罐，再进行离心脱油。该机虽需另设储油罐和料篮提升装置，但具有主轴结构简单、罐体高度低等优点，实际中被广泛采用。

回油式真空油炸脱油机结构简图和系统装置如图 4-15 所示。油炸时，主轴带动料篮以 20~30r/min 的低速转动，通过料篮对油的搅动，使油层温度分布均匀，增强油层传热。另一方面，料篮中物料受油层的搅动，物料受热更趋均匀。

油炸结束后，将炸罐内热油放至储油罐，待料篮脱离油面后，主轴即以 500~600r/min 的转速带到料篮作高速离心脱油，将物料内部孔隙中的大部分油甩出。离心脱油是在真空下并且是在物料刚脱离热油层，物料及所含油的温度较高，油的黏度较低，流动性好的情况下进行，故脱油较容易，效果较好。活塞带动杠杆绕支点转动，使罐盖开启或关闭。为了满足主轴高、低速转动，转速变化范围很大的特殊要求，主轴传动电机采用变频调速。

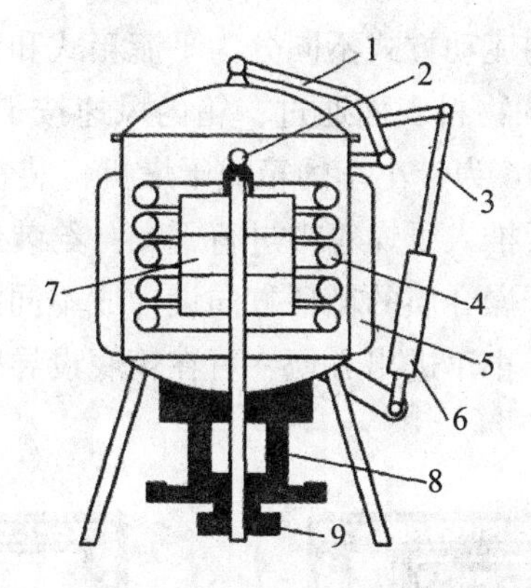

1—杠杆；2—螺母；3—活塞；4—蛇形盘管；5—夹套；6—气缸；
7—料篮；8—轴承座；9—齿形带轮
图 4-15　回油式真空油炸脱油装置

炸罐和储油罐均为外夹蒸汽管加内盘蛇形管结构，储油罐设加热装置，起预热和保温作用，炸罐安装于储油罐上方。为了减少热油的氧化作用，延长热油使用时间，储油罐亦设计成真空罐，储油罐热油经油泵输送进炸罐内，炸罐内热油靠液体重力回流至下方的储油罐。

分离器为离心式分离器，用来分离从炸罐内抽吸出的油气，一方面可减少油损耗，减少冷凝器管壁上的积油，提高冷凝器的冷凝效率；另一方面，被抽吸的二次蒸汽中油滴含量越低，真空泵的工作效率越高。因此，系统设置分离是非常必要的。

4.2.5　干燥工艺及设备

食品干燥是一种用于长期保藏食品的加工操作，食品被干燥后，其水分含量降低。因而，对食品进行干燥工艺，去除大部分的水分后，可以有效地防止微生物在食品产品中的繁殖，使食品更便于储存，提高食品的方便性。

在工业生产中，食品干燥的方法很多，根据被干燥产品的形态、含水量、质量要求不同，其干燥工艺及设备各自不同。从能量的利用上可分为自然干燥和人工干燥。

自然干燥是利用自然的太阳能辐射热和常温空气干燥物料，俗称晒干、吹干和晾干。这种方法简便易行、成本低廉，但受自然条件限制，干燥时间长，损耗大，产品质量较差，可以用于薯块等原料的干燥。

人工干燥是借助热能，通过介质（热空气或载热器件）以传导、对流或辐射的方式，作用于物料，使其中水分汽化并排出，达到干燥的要求。食品物料在干燥过程中会发生一系列的变化，例如食品物料会收缩，表面会硬化，会呈多孔状态、疏松性以及复原不可逆性等物理化学变化，因此干燥操作对食品的质量是有影响的。人工干燥需借助相应的设备来完成，目前在薯类生产中，经常采用以下设备。

1. 箱式干燥机

箱式干燥机的加热方式有蒸汽加热、煤气加热和电加热。由箱体、加热器（电热管)、烤架、烤盘和风机组成。箱体的周围没有保温层，内部装有干燥容器、整流板、风机与空气加热器。根据热风的流动方式不同分为平流箱式和穿流箱式。平流箱式干燥机热风的流动方向与物料平行，从物料表面通过，箱内风速按干燥要求可在0.5~3m/s选取。物料厚度为20~50mm。图4-16为带小车的箱式干燥机，装在烘盘上的被干燥物料先按一定顺序摆放在小车架上，然后推入干燥箱内进行干燥，给装卸物料带来很大的方便。小车可以根据被干燥物的外形和干燥介质的循环方向设计成不同的结构和尺寸。小车的车轮可制成带凸缘的或平滑的，为了小车进出方便，可在箱底设导轨。

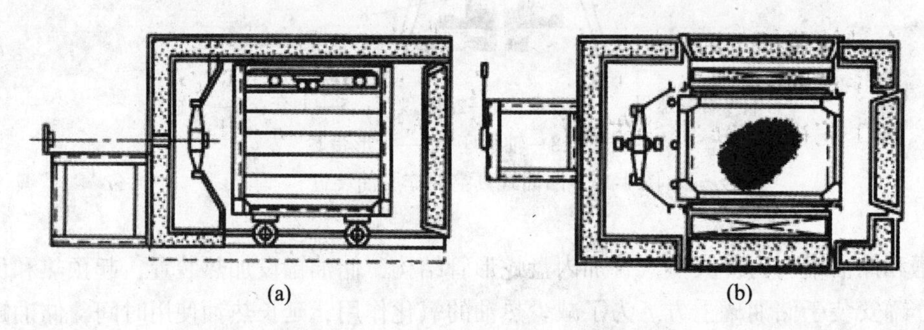

图4-16　带小车的箱式干燥机结构示意图

箱式干燥机的废气均可进行再循环。该装置适于薯块、薯脯等多种物料的小批量生产。烤盘上的物料装载量及烤盘间距，应根据物料的不同做适当的调整。

2. 带式干燥机

带式干燥机是将物料置于输送带上，在随带运动的过程中与热风接触干燥的设备，它广泛应用于薯类制品的干制加工。如图4-17所示为单机穿流式干燥机，由1个循环带、2个空气加热器、3台风机和传动变速装置等组成。循环输送带是用不锈钢丝网或多孔板制成的。全机分为两个干燥区：第一干燥区的空气自下而上经过加热器穿过物料层，第二个干燥区是空气自上而下经加热器穿过物料层。工作过程是物料自口进料送到输送带一端。有料的带式干燥机装有进料振动分布器，使物料在输送带上形成疏松的料层，随即通过第一干燥区，在该区内风压要适当，以免使物料沸腾，而后通过第二干燥区，物料得到均匀干燥。每个干燥区的热风温度和湿度都是可以控制的，也可以在干燥过程中，对物料上色和调味，最后进行冷却和包装。

3. 滚筒干燥机

滚筒干燥机又称转鼓干燥机、回转干燥机，是一种接触式内加热传导型的干燥设备。在干燥过程中，热量由滚筒的内壁传到外壁，穿过附在滚筒外壁上被干燥的商品物料，把物料上的水分蒸发，是连续式的干燥生产机械。滚筒干燥机若按滚筒的数量，可分为单滚筒和双滚筒；若按压力，可分为常压式和真空式，常压式滚筒干燥机常用于马铃薯泥、马铃薯粉等的干燥；若按布膜形式，可分为顶部进料、浸液式、喷溅式等。滚筒干燥机主要

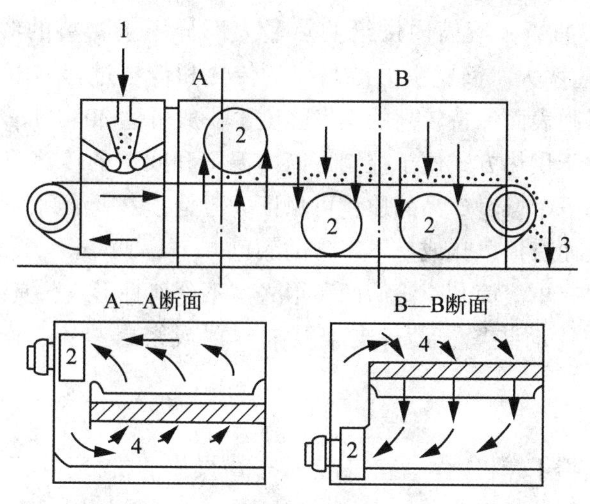

1—进料口；2—风机；3—出料口；4—加热器

图 4-17 单机穿流带式干燥机结构示意图

用于膏状和高黏度物料的干燥。如图 4-18 所示为滚筒干燥机的生成流程示意图。

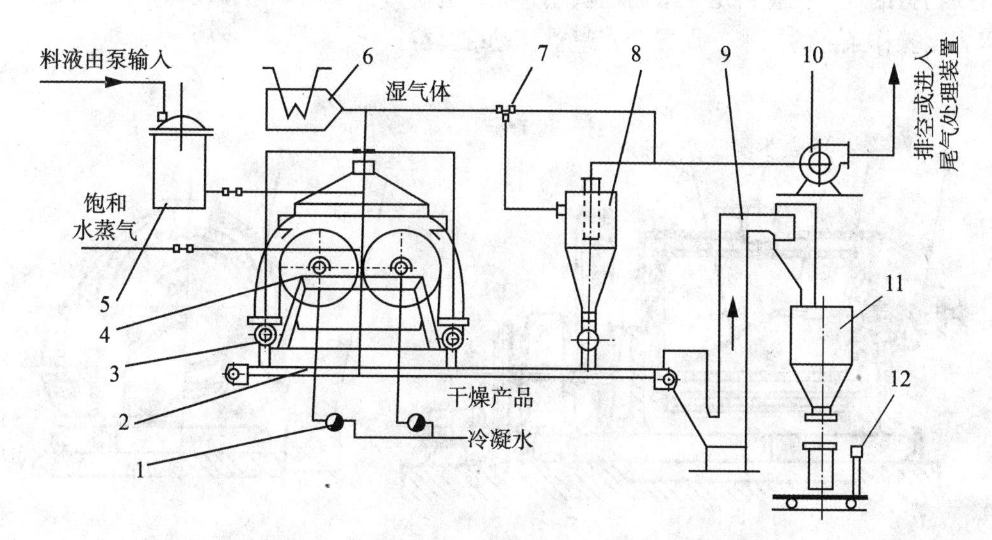

1—疏水器；2—皮带运输器；3—螺旋输送器；4—滚筒干燥器；5—料液高位槽；6—湿空气加湿器；7—切换阀；8—捕集器；9—提升机；10—引风机；11—干燥成品储存器；12—包装机

图 4-18 滚筒干燥机的生成流程示意图

滚筒干燥机在工作时，将需要干燥处理的料液由高位槽流入滚筒干燥机的受料槽内，由布膜装置使物料薄薄地（膜状）附在滚筒表面，滚筒内通有供热介质。物料在滚筒转动时由缸壁传热使水分蒸发，滚筒在一个转动周期中完成布膜、蒸发、脱水等过程。干燥后的物料由刮刀刮下，经螺旋输送器送至成品储存槽，然后包装。在传热中蒸发出的水分，视其性质可通过密闭罩，引入相应的处理装置内捕集微粉或排放。

滚筒干燥机的特点：①热效率高。由于干燥机内发生热传导，传热方式在整个传热周期中基本保持一致，所以，滚筒内供给的热量大部分用于物料的湿分汽化，热效率达80%~90%。②干燥速率大。筒壁上的湿料膜的传热和传导过程，由里至外，方向一致，湿度梯度较大，使料膜表面保持较高的蒸发强度，一般可达 30~70kg/（m^2·h）。③产品的干燥质量稳定。由于供热方式便于控制，筒内温度和间壁的传热速率能保持相对稳定，使料膜处于传热状态下干燥，产品的质量可保证。但是，由于滚筒的表面湿度较高，因此对一些制品会因过热而有损风味或呈不正常的颜色。

滚筒干燥机主要有单滚筒和双滚筒两种形式。不论何种形式，其结构都包括滚筒、布膜装置、刮料装置、传动装置、设备支架及抽气罩或密封装置、产品输送机、最后干燥器。

（1）单滚筒干燥机

单滚筒干燥机是指干燥机由一只滚筒完成干燥操作的机械，如图 4-19 所示。干燥机的重要组成部分是滚筒，滚筒为一中空的金属圆筒。滚筒筒体用铸铁或钢板焊接，用于食品生成的滚筒一般用不锈钢钢板制成。布料形式可视物料的物性而使用顶部入料或浸液式、喷溅式上料等方法。附在滚筒上的料膜厚度为 0.5~1.5mm，加热部分大部分采用蒸汽，滚筒外壁的温度为 120~150℃。物料被干燥后，由刮料装置将其从滚筒刮下，刮刀的位置视物料的进口位置而定。滚筒内供热介质的进出口，采用聚四氟乙烯密封圈密封，还可以根据操作条件的要求，设置全密封罩，进行真空操作。

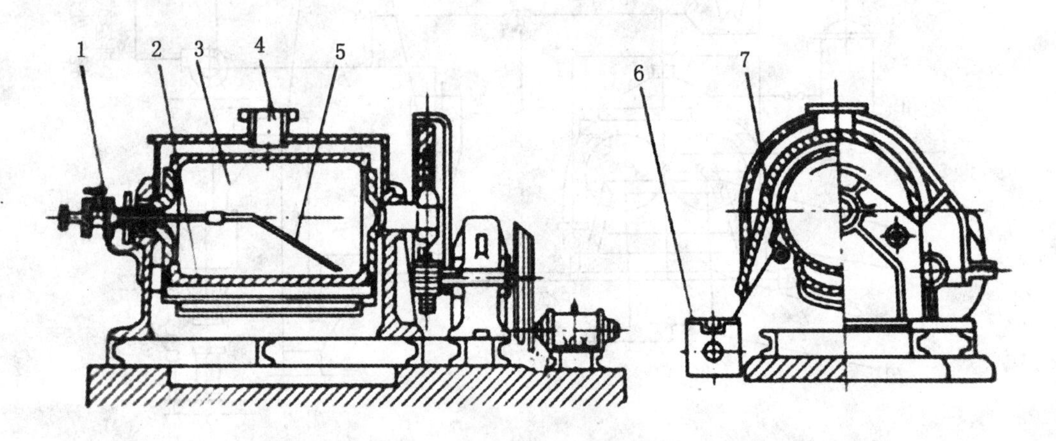

1—进汽头；2—料液槽；3—滚筒；4—排气管；5—排液虹吸管；6—螺旋输送器；7—刮刀

图 4-19　单滚筒干燥机

（2）双滚筒干燥机

双滚筒干燥机是指干燥机由两只滚筒同时完成干燥操作的机械。干燥机的两个滚筒由同一套减速传动装置，经相同模数和齿数的一对齿轮啮合，使两组相同直径的滚筒相对转动而操作。按双滚筒干燥机布料位置不同，可以分为对滚式和同槽式两类。

如图 4-20 所示为对滚式双滚筒干燥机，料液存在两滚筒中部的凹槽区域内，四周设

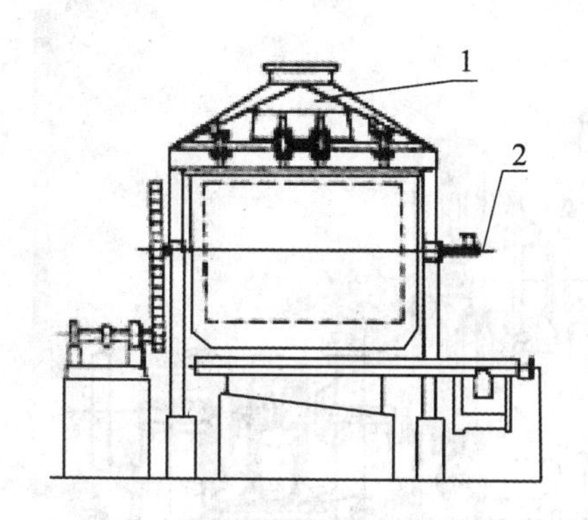

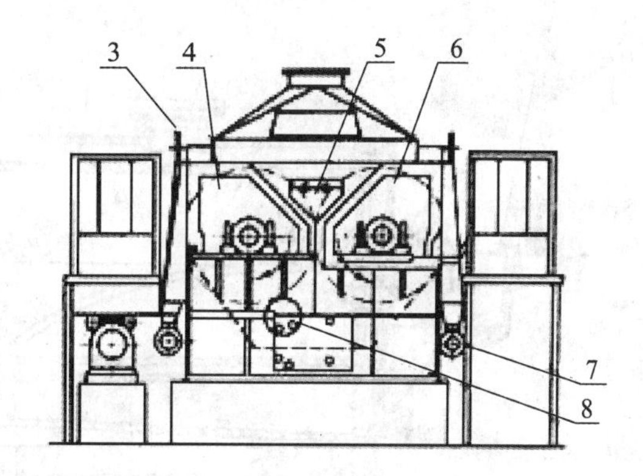

1—密闭罩；2—进汽头；3—刮料器；4—主动滚筒；5—料堰；6—从动滚筒；
7—螺旋输送器；8—传动小齿轮

图 4-20 对滚式双滚筒干燥机

有料堰挡料。两筒的间隙，由一对节圆直径与筒体外径一致或相近的啮合轮控制，一般在0.5~1mm 范围，不允许料液泄漏。该形式的干燥机适用于有沉淀的浆状物料或黏度较大物料的干燥。

如图 4-21 所示为同槽式双滚筒干燥机，它的两组滚筒之间的间隙较大，相对啮合的齿轮的节圆直径大于筒体外径。上料时，两筒在同一槽料中布膜，相对转动，互不干扰。这种干燥机适用于溶液、乳浊液物料的干燥。

双滚筒干燥机的滚筒直径一般为 0.5~2m。转速、滚筒内蒸汽压力等操作条件与单滚筒干燥机的设计相同，但传动功率为单滚筒的两倍左右。双滚筒干燥机的进料方式与单滚筒干燥机有所不同，若为上部进料，由料堰控制料膜厚度的两滚筒干燥机，可在干燥机底部的中间位置设置一台螺旋输送器，集中出料；下部进料的对滚式双滚筒干燥机，则分别在两组滚筒的侧面单独设置出料装置。

滚筒干燥机对物料的干燥是物料以膜的形式附于筒内壁为前提的，因而物料在滚筒上的成膜厚度对干燥产品的质量有直接影响。而膜形成的厚度与物料的性质（形态、表面张力、黏附力、黏度等）、滚筒的线速度、筒壁温度、筒壁材料以及布膜的方式等因素有关。

干燥机种类多，在选用干燥机时，一般要考虑多种因素，主要以物料的形态、性质、干燥产品的要求（产品含湿量、结晶形态及光泽等）、产品的大小、处理方式以及所采用的热源为出发点，结合干燥机的分类进行对比，确定所适合的干燥机的类型。但是能够适用于某一干燥任务的干燥机往往有几种，至于选用何种干燥机，一方面可借鉴目前生产采用的设备，另一方面可利用干燥设备的最新发展，选择适合该任务的新设备。如果两方面都无资料，就应在实验的基础上，经技术经济核算后作出结论，才能保证选用的干燥机在技术上可行，产品质量优良，且经济合理。

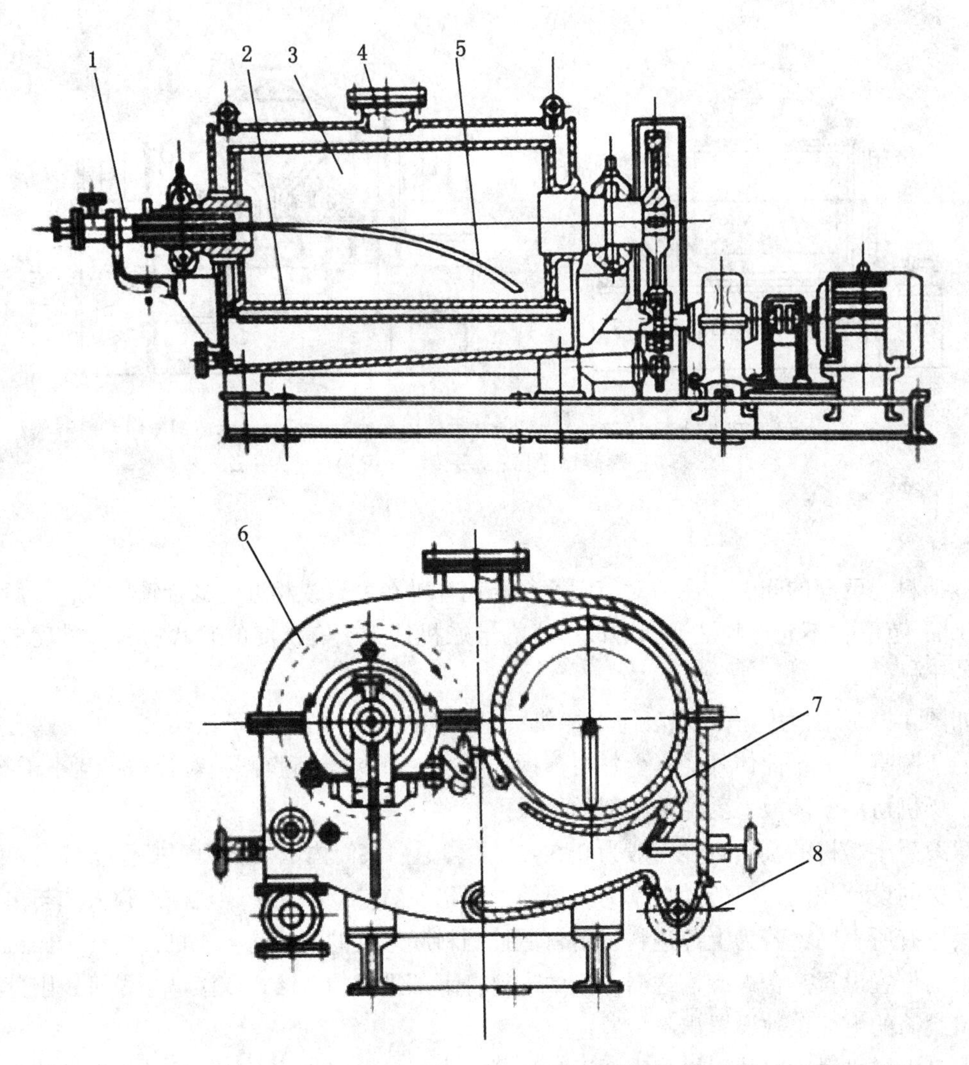

1—进汽头；2—料液槽；3—主动滚筒；4—排气管；5—排液虹吸管；6—从动滚筒；7—刮料器；8—螺旋输送器；9—刮刀

图4-21　同槽式双滚筒干燥机

第5章 马铃薯条食品加工

薯条是马铃薯加工工业的重要产品之一。快餐店里使用的薯条大多数是冷冻产品。对薯条来讲，还原糖含量仍是一个很重要的指标，其与产品的色泽直接相关。薯条油炸后的变色问题是一个关键的问题，使用焦磷酸钠可抑制薯条变色。低浓度的氨水可使冷冻的马铃薯产品的颜色变为灰色或黑色的。薯条用柠檬酸浸泡后，在冷冻时可以避免由氨水引起的产品变色。为了防止产品有酸味，可在最后产品调味时添加蔗糖。

高质量薯条制备过程包括：清洗、去皮、修整、分类、切条、烫漂、油炸、脱脂、冷却、冷冻，包装。去皮可以用碱液、蒸汽或红外线来处理；在油炸前进行漂白，可以使产品的颜色更加均匀。在薯条表面涂上一层淀粉，可减少薯条对油的吸收，缩短油炸时间，改善油炸产品的质地。烫漂将糖分浸出，使薯条的颜色浅而均匀。在烫漂过程中，可使用焦磷酸钠或乳酸钙改善质地，烫漂后产品在176.7~187.8℃进行油炸，除去过量的脂肪，然后用空气冷却，在包装前或包装后进行冷冻。

油炸薯条的基本工艺流程：预处理→切条→水漂洗→烫漂→油炸→冷却→储存。

薯条预处理和薯片加工处理方法一样，但油炸过程分3个阶段完成：膨爆阶段、多次浸浮阶段（又称逐层膨化阶段）和表面脆化阶段。

1. 膨爆阶段

由于薯条内部和表面含水量较大，当将薯条投入油炸机后，薯条会迅速沉落到油炸机池底，在传热介质的作用下，薯条表面和表层内部的水分会迅速达到汽化温度，形成无数气泡。剧烈的汽化膨胀使薯条浮出油面，同时产生强烈的爆裂作用。爆裂的结果是，在薯条表面形成锯齿状波纹及周边产生许多孔穴和裂纹，而当高温油进入这些孔穴和裂纹时，薯条次表层的水分也会被汽化膨胀、爆裂，再通过表层孔穴和裂纹逸出。由于进入孔穴和裂纹的油温会略为降低和表层失水，因而产生一层绝热层，使爆裂程度逐渐降低，这就标志着第一阶段——膨爆阶段的结束。如果继续油炸下去会造成膨化效果不佳。值得一提的是，膨爆时间与薯条表面和表层含水量密切相关，含水量过高，膨爆时间长、吸热多、温降快、沉底时间长，容易产生煮薯现象；含水量过低，膨爆时间短、爆裂强度不够，薯条表层孔穴和裂纹数量少，不利于第二阶段的深层膨化。

2. 多次浸浮阶段

为了在短时间内达到良好的膨化效果，在第一阶段结束后随即采用多次浸浮法是十分有效的做法。方法是将薯条强制浸入油中一段时间，在浸入油层过程中，原来在薯条表层的低温油将被置换出来，高温油在压力作用下逐渐渗入到薯条表层更深处，使次表层也迅速发生汽化现象。这时，为适当抑制气泡从孔穴和裂纹溢出，应当使薯条迅速上浮，通过减压来释放能量，使在次表层产生的气泡膨胀爆裂，以达到薯条次表层也产生大量孔穴和裂纹的目的。综合而言，浸浮次数为4~5次较合理，浸入油层深度75~100mm。

3. 表面脆化阶段

这一阶段由于薯条深层水分汽化，膨爆微弱，故应使其自由漂浮，同时保持炸油温度在 165℃，并让深层炸油溢出，以减少薯条的含油量。这一阶段的目的是增加表面强度，加强其脆感，以及使其表面呈浅黄色，更具诱惑力。

5.1　油炸马铃薯条

1. 生产工艺

马铃薯→洗涤→去皮→切条→漂洗→预煮→冷却护色→着色→脱水→油炸→调味冷却→包装→入库或销售。

2. 操作要点

（1）切条。一般采用切片机半自动切条，切成长方体。薯条厚度根据块茎的采收季节，储藏时间，水分含量多少而定。刚采收的马铃薯块茎饱满，含水量高，薯条厚度宜掌握在 6. 4~6. 6mm 为宜；储藏时间长的马铃薯，水分蒸发多，块茎固形物含量高，薯条厚度以 6~6. 2mm 为宜。

（2）漂洗。切好的薯条要在水池中用流动的清水漂洗表面附着的淀粉，防止预煮时淀粉糊化粘条，影响薯条外观。

（3）预煮。将洗净的薯条倒入沸水锅中热烫 2~3min，并用木棒搅拌，使薯条受热均匀，煮至薯条熟而不烂，组织比较透明，失去鲜块茎的硬度。目的是破坏薯条中酶的活性，防止高温油炸时褐变，同时失去薯条组织内部分游离水，使其容易脱水。

（4）冷却护色。将预热煮好的薯条立即倒入冷水池中冷却，防止薯条组织进一步后熟软化破碎。同时，为了防止薯条高温时变褐或变红，需要加入适量的柠檬酸和焦亚硫酸钠进行漂白护色，这个冷却护色过程需要 30~40min。

（5）着色。着色是为了提高薯条的风味，增加薯条的外观色泽，提高消费者的食欲。护色后的薯条要在加有 1%~2%食盐和少许色素（柠檬黄）的冷水池中再冷却浸泡 20~25min，使盐味和色素渗透于整个薯条组织中，油炸后的薯条咸淡适宜，外观美丽。

（6）脱水。将口味和色泽符合工艺要求的薯条从水池中捞起，再用编织袋装好倒入脱水机中脱去部分水分。若薯条表面含水量高，则油炸时表面易起泡，泡内含油，既影响商品外观，也增大耗油量，因此薯条脱水越干越好。

（7）油炸。一般中小型加工厂采用不锈钢油炸锅进行油炸。用来油炸的油选用耐高温、不易挥发、不易变质的棕榈油，另外需要做一“丁”字形压条网，防止薯条水分炸干后浮在油表面而不能完全炸熟。实践证明，在油温 210~220℃的条件下，油炸薯条的色泽均匀，表面含油量少，耗油低，外观质量好；如果在低于 210℃的较低温度油炸，薯条表面颜色深，表面含油多，影响产品质量，增加加工成本。

（8）调味。冷却油炸好的薯条在滴干表面油后，可用调成麻辣、烧烤、番茄酱等各种口味的调味粉，趁薯条余热均匀地涂在薯条表面，从而满足不同消费者的口味。

（9）包装。薯条经调味冷却至常温后，根据不同的设计要求进行称重、分装，入库或销售。

5.2 沙棘薯条

薯条是人们日常生活中常见的休闲食品。目前，市场上所售的薯条口味多种多样，但其在材料的选择上大多选用马铃薯。马铃薯制成的薯条深受年轻人特别是儿童的欢迎。这样的薯条虽然畅销量广，口味好，但是马铃薯淀粉成分较多，口味比较单一，食用过量会使人感到胃肠胀饱，不易消化，而且还忽略了人体营养的吸收，已经满足不了人们更高的物质要求。

1. 原料配方

15%~25%沙棘、40%~60%马铃薯、10%~30%面粉、8%~16%蔗糖。

2. 操作要点

（1）将新鲜沙棘果洗净后去核，加水放入压榨机中搅碎，制成糊状原料，备用；将马铃薯清洗、去皮、切条、浸泡，以待备用；将白糖溶水倒入面粉中混匀，白糖、面粉、水的比例为1∶15∶300。

（2）将切好的马铃薯条放入锅中蒸煮，20~30min后取出；将蒸煮后的马铃薯条风干至表面干爽，然后将干爽后的马铃薯条放入食用油中炸至表面呈金黄色，之后放入糊状沙棘原料中，使沙棘在马铃薯表面均匀包裹，再放入调和好的面粉糊中，使表面均匀包裹一层，最后将包裹好的马铃薯条放入烤箱烘烤熟即可。

该工艺制备简单，生产的薯条口味独特，弥补了原有传统薯条口味单一的缺陷，而且营养价值丰富，便于消化，起到开胃健脾的特殊功效，是人们首选的放心新食品。

5.3 风味油炸马铃薯条

风味油炸马铃薯条的操作要点：

（1）将花椒、小茴香、八角分别在120~130℃、100~110℃和100~110℃下炒制6~10min，冷却至室温，过80~100目筛备用。

（2）取无腐烂变质、无虫害、无机械损伤的新鲜马铃薯，洗净，去皮，去掉芽口，将去皮后的马铃薯沿轴向切条，马铃薯条的长度为1~2cm，宽为10~15mm，厚为3~8mm。

（3）将切好的马铃薯条放入清水中浸泡5~10min。

（4）浸泡后的马铃薯条放入90~100℃的热水中烫漂1~2min，沥干水分。

（5）将沥干的马铃薯条加入盐、调味料进行腌制40~60min，调味料由花椒粉、小茴香粉、八角粉组成，花椒粉、小茴香粉、八角粉的质量比为1∶（1~1.5）∶（0.8~1）。

（6）向面粉中加入冷水、蛋清进行调制面糊，面粉与水的质量比为1∶2~1∶3，面粉与蛋清的质量比为8∶1~10∶1。

（7）腌制好的马铃薯条裹上上步骤制得的面糊，裹均匀后放入开水中进行飞水1~2min，沥干水分。

（8）将经处理后的马铃薯条，放入温度150~160℃油中进行油炸，10~15min后捞出，晾凉，充氮气包装。

第6章　脱水马铃薯制品加工

脱水马铃薯产品品种繁多，应用广泛。脱水马铃薯美味可口，营养丰富，制品种类包括雪花全粉、颗粒全粉、薯粉、薯丁、薯片、薯丝及冷冻脱水马铃薯。脱水马铃薯是今日最多姿多彩的食品之一，它本身营养丰富，既可以独立烹调又可以用作焙烤食品原料。脱水马铃薯非常适合商业用途，烹调亦十分方便，只需一个步骤就可以奉客。同时，选用脱水马铃薯也相当实惠，制成品比率特别高，价格合理而且极易储存，包装后的产品无须冷藏。脱水马铃薯不单味道鲜美，令任何食谱生色极富营养。它不含脂肪、胆固醇和饱和脂肪，亦不含钠，而维生素C及钾含量极高，更可提供大量食物纤维。

6.1　马铃薯全粉

马铃薯全粉是以干物质含量高的优质马铃薯为原料，经过清洗、去皮、切片、漂烫、冷却、蒸煮、混合、调质、干燥、筛分等多道工序制成的，含水率在10%以下的粉状料。由于在加工过程中采用了回填、调质、微波烘干等先进的工艺生产方法，最大限度地保护了马铃薯果肉的组织细胞不被破坏，可使复水后的马铃薯全粉具有鲜马铃薯特有的香气、风味、口感和营养价值。

马铃薯全粉既可作为最终产品，也可作为中间原料制成多种后续产品，多层次提高马铃薯产品的附加值，并可满足人们对食品质量高、品味好、价格便宜、食用方便的要求。马铃薯全粉是食品深加工的基础，主要用于两方面：一是作为添加剂使用；另一方面马铃薯全粉可作冲调马铃薯泥、马铃薯脆片等各种风味和强化食品的原料，经科学配方，添加各种调味料和营养成分，制成各种形状，广泛应用于制作复合薯片、坯料、薯泥、糕点、膨化食品、蛋黄浆、面包、汉堡、冷冻食品、渔饵、焙烤食品、冰淇淋及中老年营养粉等全营养、多品种、多风味的食品，其可加工特性优于鲜马铃薯原料。

6.1.1　雪花全粉

马铃薯雪花粉（potato flake，某些文献中直译为马铃薯片）是一种似片状雪花的粉状产品。由于在加工中马铃薯淀粉细胞结构较少（约21%）受到破坏，产品的复水性好，特别适用于制作马铃薯泥、片、条等食品。

1. 生产工艺

生产工艺流程：原料→清洗→去皮（修整）→清洗→切片→清洗→漂烫→冷却→蒸煮→制泥→输送→滚筒干燥→破碎过筛→包装→成品，如图6-1所示。

关键技术：亚表皮蒸汽去皮（损失≤8%）、蒸煮、无剪切制泥、滚筒干燥。

主要设备：蒸汽去皮机、漂烫机、蒸煮机、制泥机、滚筒干燥机（见图6-2~图6-7）。

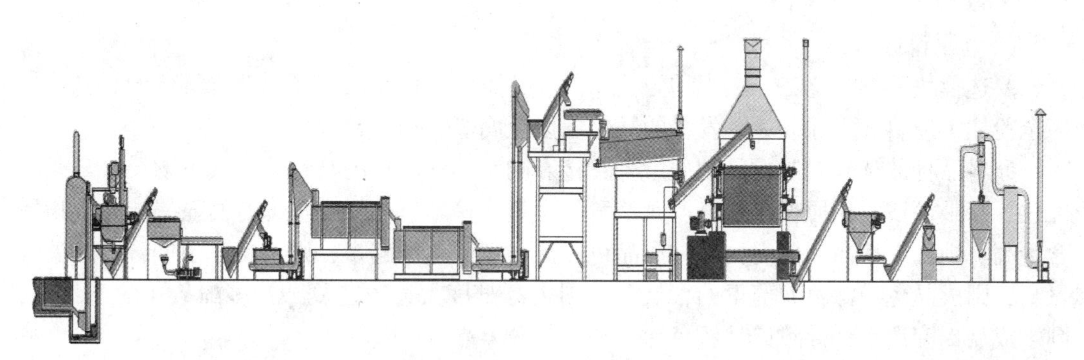

图 6-1 马铃薯雪花粉生产工艺流程图示

图 6-2 蒸汽去皮机

图 6-3 漂烫、冷却机

图 6-4 蒸煮机

图 6-5 滚筒干燥机

图 6-6 干燥设备

图 6-7 生产线局部

2. 操作要点

（1）原料选择

要选择块茎形状整齐、大小均匀、皮薄、芽眼浅、比重大、还原糖含量低的马铃薯作为全粉加工原料。剔除发芽、发绿的马铃薯以及腐烂、病变薯块。

原料品种的选择对制成品的质量有直接影响。不同品种的马铃薯，其干物质含量、薯肉色、芽眼深浅、还原糖含量以及龙葵素的含量和多酚氧化酶含量都有明显差异。干物质含量高，则出粉率高；薯肉白者，成品色泽浅；芽眼越深越多，则出粉率越低；还原糖含量高，则成品色泽深；龙葵素的含量多，则去毒难度大，工艺复杂；多酚氧化酶含量高，则半成品褐变严重，导致成品颜色深。

另外，原料的储存情况也直接影响加工质量。一是储存过程中发生的各种病虫害、腐烂、发芽；二是马铃薯具有“低温糖化”的现象，马铃薯在 0~10℃储藏时，组织细胞中的淀粉极易转化为糖，其中以蔗糖为主，还有少量的葡萄糖和果糖，而淀粉含量则随着储藏期的延长而逐渐降低。据试验，储藏 2~3 个月的马铃薯出粉率可达 12%以上，而储存 12 个月以后，就降低到 9%，而且成品的颜色深。

（2）清洗

清洗的目的是要去除马铃薯表面的泥土和杂质。在生产实践中，可通过流送槽将马铃薯输送到清洗机中，流送槽一方面起输送作用，另一方面可对马铃薯浸泡粗洗。清洗机可选用鼓风式清洗机，靠空气搅拌和滚筒的摩擦作用，伴随高压水的喷洗把马铃薯清洗干净。

（3）去皮

在马铃薯全粉加工中去皮是否彻底会直接影响全粉的质量。薯块的外皮是不能食用的纤维，带进产品中会影响制品的外观和口感。对马铃薯用蒸汽去皮或机械去皮进行去皮。

（4）修整

修整的目的就是要除去残留外皮和芽眼等。因为芽眼处龙葵素和酚类物质含量较高，所以应尽可能去除干净。

（5）切片

切片的目的在于提高蒸煮的效率，或者说降低蒸煮的强度。可选用切片机，切片厚度为 8~10mm。切片过薄，会使成品风味受到损害，干物质损耗也会增加。为了防止切片间的淀粉粘连及氧化，应将切片送入淋洗机将其表面淀粉冲洗干净。另外，要注意控制切片切丝过程中的酶促褐变。

（6）漂烫

漂烫的目的不仅是破坏马铃薯中的过氧化氢酶和过氧化酶，防止薯片的褐变，而且有利于淀粉凝胶化，保护细胞膜。此外，漂烫还改变了细胞间力，细胞间的连接未遭破坏，使蒸煮后的马铃薯细胞之间更易分离，在混合制泥中得到不发黏的马铃薯泥。薯片在热水中预煮，水温必须保证使淀粉在马铃薯细胞内形成凝胶，一般控制在：温度 71~75℃，时间 20min 左右。

（7）冷却

用冷水清洗预煮后的薯片，其作用就是使在漂烫阶段膨胀的淀粉缓慢地收缩，可适当增加马铃薯细胞壁的弹性，使淀粉老化，在马铃薯细胞内形成网状结构，并进一步把游离淀粉除去，以降低马铃薯泥的黏度。冷却水温度越低越好，冷却后的薯片温度应在20℃左右，薯片冷却时间取决于冷却水的温度，一般为20min左右。

（8）蒸煮

预煮后的薯片进入螺旋蒸煮机、带式蒸煮机或隧道式蒸煮机中蒸煮。采用带式蒸煮机的工艺参数是温度98～102℃，时间15min，采用螺旋蒸煮机以98～100℃的温度蒸煮1～35min为宜，使薯片充分熟化（α化）。当用两指夹压切片时，以不出现硬块且呈粉碎状态为宜。

蒸熟后的切片用0.2%的亚硫酸盐喷洒，起到护色、漂白作用，利于储存。为了防止哈败需要喷洒柠檬酸等抗毒剂，还要喷洒单甘油酯，防止淀粉颗粒黏接，单甘油酯的添加量约为0.8%。

（9）打浆成泥

打浆成泥是制粉的主要工序，设备选用是否合适，直接影响成品的游离淀粉率，进而影响成品的风味和口感。选用槌式粉碎机或者打浆机，依靠筛板挤压成泥，这两种方法得到的成品游离淀粉率都高（>12%），且淀粉颗粒组织破坏严重。马铃薯块茎内的淀粉是以淀粉颗粒的形式存在于马铃薯果肉中。在加工过程中，部分薄壁细胞被破坏，其所包容的淀粉即游离出来。在生产过程中游离出来的淀粉量与总淀粉量的比值即称为游离淀粉率。在马铃薯淀粉的生产过程中，要尽可能使游离淀粉率高（80%～90%），以获得最高的淀粉得率。而在马铃薯全粉的生产过程中，要尽可能使游离淀粉率低（1.5%～2%），以保持产品原有的风味和口感。所以选用搅拌机效果好一些，但要注意搅拌桨叶的结构与造型以及转速。打浆后的马铃薯泥应吹冷风使之降温至60～80℃。

（10）干燥

干燥是马铃薯全粉生产过程中的关键工艺之一。干燥过程中要注意减少对物料的热损伤，并注意防止淀粉游离。荷兰GMF Gonda公司制造的转筒式干燥机，用于马铃薯的干燥效果很好；美国采用隧道式干燥装置，温度为300℃，长度为6～8m；德国选用的是滚筒式干燥设备。

（11）粉碎

粉碎同样也是马铃薯全粉生产过程中的关键工艺。干燥后的马铃薯薄片，采用锤式粉碎机粉碎成鳞片（似细片状雪花），但效果不太好，产品的游离淀粉率高。国外生产选用粉碎筛选机，效果不错。针对国内设备情况，选用振筛，靠筛板的振动使物料破碎，同时起到筛分的作用，比用锤式粉碎机效果好。粉碎的目的是为了获得一种具有合适组织及堆密度的产品。

6.1.2 颗粒全粉

马铃薯颗粒全粉（potato granules）是一种颗粒状、外观呈淡黄色的特殊细粉产品，它是脱水的单细胞或马铃薯细胞的聚合体。

颗粒全粉的主要性状：比重0.75～0.85kg/L，颗粒大小小于0.25mm，含水量5%，游离淀粉含量不大于4%，具有完全纯正的马铃薯味，粉状膨松。由于特殊的加工工艺和要求，该产品在正常环境条件下保存达2年。颗粒全粉在某些食品加工中具有不可替代的作用，主要用作快餐饮店的方便即食马铃薯泥，膨化休闲食品，复合马铃薯片，成型速冻马铃薯制品，固体汤料、面包及糕点食品添加剂，超级马铃薯条等的主要配料。该产品在许多欧美国家的年营业额为 7.8 亿美元，多者达 10 亿美元，我国也开始起步予以发展。

1. 基本生产工艺

颗粒全粉的生产工艺流程（见图 6-8）如下：

原料→清洗→蒸汽去皮（休整）→切片→漂烫→冷却→蒸煮→制泥→回填混合→调质→干燥→筛分→二次干燥→冷却→筛分→包装→成品

马铃薯颗粒粉的加工方法较多，以使用回填工艺的最为普遍。该工艺是在蒸煮捣碎的马铃薯泥中回填足量的、经一次干燥的马铃薯颗粒粉，使其成“潮湿混合物”，经过一定的保温时间磨成细粉。生产马铃薯颗粒粉要尽量少使细胞破坏，具有良好的成粒性。因为细胞破坏后会增加很多游离淀粉，使产品发黏或呈面糊状，降低产品质量。

主要设备：清洗机、去皮机、皮薯分离器、切片机、漂烫机、螺旋蒸煮机、调质机、气流提升干燥机、流化床干燥机、称重包装机等，其中前处理设备与加工雪片粉相同，不相同的设备主要是干燥机。

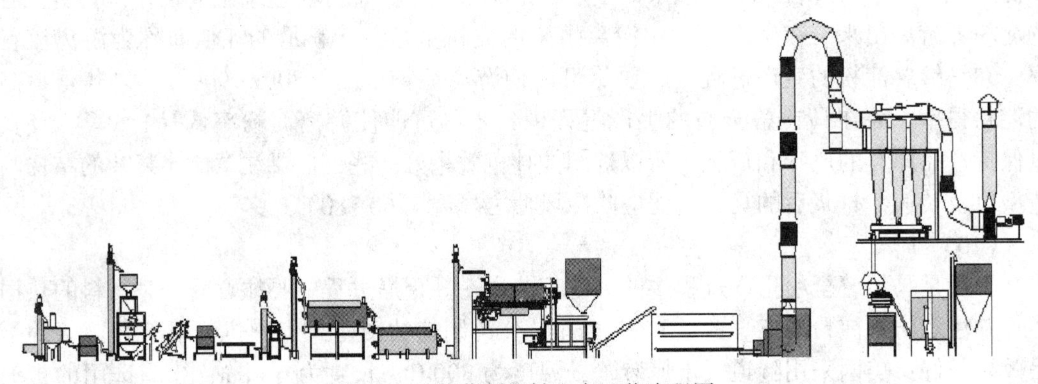

图 6-8　马铃薯颗粒粉生产工艺流程图

2. 操作要点

马铃薯颗粒全粉与马铃薯雪花粉生产工艺在蒸煮制泥工序之前基本相同。制泥工序之后的各工序操作要点如下：

（1）搅拌混合

用捣碎机将蒸熟的薯片捣碎为泥糊状后，与回填的马铃薯细粒进行混合，使其均匀一致。捣碎与混合时要尽量避免细胞被破坏，使成品中大部分是单细胞颗粒。回填的颗粒粉也应含有一定量的单细胞颗粒，以保证回填颗粒能够吸收更多的水分和回填质量。回填粉的粒径可在 1mm 以下，回填粉量可视薯泥含水量适时调整，一般为薯泥量的 3 倍左右。捣碎回填的混合物，通常采用保温静置方法，改进其成粒性，同时使混合物的含水量由 45%降低到 35%。

（2）调质

松散、潮湿的薯粉在低温的调质机内或调质输送带上保留 25~35min，使其内部水分均衡，以利薯粉颗粒表里干燥均匀，还可以减少其可溶性淀粉，降低淀粉的膨胀力，并为干燥工艺做好准备。通过变频器调节输送带的速度，满足物料所需的停留时间。混合调质后的物料含水量标准值约为30%。

（3）干燥

当产物第一次用干燥机烘干到含水量为12%~13%时，过60~80目筛子分级。大于60~80目的颗粒粉或筛下细粒均可作回填物料，另一部分筛下物，需进一步用流化床干燥机干燥至含水量6%左右。

（4）筛分

干燥后的在线产品通过筛分装置，将其分成以下3种组分和3个流向：粗大颗粒组分（>0.64mm）将脱离生产线，做饲料用；中粒径和一部分小粒径组分（0.25~0.64mm）送至搅拌工序作回填粉用；另一部分小粒径组分（<0.25mm）将作为在线产品被输送至二次干燥（灭菌）工序。

（5）第二次干燥

第二次干燥过程中采用的设备为流化床，这是一种薄层气流系统，使产品进一步干燥。空气经过热交换器加热后，由进气支管分别送入流化床的底部，通过多孔筛板进入干燥室，将多孔板上的物料进行流化干燥；废气由干燥室顶部出来，由引风机产生的负压气流经旋风分离器收集粉尘，送至粉尘收集中心后排向大气。在此单元，一个流化产品床位于分离板之上，此板带孔，可以产生均匀的斜向气流，这会使流化床板上物料几乎是沿直线移动，其厚度决定了物料特定的停留时间。物料在床上的厚度可在20~30mm范围内进行调整。产品的含水量：7%~9%，要尽可能使游离淀粉降至1.5%~2.0%。此过程具有技巧性，这种加工方法能将产品加热不超过98℃，而使马铃薯必要成分如维生素、微量元素及风味等与原来保持一致。

（6）储藏

经包装的马铃薯颗粒粉成品，在仓储过程中，由于非酶褐变（美拉德反应）和氧化作用会引起变质。非酶褐变与产品中还原糖含量、水分含量及储藏温度关系密切。储藏温度每增加7~8℃，褐变速率根据其含水量可增加5~7倍，因此应降低储存温度和产品的含水量。

6.1.3 全粉的质量标准

1. 感官指标

马铃薯全粉为白色或乳白色粉末或薄片，具有马铃薯特有的滋味和气味。

2. 理化指标

水分：<5%；蛋白质：>5%；碳水化合物：60%~70%；粗纤维：1.8g/100g；龙葵素（鲜薯）：<20mg/100g；白度：>70%；游离淀粉率：1.5%~2.0%；还原糖含量≤2%；全糖含量≤3%。

3. 微生物指标

细菌总数<1000个/g；大肠杆菌群<30个/100g；致病菌不得检出。

4. 检测方法

1~5项指标的检测方法按国家统一方法执行。下面仅介绍白度和游离淀粉率的检测方法。

（1）白度的检测方法

白度指的是以波长457nm的蓝光照射标准氧化镁板的反射率为100%，在同样的条件下，所测样品的反射率为氧化镁板反射率的百分数。

白度的具体检测方法是将马铃薯全粉细微粉碎，过100目筛，取过筛后的样品20g压制成直径为3cm的薄片，置入白度仪中，即可测得样品白度。

（2）游离淀粉率的测定方法

称取两份10g马铃薯全粉样品，其中一份样品移入100ml容量瓶中，定容至100ml，测其淀粉含量为A_1。取另一份样品倒入130目筛中，用清水冲洗3～5次，至筛下水无淀粉为止。然后将筛上样品全部移入100ml容量瓶中并定容至100ml，测其淀粉含量为A_2。计算公式如下：

$$\text{游离淀粉量} = A_1 - A_2$$

$$\text{游离淀粉率} = (A_1 - A_2) / A_1 \times 100\%$$

以全粉为原料，经科学配方，添加相应营养成分，可制成全营养、多品种、多风味的方便食品，如雪花片类早餐粥、肉卷、饼干、牛奶土豆粉、肉饼、丸子、饺子、酥脆魔术片等，也可以全粉为“添加剂”制成冷饮食品、方便食品、膨化食品及特殊人群（高血脂症、糖尿病人、老年人、妇女、儿童等）食用的多种营养食品、休闲食品等。

利用马铃薯全粉制作的糕点货架期、保质期较同类面粉产品长。在温度8～15℃的条件下保存半个月，马铃薯全粉月饼和蛋糕均与新鲜产品基本无差异；在同等条件下面粉制作的月饼和蛋糕已发硬，品质下降，食味与新鲜产品比较，差异较大。马铃薯全粉酥类糕点经半月后，仍保持酥松适口的特点，与新鲜产品基本无差异。相同条件下，同时制作的小麦面粉桃酥已发硬、品质下降，而马铃薯全粉产品仍比较酥松。

6.2　脱水马铃薯丁

脱水马铃薯丁是一种高质量的马铃薯食品，在食品市场上的地位越来越重要，可用于各种食品如罐头肉、焖牛肉、冻肉馅饼、汤类、马铃薯沙拉等制品中。

6.2.1　生产工艺

马铃薯→清洗→去皮→切丁→漂烫→冷水洗涤→化学处理→干燥→筛分→冷却→包装。

6.2.2　操作要点

1. 选料

在选用原料时，要对其进行还原糖与固形物总含量的测定。在马铃薯脱水的情况下，氨基酸与糖可能发生反应，引起褐变，因此应采用还原糖含量低的品种。固形物含量高的原料制成脱水马铃薯丁，能表现出优良的性能。各类马铃薯的相对密度有很大的不同，相对密度大的原料具有优良的烹饪特性。

除了以上两种因素外，还应考虑马铃薯的大小、类型是否一致，是否光滑，有没有发芽现象。另外，还要把马铃薯切开，检查其内部是否有不同程度的坏死及其他病虫害，并检查其色泽、气味、味道等。

2. 洗净

必须将马铃薯清洗干净，除去其上黏附的泥土，减少污染的微生物，同时对提高马铃薯的温度也很有利。清洗之后要立刻进行初步检查，除掉因轻微发绿、霉烂、机械损伤或其他病害而不适宜加工的马铃薯。

3. 去皮

由于马铃薯在收获后不能及时进行加工，而经过一段时间的储藏后，去皮比较困难，采用蒸汽去皮和碱液去皮的方法比较有效。加工季节早期用蒸汽去皮为宜，不像碱液去皮损失大；后期采用碱液去皮会更经济和适宜些。

马铃薯去皮时使用蒸汽或碱液常常能加剧其褐变的发生。在马铃薯的边缘，尤其是维管束周围出现变黑的反应物，比其他部分更集中些。变色的程度取决于马铃薯暴露在空气中的程度。因此应尽量减少去皮马铃薯暴露在空气中的时间，或者向马铃薯表面淋水，或者将马铃薯浸于水中，这样就可以减少变色现象。若其变色倾向严重时，可采用二氧化硫和亚硫酸盐等还原化合物溶液来保持马铃薯表面的湿润。

4. 切丁

切丁前要进行分类，拣选去不合格薯块。在进行清理时，必须注意薯块在空气中暴露的时间，以防止其发生过分的氧化，同时通过安装在输送线上的一个个喷水器，不断地喷水，保持马铃薯表面的湿润。

马铃薯块切丁是在标准化的切丁机里进行的，将马铃薯送入切丁机的同时需加入一定流量的水以保持刀口的湿润与清洁。被切开的马铃薯表面在漂烫前必须洗干净。马铃薯丁大小应根据市场及食用者的要求而定。

5. 漂烫

用加热或其他一些方法可以将马铃薯中的酶破坏，或使其失去活力。漂烫还可以减少微生物的污染。马铃薯丁在切好后，加热至94~100℃进行漂烫，漂烫方法是在水中或蒸汽中进行的。用蒸汽漂烫时，将马铃薯丁置于不锈钢输送器的悬挂式皮带上，更先进的是放入螺旋式输送器中，使其暴露在蒸汽中加热。在通常情况下，蒸汽漂烫所损失的可溶性固形物比水漂烫少，这是由于用水漂烫时，马铃薯中的可溶性固形物质都溶在了水中。

漂烫时间从2min到12min不等，视所用温度高低、马铃薯丁的大小、漂烫机容量、漂烫机内热量分布是否均匀以及马铃薯品种和成熟度等而异。漂烫程度对成品的质地与外观有明显影响，漂烫过度会使马铃薯变软或成糊状。漂烫之后要立即喷水冲洗除去马铃薯表面的胶状淀粉，以防止其在脱水时出现粘连现象。

6. 化学处理

马铃薯丁在漂烫之后，需立即用亚硫酸盐溶液喷淋。用亚硫酸盐处理后的马铃薯丁，在脱水时允许使用较高的温度，这样可以提高脱水的速度和工厂的生产能力，在较高的温度下脱水可产生质地疏松的产品，而且产品的复水性能好，还可以防止其在脱水时产生非酶褐变与焦化现象，有利于产品储藏。但应该注意产品的含水量不能过高，否则会使亚硫酸盐失效。成品中二氧化硫的含量不得超过0.05%。

氯化钙具有使马铃薯丁质地坚实、避免其变软和控制热能损耗的效果。当马铃薯丁从漂烫机中出来时，立即喷洒含有氯化钙的溶液，可以防止马铃薯丁在烹调时变软，并使之迅速复水。但在进行钙盐处理时，不能同时使用亚硫酸钠，以免产生亚硫酸钙沉淀。

7. 脱水干燥

脱水速度的快慢影响到产品的密度，脱水速度越快，密度也越低。通过带式烘干机脱水，可以很方便地控制温度、风量和风速，以获得最佳产品。在带式烘干机上，烘干的温度一般从 135℃逐渐下降到 79℃，需要大约 1h，要求马铃薯丁的水分降到 26%~35%；从 89℃逐渐下降到 60℃，需 2~3h，要求水分降低至 10%~15%；从 60℃降到 37.5℃，需 4~8h，水分下降到 10%以下。随着现代新技术的发展，使用微波进行马铃薯丁脱水效果好、速度快，在几分钟内就可将马铃薯丁的含水量下降到 2%~3%。快速脱水还会产生一种泡沫作用，对复水很有好处。马铃薯中的水分透过表面迅速扩散，可以防止因周围空气干燥而伴随产生的表面变硬现象。

8. 分类筛选

产品在脱水后要进行检查，将变色的马铃薯丁除掉。可用手工检选，也可用电子分类检选机。加工过程中，成品中总会夹杂着一些不合要求的部分，如马铃薯皮、黑斑、黄化块等，使用气动力分离机进行除杂检选，可使产品符合规定，保持马铃薯丁大小均匀，没有碎片和小块。

9. 包装

一般多采用牛皮纸袋来包装，其重量为 2.3~4.6kg，亦可用盒、袋、蜡纸包装。

6.3　脱水马铃薯片

将由煮熟的马铃薯制成的脱水马铃薯泥调制成糊状，把马铃薯糊涂抹在滚筒干燥机的鼓形干燥机表面，迅速干燥到所需要的水分含量，干燥后的马铃薯大张薄片用切片机切割成所需要的形状，然后进行包装，即制成马铃薯片产品。

在加工过程中，尽管细胞破裂的程度很大，但是复原的产品口感还是有完全可以接受的粉质感，这是由于在马铃薯加工中经过了预煮与冷却过程和添加乳化剂的缘故。对马铃薯片来讲，由于薯片脱水速度很快，马铃薯细胞容易复水，使得淀粉保持很高的持水能力，薯片在冷水中可以完全复原。

薯片在沸水中复原的速度非常快。当将大张薄片切割成较小的薯片时，沿着薯片边缘部位的细胞也会发生破裂。如果在薯片加工过程中不经过预煮和冷却的老化处理，细胞内的凝胶淀粉就会释放出来，薯片复水后呈糨糊状和橡皮状的质地。在加工过程中加入乳化剂，乳化剂与从细胞中释放出的直链淀粉分子反应，生成乳化剂-淀粉复合物，该复合物溶解度低，因此降低了黏度。采用预煮、冷却和加入乳化剂单甘酯的加工过程生产出的薯片在复水时，水分子并没有被细胞间的物质强烈束缚住，结果是多数水分子穿透完整细胞的细胞壁进入细胞内，细胞内淀粉吸水膨胀，产生了黏性低的马铃薯泥。如果复原时大量水分子束缚在完整细胞之间，马铃薯泥就会变成糨糊状、橡胶状或黏稠状的质地。

为了改善产品质地和延长货架期，在薯片加工中使用了许多添加剂，包括亚硫酸钠（延迟非酶褐变）、单甘酯乳化剂、抗氧化剂和螯合剂（焦磷酸钠和柠檬酸）。在脱水前的捣碎（成泥）阶段加入添加剂，维生素 C 与马铃薯蛋白质反应生成粉红色的席夫碱化合物。粉红色的出现没有规律，通常脱水后放置一段时间后才会出现粉红色。在实际生产强化了维生素的马铃薯片时，是将薯片与维生素片混合，其中维生素片含有50%~70%的脂肪、水溶性维生素和矿物质。

薯片的货架期与其化学成分、品种、蒸煮程度、干燥条件、加工中的用水量和抗氧化剂（特别是SO_2）的残留量有关，苦味与酚类化合物有关。薯片储藏中的异味来源于油脂氧化产生的已醛和其他醛类化合物如2，3-二甲基丁醛，氨基酸发生的褐变反应也使薯片产生异味。Sapers认为：储藏后薯片产生的干草味是由于脂肪氧化产生的，而不是非酶褐变产生的。用乳化剂（0.66%）、BHA（150mg/kg）、BHT（150mg/kg）和二氧化硫（40mg/kg）处理的薯片能够保证最佳的储藏质量。

加工和储藏中维生素的损失是生产者和消费者非常关心的问题。Augustin等的研究表明：虽然使用亚硫酸盐处理，但是在薯片中维生素B_1的保留量高于马铃薯全粉。薯片在储存期间，维生素C含量逐渐减少，加工和储藏过程中其他的营养成分也有损失。

为了用铁和蛋白质强化薯片，人们做了许多尝试，试验发现被7种铁化合物强化后，在蒸煮后薯肉变黑，并导致储藏期间产生异味。

薯片用沸水复原后质地较差，因此不能加工成热产品，不能与牛奶混合。薯片可与其他辅料混合，二次加工成薯条；薯片也可以粉碎成粉作为汤料、儿童食品和烘烤食品的配料。

6.3.1 生产脱水马铃薯片方法一

1. 生产工艺

马铃薯→清洗→去皮→切片→热烫→硫处理→干燥→包装→成品。

2. 操作要点

（1）原料

选用原料时，要求马铃薯块茎大，表皮薄，芽眼浅而少，呈圆形或椭圆形，无疮疤病和其他疣状物，肉色白或淡黄色；干物质含量不低于20%，其中淀粉含量不超过18%；干制后复水率（rehydration ratio）不低于3倍。干燥食品在食用前通过浸泡水中来恢复其新鲜状态的操作过程称为复水，其恢复程度通常以复水率表示：

$$复水率=\frac{复水后的样品重}{新鲜样品重}$$

（2）切片

洗净去皮的马铃薯在空气中易变色，故必须浸在冷水中，但不得超过2h。切片时，块茎的细胞组织部分被破坏，使切面上随时会形成淀粉。切面上留下的淀粉，会给以后进一步加工——热烫和干燥带来困难，因此必须将马铃薯浸入冷水槽中，洗去淀粉。因为淀粉的相对密度大，沉于槽底，将槽里水倾出后，分出淀粉，干燥，就可得到质量优良的淀粉。

（3）热烫

热烫是决定获得质量优良的干制成品的重要工艺操作之一。热烫时，将马铃薯片倒入不锈钢网篮或镀锡的金属网篮中，浸在盛有沸水的锅、木桶或木槽中2~5min，时间视马铃薯性质、形状、温度、锅或桶内水量和马铃薯片厚度而定。由薯片弹性的变化来确定热烫的程度，用手指捏压时不破裂，加以弯曲可以折断，在触觉和口味上应有未煮透的感觉。

热烫的马铃薯片必须立即进行冷却，防止马铃薯组织继续变软。缓慢冷却会使切片部分变形。冷却可以在空气中进行，也可以将马铃薯放入冷水中或对其喷洒冷水。

（4）硫处理

硫处理的目的是防止在干制过程中干制品在储存期间发生褐变，还可以提高维生素 C 的保存率，抑制薯片微生物的活动，加快干燥速度。硫处理有熏硫法和浸硫法两种。

熏硫法是将薯片直接用硫磺燃烧产生的气态 SO_2 来处理，可在熏硫室或塑料帐内进行。用来烟熏的硫磺含杂量不应超过 1%，其中含砷量不超过 0.015%。熏硫结束后，将门打开，待 SO_2 气体散尽后，才能入内工作。

浸硫法是用 0.3%~1.0%的亚硫酸氢钠或亚硫酸盐溶液来浸泡或喷洒烫煮过的马铃薯片，处理后的马铃薯干制品的 SO_2 的含量则宜保持在 0.05%~0.08%。

（5）干燥

用自然干燥或烘干机干燥均可，但产品必须是弯硬的（弯曲即折断），有马铃薯干固有的滋味和气味，呈不同程度的淡黄色，半透明或透明，断面似玻璃质感。

6.3.2　生产脱水马铃薯片方法二

1. 生产工艺

马铃薯→清洗→去皮→切片→预煮→冷却→蒸煮→磨碎→干燥→切割成片→包装。

2. 操作要点

（1）选料

选择块茎整齐、大小均匀、表皮薄、芽眼浅而少、还原糖含量低、干物质含量高的马铃薯，剔除发芽、变绿、病变等不合格薯块。

（2）清洗

充分洗涤马铃薯不仅是卫生的要求，而且也可防止将外来的灰尘和沙砾带进设备，损坏设备或堵塞管道。通常在滚筒式洗涤机中进行擦洗，可以连续操作。

（3）去皮

用机械清洗干净后可采用任意一种工业化去皮方法，如摩擦去皮、蒸汽去皮、碱液去皮等。

（4）切片

去皮后的马铃薯在蒸煮前用旋转式切片机切成 1.5mm 厚的薄片，使马铃薯在蒸煮中使薯片能得到均匀的热处理，充分 α 化，获得均一的制品。薯片太薄，固体损耗会增加，也使风味受损。

（5）预煮

预煮的目的，不仅是破坏马铃薯中的酶，以防止块茎褐变，而且对于获得不发黏的马铃薯泥来说也是绝对必要的。马铃薯淀粉的灰分含量比禾谷类作物的高 1~2 倍，而马铃薯淀粉的灰分中平均有一半以上是磷。马铃薯干淀粉中 P_2O_5 的含量平均为 0.18%，比禾谷类作物淀粉中磷的含量高出几倍。由于马铃薯淀粉中含磷量高，导致了马铃薯泥黏度大。据资料显示，马铃薯淀粉糊的黏度与淀粉中磷的含量成正比。黏度大会给加工带来困难。把马铃薯片放入 60~80℃ 热水中预热 20~30min，然后在流动冷水中冷却 20min，淀粉彻底糊化，经冷却后淀粉老化回生，使制得的马铃薯泥黏度降低到适宜程度。

(6) 冷却

用冷水冲洗薯片，除去表面游离的淀粉，避免在干燥期间发生黏胶或烤焦。

(7) 蒸煮

将经预煮处理的马铃薯薄片在常压下用蒸汽煮30min，使其充分α化。质次的马铃薯蒸煮时间要更长一些。由于马铃薯块茎中含有单宁，因此，在蒸煮后和研碎前，喷上亚硫酸钠溶液，亚硫酸溶液可破坏氧化酶防止马铃薯片在加工时变色，保证了产品质量。此外，还应喷上乳化剂：甘油单酸酯和甘油二酸酯——防止马铃薯颗粒黏结，抗氧化剂——防止哈败，磷酸盐——结合金属防止成品在存放时颜色变深。用来溶解添加剂的水要经过钙沉淀处理。甘油单酸酯和甘油二酸酯乳化剂溶解在水中要和葱汁及食品色素等混合均匀，磷酸盐需单独制备。脱水马铃薯片中含有0.6%甘油单酸酯和甘油二酸酯，0.4%磷酸盐。

蒸煮的方法有三种：① 通过传送带把马铃薯送入维持在大气压蒸汽温度下的蒸汽中进行蒸煮，这种设备很难清理并占据相当大的空间。② 把蒸汽直接注入螺旋输送蒸煮器来蒸煮，时间为15~60min，一般为30min。③ 在蒸煮装置中注入蒸汽，它使用两个逆转的螺旋，使马铃薯片的表面露向蒸汽，得到均匀软化的马铃薯。蒸煮过度，生产率高，但成品组织不良；蒸煮不足，则会降低产品得率。

(8) 磨碎

蒸煮后的薯片立即磨碎成泥，应避免薯片内细胞破裂，使成品复水性差。成泥后可注入食品添加剂（乳化剂、抗氧化剂等）和调味料，并混合均匀。

(9) 干燥

在滚筒干燥机中进行，干燥成型后可得到大张干燥的马铃薯片，含水量在8%以下。干燥条件：压力0.5MPa，温度158℃，时间15~45s，通过改变滚筒转速进行调整。含水量的计算方法为：

$$\frac{\text{干燥前薯片的质量}-\text{干燥后薯片的质量}}{\text{干燥前薯片的质量}}\times\%$$

(10) 切割成片

干燥后的马铃薯大张薄片用切片机切割成3.22cm^2的小片。马铃薯片的容量应为350kg/m^2，不合质量要求的高水分片和含有杂质的片要分离出来。合格薯片以流态化方式进行风运，并经专用装置进行称重。

该方法生产的产品为片状，白色或淡黄色，水分含量8%以下，无致病菌，用热开水冲开直接食用，但大部分产品都用作食品加工的中间原料。

(11) 包装

脱水马铃薯片有用马口铁罐装的，也有用复合铂片衬里的硬纸盒装的，每盒装125g。包装在真空或充氮条件下进行。

第7章　马铃薯膨化食品加工

7.1　膨化食品概述

膨化食品是近年来国际上发展起来的一种新型食品，由于膨化食品的概念出现时间并不长，目前食品科学界还没有一个公认的定义。膨化食品在国外又称为挤压食品、喷爆食品、轻便食品等，它是以谷物、豆类、薯类、蔬菜等作为主要原料，利用油炸、挤压、焙烤、微波等膨化技术加工而成，体积有明显增加现象的一种食品。膨化食品的组织结构多孔膨松，口感酥脆香美，外形精巧，品种繁多，具有一定的营养价值。

膨化食品与传统蒸煮、烘烤食品不同，其膨化加工的时间短，食品营养素损失小，原料中部分淀粉转化为糊精和麦芽糖，有利于人体吸收。膨化后，淀粉的分子间出现间隙和裂解，有利于消化酶的进入，促进了消化吸收。由于膨化过程是一个高温短时（HTST）的加工过程，原料受热时间短（3~5s），食品中的营养成分受破坏程度小。由于食品膨化后有很多微孔，吸水力强，容易复水，可保持食品独特的风味。另外，粗粮膨化后改善了口感，而且可将膨化后的原料进一步加工成各种美味食品。

7.1.1　膨化加工的分类

1. 按膨化加工的工艺过程分类

按膨化加工的工艺过程分类，食品的膨化方法有直接膨化法和间接膨化法。

直接膨化法是指把原料放入加工设备（目前主要是膨化设备）中，通过加热、加压再降温、减压而使原料膨胀化。而间接膨化法是先用一定的工艺方法制成半熟的食品毛坯，再把这种坯料通过微波、焙烤、油炸、炒制等方法进行第二次加工，得到酥脆的膨化食品。

（1）直接膨化法

①直接膨化的生产工艺：马铃薯→洗涤→去皮→整理→切丁或条→硫化处理→预煮→冷却→二硫化物溶剂处理→干燥→膨化→添加增味剂→包装→成品。

②直接膨化法挤压膨化的工艺过程：物料在挤压膨化机中的膨化过程大致可分为输送混合、挤压剪切和挤压膨化三个阶段。

a. 输送混合阶段。物料由料斗进入挤压机后，由旋转的螺杆推进，并进行搅拌混合，螺杆的外形呈棒槌状，物料在推进过程中，密度不断增大，物料温度也不断上升。

b. 挤压剪切阶段。物料进入挤压剪切阶段后，由于螺杆与螺套的间隙进一步变小，故物料继续受挤压；当空隙完全被填满之后，物料便受到剪切作用；强大的剪切主应力使物料团块断裂产生回流，回流越大，则压力越大，压力可达1500kPa左右。在此阶段物料的物理性质和化学性质由于强大的剪切作用而发生变化。

c. 挤压膨化阶段。物料经挤压剪切阶段的升温进入挤压膨化阶段。由于螺杆与螺套的间隙进一步缩小，剪切应力也急剧增大，物料的晶体结构遭到破坏，产生纹理组织。

由于压力和温度也相应急剧增大，物料成为带有流动性的凝胶状态。此时物料从模具孔中被排出到正常气压下，物料中的水分在瞬间蒸发膨胀并冷却，使物料中的凝胶化淀粉也随之膨化，形成了无数细微多孔的海绵体。

脱水后，胶化淀粉的组织结构发生明显的变化，淀粉被充分糊化（α化），具有很好的水溶性，便于溶解、吸收与消化，淀粉体积膨大几倍到十几倍。

膨化食品不都是通过挤压机生产的，挤压机生产出来的食品也不全是膨化食品。膨化食品除了可以用挤压法生产外，还可以用微波、油炸、焙烤、炒制等方法生产，如间接膨化食品。

实际上挤压食品有广义、狭义之分，广义的挤压食品泛指利用挤压机生产的食品，狭义的挤压食品是指利用挤压机生产的膨化食品，即挤压膨化食品。在一些专门论述直接膨化法的文献中常常把挤压和膨化的概念混用，实际上就是把挤压狭义化了。

（2）间接膨化法

①间接膨化法的生产工艺：马铃薯→洗涤→去皮→整理→切丁或条→硫化处理→预煮→冷却→二硫化物溶剂处理→成型→干燥→半成品→膨化处理→添加增味剂→包装→成品。

②间接膨化法工艺的特点：间接膨化法要先用一定的工艺方法制成半熟的食品毛坯，工艺方法有挤压法，一般是挤压未膨胀的半成品；也可以不用挤压法，而采用其他的成型工艺方法制成半熟的食品毛坯。半成品经干燥后的膨化方法主要是除挤压膨化以外的膨化方法，如微波、油炸、焙烤、炒制等方法。

2. 按膨化加工的工艺条件分类

按膨化加工的工艺条件分类，膨化又可分为挤压膨化、微波膨化、油炸膨化等。

（1）挤压膨化食品加工

挤压膨化技术作为一种经济实用的新型加工方法，起源于1856年美国关于食品膨化技术的专利，在20世纪40年代末期逐渐扩大到食品领域，它应用于各种膨化食品的生产。近年来，挤压膨化技术发展迅速，目前已成为最常用的膨化食品技术之一。挤压膨化加工技术适用范围广，适合用于加工早餐谷物食品、方便食品、休闲食品、组织化仿生食品、调味料、糖制品、巧克力食品等许多食品种类。经简单地更换模具，即可改变产品形状，生产出不同外形和花色的产品。通过挤压膨化加工生产的食品，营养损失少，容易被人体所吸收。而且生产的产品口感好，产品风味得到改善，不易产生“回生”现象，便于长期保存。

经过挤压膨化后这种以淀粉为主要原料的食品富含蛋白质、热量、维生素、矿物质等营养成分，保证了饮食需要的平衡，而且膨化过程中部分淀粉截断成小分子可溶性糖，部分蛋白质裂解为复合氨基酸，美味可口、易于消化吸收，深受广大消费者的青睐。挤压膨化食品具有产品种类多、生产效率高、成本低、产量高、产品质量好、能使用低价粗原料、无废弃物、可实现生产全过程的自动化和连续化等特点，是膨化食品技术发展的一个方向。

①挤压膨化食品的概念：挤压膨化食品就是经粉碎、混合、调湿，送入螺杆挤压机中经高温蒸煮并通过特殊设计的模孔而制得的膨化成型的食品。在实际生产中，一般还需将挤压膨化后的食品经过焙烤或油炸，使其进一步脱水和膨松，这既可降低对挤压机的要求，又能降低食品中的水分，赋予食品较好的质构和香味，并起到杀菌的作用，还能降低生产成本。

②挤压膨化的原理：膨化食品的生产原料主要是含淀粉较多的谷物粉、薯粉或生淀粉等。膨化状态的形成主要是靠淀粉完成的。将谷物或其他的物料装入膨化机中加以封闭，进行加热、加压或机械作用，使物料处于高温、高压状态（温度可达150~200℃，压力可达到1MPa）。物料在此状态下，所有的组分都积累了大量的能量，物料的组织变得柔软，水分呈过热状态，此时迅速将膨化机的密封盖打开或将物料从膨化机中突然挤压出来。在这一瞬间，由于物料被突然降至常温、常压状态，巨大的能量释放，使呈过热状态的液态水汽化蒸发，其体积可膨胀2000倍左右，从而产生巨大的膨胀压力。巨大的膨胀压力使物料组织遭到强大的爆破伸张作用，形成具有无数细微多孔的海绵结构，这一过程叫做食品膨化。物料中淀粉的含量直接影响到产品的膨化程度，在原料中没有淀粉存在的情况下，则基本不产生膨化的效果。膨化食品不仅组织结构多孔、膨松、口感香酥、易于消化吸收，而且还具有加工方便、自动化程度高、质量较为稳定、综合成本低等优点，其加工制造在现代化的食品工业中显示出了极大的优越性，而马铃薯膨化食品是膨化食品的一个重要的方面。

③影响挤压膨化效果的因素：

a. 原料组成。挤压膨化原料的主要成分为淀粉，另外，根据需要可加入大豆分离蛋白、糖、酪蛋白酸钠和氯化钠、矿物质、维生素、氨基酸等成分以及脂类、乳化剂等。较高的挤压温度对氨基酸和某些微生物会造成损失，挤压膨化产品颜色越深，损失的可能越多，原料中油脂含量高，会降低产品的膨化度。

b. 原料粒度。为使原料混合均匀，挤压蒸煮时淀粉充分糊化有利于膨化，原料粒度应越细越好。一般物料粒度在30~40目颗粒大小为宜，双螺杆挤压机的用料粒度应在60目以上。

c. 原料水分含量。挤压加工对原料含水量的需求范围较大，挤压不同种类的产品有着对原料含水量的不同要求，含水量变化范围可在20%~30%。物料中水分含量与膨化食品的膨化率有关。原料含水量大时，所得到的膨化食品外皮已结痂、夹渣不匀、口感过硬；原料水分含量低时，膨化食品往往出现焦黄而味苦，严重时引起机腔内碳化并堵塞喷头，也会导致膨化倍数过小。若原料含水适当，则膨化倍数较大，食品组织结构均匀疏松，成品质量优良。

d. 挤压温度。挤压筒内原料的温度是挤压膨化中很重要的因素之一。温度是促使淀粉糊化、蛋白质变性和其他成分熟化的必要条件。原料膨化过程中，升温成熟时间要短，而膨化成熟后降温要快，这样有利于保持原料中微生物、氨基酸等营养成分。

e. 设备选择。挤压膨化设备有单螺杆挤压机和双螺杆挤压机两种。相对单螺杆挤压机来说，双螺杆挤压机具有原料适应性更宽、产品适应性更广、产品内在和外观质量更好、同等动力下产量更高、熟化均质效果更好、工艺操作更简便、易损件磨损更轻、生产成本更低的诸多优势。

f. 喂料速度。在一定的挤压速度下，喂料量决定了加工过程中挤压腔的填充过程，进而影响喂物料在挤压腔中收到的挤压摩擦力、升温速度、挤压压力、最终影响产品的膨化度及生产效率。加料速度应均衡，各种物料成分应均匀分布，否则影响生产的连续性和产品质量的稳定性。

g. 螺杆转速。在挤压过程中，螺杆转速影响螺杆被物料的封闭程度、物料在挤压机中的停留时间、热传递速度和挤压机机械能的输入量，以及物料所承受的剪切力大小。同时，螺杆转速影响到挤压机的产量，螺杆转速高，生产能力大。

（2）微波膨化食品加工

①微波膨化的原理：微波加热速度快，物料内部气体（空气）温度急剧上升，由于传质速率慢，受热气体处于高度受压状态而有膨胀的趋势，达到一定压强时，物料就会发生膨化。

②微波膨化加工工艺适用范围：a. 以淀粉为主的小食品；b. 以蛋白质为主的食品；c. 切面和荞麦面；d. 蔬菜类。

（3）油炸膨化食品加工

油炸膨化食品最先起源于马来西亚，是在许多东南亚国家颇受欢迎的一种酥脆型食品。随着世界各国食品工业的不断交往与渗透，这种油炸膨化食品作为一种风味食品逐渐风行西方。

①油炸膨化食品的分类：

a. 风味型：主要加入各种调味料制成海味、肉味、果味等不同风味的膨化食品。

b. 营养型：主要强化各种营养素提高产品营养价值。

②油炸膨化食品的特点：生产工艺简单，家庭烹制方便，口感佳，易于消化吸收，老幼皆宜。

③油炸膨化食品膨化原理：淀粉在糊化老化过程中结构两次发生变化，先 α 化再 β 化，使淀粉粒包住水分，经切片、干燥脱去部分多余水分后，在高温油中过热水分急剧汽化喷射出来，产生爆炸，使制品体积膨胀许多倍，内部组织形成多孔、疏松海绵状结构，从而形成膨化食品。

④影响产品质量的因素：

a. 糊化。淀粉粒在适当温度（60～80℃）下，在水中溶胀，分裂，形成均匀糊状溶液的作用为糊化作用。只有充分糊化但又没有解体的淀粉，分子间氢链大量断开，充分吸水，为下一步老化时淀粉粒高度晶化包住水分，从而为造成可观的膨化度奠定基础。

b. 老化。膨化后的α-淀粉在2～4℃下放置1.5～2d变成不透明的淀粉称为老化。在老化过程中，糊化时吸收的水分被包入淀粉的微晶结构，在高温油炸时，造成淀粉微晶粒中水分急剧汽化喷出，使淀粉组织膨胀，形成多孔、疏松结构，达到膨化的目的。

c. 干燥。产品中水分含量直接影响到产品膨化度的大小，因此干燥水分含量的控制是非常重要的。

如果干燥后制品中水分含量过多，油炸膨化时，很难在短时间内将水分排出，造成制品膨化不起来，口感发软，不脆，破坏产品的特色。若水分含量太低，油炸时又很难在短时内形成足够的喷射蒸汽将食品组织膨胀起来，也会降低产品的膨化度。因此，干燥时间选择7h，水分含量最为适宜。

7.1.2 膨化食品分类

膨化食品种类繁多，外形精巧，酥脆香美，深受人们的喜爱。挤压膨化食品可从生产工艺、加工原料、食品形状、产品风味和形状等几个方面进行分类。

1. 按生产工艺的不同分类

(1) 直接膨化食品

直接膨化食品是指原料经挤压机模具挤压后，直接达到产品所需的膨化度、熟化度和产品造型，不需采用后期膨化加工。该产品只需依据产品的特点及需求，在挤压膨化后进行调味和喷涂。如传统爆玉米花、玉米棒、爆豆子等。

(2) 间接膨化食品

间接膨化食品是指原料经挤压模具挤压后，没有膨化或至产生少许膨化，产品膨化工艺主要靠挤出之后的焙烤或油炸来完成。有时为了改善产品质量，使产品质地更为均一，糊化更加彻底，挤出后的半成品还经过了一段时间的恒温恒湿过程，然后再经后期的焙烤或油炸等制作工艺。在这种生产工艺中，原料经过挤压机的作用，只是让原料达到熟化、半熟化或组织化，以及给予产品一定形状的目的。这时，原料的水分含量可以高些，挤压过程中温度和压力可低一点。

与直接膨化食品相比，间接膨化食品一般具有较均匀的组织结构，口感较好，不易产生粘牙的感觉，淀粉和糊化较彻底，膨化度较易控制。对于造型较为复杂的产品，直接膨化一般不能达到直接成型的目的，而间接膨化则有较好的膨化效果和较高的成型率。但间接膨化生产流程较长，所需辅助设施较多。

先制出没有膨化的半成品（可以呈一定的形状），然后将半成品进行精心的干燥，再经过烘烤、油炸、热气流、微波等形式处理，使半成品膨化成膨化食品。如虾片、虾条、泡司、薯条等。

2. 按行业标准来划分

根据《膨化食品》（QB 2353—1998），膨化食品可划分为4种类型：

(1) 焙烤型膨化食品

焙烤型膨化食品以谷类、薯类或豆类为主要原料，经焙烤、焙炒或微波等加热方式膨化而成，如好多鱼、旺旺雪饼、旺旺仙贝的生产。

(2) 油炸型膨化食品

油炸型膨化食品以谷类、薯类或豆类等为主要原料，经食用油煎炸膨化而制成。

(3) 直接挤压型膨化食品

直接挤压型膨化食品以谷类、薯类或豆类等为主要原料，经挤压机挤压，在高温、高压条件下，利用机内外的压力差，使产品膨化而制成。如麦圈、虾条等。

(4) 花色型膨化食品

花色型膨化食品以焙烤型、油炸型或直接挤压型膨化食品为坯子，用油脂、酱料或果仁等辅料夹心或涂层而制成。

3. 按原料的不同分类

按原料不同，膨化食品可分为3类：

(1) 淀粉类膨化食品

淀粉类膨化食品如用玉米、大米和小米等原料生产的膨化食品。

(2) 蛋白类膨化食品

蛋白类膨化食品如用脱脂大豆、脱脂棉籽等原料生产的膨化食品。

(3) 淀粉和蛋白类混合的膨化食品

该类膨化食品如用虾片、鱼片等原料生产的膨化食品。

7.2 马铃薯膨化食品加工工艺

7.2.1 膨化马铃薯

1. 生产工艺

马铃薯→洗涤→去皮→整理→切丁或条→硫化处理→预煮→冷却→干燥→膨化→调味→包装→成品。

2. 操作要点

(1) 去皮

用清水将马铃薯清洗干净，再选用机械摩擦去皮、碱液去皮或红外线辐射去皮均可。

(2) 成型

根据产品的要求将马铃薯切成丁、条或其他形状。

(3) 护色

用亚硫酸钠溶液进行护色处理。

(4) 干燥

应严格控制原料的水分含量。当原料的含水量降至28%~35%时，即可停止干燥。

(5) 膨化

可采用气流式膨化设备进行膨化处理。物料膨化后，水分含量为6%~7%。

(6) 调味

膨化后的马铃薯应及时调成鲜味、咸味、甜味等多种口味，形成独特风味。

3. 产品特点

香酥，口感较好，易于保存。

7.2.2 膨化马铃薯酥

1. 生产工艺

原料→粉碎过筛→混料→膨化成型→调味→涂衣→包装→成品。

2. 主要设备

生产膨化马铃薯酥的主要设备有：粉碎机、筛分机、螺杆挤压膨化机、涂衣机。

3. 操作要点

(1) 原料配方

膨化马铃薯酥的配方：马铃薯干片10kg、玉米粉10kg、调料若干。

(2) 粉碎过筛

将干燥的马铃薯片用粉碎机粉碎，过筛取6~20目（筛孔直径0.8~3.4mm）碎片，筛去少量粗糙的马铃薯干粉。玉米经粉碎后取6~20目玉米渣。

(3) 混料

将马铃薯干粉和玉米粉混合均匀，加3%~5%水润湿。

(4) 膨化成型

将混合料置于成型膨化机中进行膨化，以形成条形、方形、圈状、饼状、球形等初成品。

(5) 调味涂衣

膨化后，应及时加调料调成甜味、鲜味、咸味等多种风味，并进行烘烤，则可制成膨化马铃薯酥。膨化后的产品可涂一定量熔化的白砂糖，滚粘一些芝麻，则可制成芝麻马铃薯酥。也可将40g的可可粉、15g的可可脂、45g的糖混合熔化后，涂衣成型，包装，则可制得巧克力马铃薯酥。

(6) 包装

将调味涂衣后的产品置于食品塑料袋中，密封，即得成品。

4. 产品质量标准

(1) 感官指标

①马铃薯酥：外观为金黄色膨松状圆棍（或圆环），具有各种特征风味的酥脆产品。

②巧克力酥：外观为褐色，光滑，有光泽的小球，具有巧克力特有的香味、甜味。

(2) 理化指标

膨化马铃薯酥的理化指标为：水分≤8%，蛋白质≥8%。

7.2.3 风味马铃薯膨化食品

利用马铃薯粉（片状脱水马铃薯泥、颗粒状脱水马铃薯等）为原料，可以生产各种风味和形状的薯条、薯片、虾条、虾片等膨化食品。这些产品香酥松脆、味美可口，其原料配方、加工工艺大同小异。

1. 原料配方

马铃薯粉膨化食品的原料配方：马铃薯粉83.74kg、氢化棉籽油3.3kg、熏肉4.8kg、精盐2kg、味精（80%）0.6kg、鹿角莱胶0.3kg、棉籽油0.78kg、磷酸单甘油酯0.3kg、BHT（抗氧化剂）30g、蔗糖0.73kg、食用色素20g、水适量。

海味膨化食品的原料配方：马铃薯淀粉40~70kg、蛤蚌肉（新鲜、去壳）25~51kg、精盐2~5kg、发酵粉1~2kg、味精（80%）0.15~0.6kg、大豆酱85~170g、柠檬汁68~250g、水适量。

洋葱口味马铃薯膨化食品的原料配方：淀粉29.6kg、马铃薯颗粒料27.8kg、精盐2.3kg、浓缩酱油5.5kg、洋葱粉末0.2kg、水34.6kg。

2. 生产工艺

原料→混合→蒸煮→冷藏→成型→干燥→膨化→调味→成品。

3. 操作要点

(1) 混合

按照配方比例称量各种物料，然后将各种物料充分混合均匀。

(2) 蒸煮

采用蒸汽蒸煮，使混合物料完全熟透（淀粉质充分糊化）。先进的生产方法是将混合原料投入双螺杆挤压蒸煮成型机，一次完成蒸煮、成型工作。挤压成型工艺成型的产品不仅形状规则一致、质地均匀细腻，而且只要更换成型模具，就能加工出各种不同形状（片状、方条、圆条、中空条等）的产品。

（3）冷藏

于5~8℃的温度下冷藏，放置24~48h。

（4）干燥

将成型后的坯料干燥至水分含量为25%~30%。

（5）膨化、调味

利用气流式膨化设备将干燥后的产品进行膨化处理，然后进行调味、包装即为成品。

4. 成品质量指标

（1）感官指标

具有各个品种应有的气味及滋味，无焦煳味和其他异味。

（2）理化指标

水分含量≤3%，酸度（以乳酸计）<1mg/g，容重100g/L左右，含沙量≤0.01%，灰分≤6%，制品中无氰化物检出。

（3）微生物指标

细菌总数≤100个/g，大肠菌群≤30个/100g，致病菌不得检出。

7.2.4 酥香马铃薯片

1. 生产工艺

脱水马铃薯片→粉碎→加水拌料→挤压膨化→成型→油炸→调味→包装→成品。

2. 操作要点

（1）脱水马铃薯片的处理

人工或自然干燥的原料均可使用，要求色泽正常，无异味，经粉碎加工成粉状。粉碎程度要求过0.6~0.8mm孔径筛。如果粉碎颗粒大，膨化时产生的摩擦力也大，同时物料在机腔内搅拌揉和不匀，故膨化制品粗糙，口感欠佳；如颗粒过细，物料在机腔内易产生滑脱现象，影响膨化。

（2）拌料

在拌料机中加水拌混，一般加水量控制在20%左右。如果加水量大，则机腔内湿度大，压力降低，虽出料顺利，但挤出的物料含水量高，容易出现粘连现象；如果加水量小，则机腔内压力大，物料喷射困难，产品易出现焦苦味。

（3）挤压膨化

配好的物料通过喂料机均匀地进入膨化机中。膨化温度控制在170℃左右，膨化压力为3.92~4.90MPa，进料电机电压控制在50V左右。

（4）成型

挤出的物料经冷却输送机送入切断机切成片状，厚薄视要求而定。

（5）油炸

棕榈油及色拉油按一定比例混合成油炸用油。油炸温度控制在180℃左右，要求油炸后冷却的产品酥脆，不能出现焦苦味及未炸透等现象。

(6) 调味

配成的调味料经粉碎后放入带搅拌的调料桶中，调味料要求均匀地撒在油炸物的表面。

(7) 包装

为了保证产品的酥脆性，要求产品立即包装，包装材料宜采用铝塑复合袋。

3. 成品质量指标

(1) 感官指标

①色泽：浅黄色，外观具有油炸和调味料的色泽；

②口感：具有香、酥、脆等特点，有马铃薯特有的风味，并具有包装标识风味所特有的味道；

③组织形态：产品断面组织疏松均匀，片薄；

④形状：呈圆形或长方形，大小均匀一致。

(2) 理化指标

香酥马铃薯片成品的理化指标：水分<6%，蛋白质<8%，脂肪<20%，过氧化值<0.25%，酸值<1.8mg KOH/g。

(3) 卫生指标

成品需符合 GB 16565—2003《油炸小食品卫生指标》。

7.2.5　银耳酥

1. 生产工艺

玉米→去皮、去胚芽→粉碎大米→粉碎——↓ ↓——马铃薯淀粉

大米→粉碎→大米粉→拌粉→挤压成型→冷却→油炸膨化→滗油→调味→包装→成品。

2. 操作要点

(1) 粉碎

利用粉碎机分别将大米和玉米粉碎成 20~40 目的颗粒，其中蔗糖粉的细度要求达到 80 目以上。

(2) 拌粉

拌粉时的加水量应根据马铃薯淀粉原料的实际含水量具体掌握。通常，拌料时物料的配比为马铃薯淀粉 10kg、大米粉 2kg、玉米粉 1.5kg、水 2kg。拌粉应充分，使物料吸收均匀。

(3) 挤压成型

采用长螺杆的挤压膨化机，螺杆的压缩比为 2.6，转速为 39r/min。若有条件使用双螺杆挤压式膨化机，则效果会更理想。喷嘴模具使用“空心管”的模头。下料时应连续、均匀，避免忽多忽少，以保证出料均匀顺利，防止发生堵料和物料抱轴现象。挤压喷出的膨化物料的膨化率不可过高，要在达到完全熟化的条件下，膨化率达到 30%左右即可。喷出的膨化物料立即通过成型切刀，切成厚薄均匀的环状坯料。坯料的厚度以 2~3mm 较

为合适。

(4) 冷却

成型后的坯料应均匀摊开，置于阴凉通风处充分冷却。一般情况下，冷却5~10h即可。

(5) 油炸

膨化油炸用油以使用棕榈油为宜，油温为180~200℃。油温不可过高，防止焦煳。

(6) 调味

将由蔗糖粉、葡萄糖粉、精盐以及香精、香料等配成的复合调味料均匀地撒拌到滗油后的膨化料上。拌料时轻轻翻拌，避免把膨化料拌碎。

(7) 包装

调味后的产品应使用复合塑料袋，采用充气包装，产品经过包装后即为成品。

3. 成品质量指标

成品外形独特，色泽洁白，犹如银耳，口感好，不发艮，不垫牙，无渣，入口即酥。

7.2.6 营养泡司

1. 原料配方

马铃薯淀粉、蔗糖、精盐、味精、核苷酸、各种风味调料的香精、香料、紫菜末、海米粉、营养强化剂等。

2. 生产工艺

淀粉→打浆→调粉→成型→汽化→老化→切片或条→干燥→油炸→膨化→滗油→调味→包装→入库。

3. 操作要点

(1) 打浆

将10L水和10kg马铃薯淀粉放入拌粉机中，搅拌均匀。

(2) 糊化

将打浆后的浆料中加入34kg的沸水，边加沸水边不断搅拌，至透明的糊状为止，温度控制在60~80℃。

(3) 调粉

在已糊化的淀粉中按表7-1的比例加入各种调味料及营养强化剂，搅拌均匀后，再加入50kg的淀粉，调制成一致、无干粉块的面团。

表7-1 **原料配比表**

食品	蔗糖	精盐	味精(80%)	紫菜末	柠檬酸钙	磷酸二氢钙	硫酸亚铁
富钙、海鲜油炸膨化食品	0.6	0.85	0.2	1.5	0.86	0.68	—
富铁、海鲜油炸膨化食品	0.6	0.85	0.2	1.5	0.86	—	0.0045
富钙、鲜虾油炸膨化食品	0.6	0.85	0.2	1.5	0.86	0.68	—

（4）成型

将面团制成长短直径分别为45mm、30mm的椭圆形截面的面棍。

（5）汽蒸

用98.0665kPa压力的蒸汽蒸1h左右，使面团熟化充分，呈半透明状，组织较软，富有弹性。

（6）老化

待熟化面团冷凉后，置于2~5℃的条件下，放置24~48h，使汽蒸后胀粗的条团恢复原状，呈不透明状，组织变硬，富有弹性。

（7）切片

用不锈钢刀切成1.5mm厚的薄片，或切成1.5mm厚、5~8mm宽的条状。

（8）干燥

将切片机切条后的坯料放置于烘干机内，于45~50℃的低温条件下，时间为6~7h。烘干的坯料呈半透明状，质地脆硬，用手掰开后断面有光泽，水分含量为5.5%~6.0%。

（9）油炸膨化

使用精炼植物油或棕榈油，采取间歇式油炸或连续式油炸，投料量应均匀一致，不可过大，油温应严格控制在180℃左右。若油温过低，坯料内水分汽化速度较慢，短时间内形成的喷爆压力较低，使产品的膨化率下降；油温过高，制品易卷曲、发焦，影响感官效果。

（10）调味

可根据需要，对制品拌撒不同类型的调味料，以使成品的风味和滋味更加诱人。

营养泡司产品的特点：口感香脆，无渣，易于消化吸收，老少皆宜，风味独特，花色多变，强化营养，可作为老人、儿童补铁、钙的小食品；生产工艺简单，成本低，占地小，易于工业化生产。

7.2.7　复合马铃薯膨化条

1. 原料配方

55%马铃薯、4%奶粉、11%糯米粉、14%玉米粉、9%面粉、4%白砂糖、1.2%食盐、1.5%番茄粉、外用调味料适量。或将番茄粉换为1.5%五香粉或1.3%麻辣粉。

2. 生产工艺

鲜马铃薯→选料→清洗→去腐去皮→切片→柠檬酸钠溶液处理→蒸煮→揉碎→与辅料混合→老化→干燥（去除部分水分）→挤压膨化→调味→包装→成品。

3. 操作要点

（1）选料

选白粗皮且晚熟期收获、存放了至少1个月的马铃薯，因为白粗皮的马铃薯淀粉含量高，营养价值高，而存放后的马铃薯香味更浓。

（2）切片及柠檬酸钠溶液处理

将选好的马铃薯用清水洗涤干净，然后进行切片。切片的目的是为了减少蒸煮时间，而柠檬酸钠溶液的处理是为了减少在入锅蒸煮前这段较短的时间内所发生的酶促褐变，保证产品的良好外观品质，柠檬酸钠溶液的浓度为0.1%~0.2%。

(3) 蒸煮、揉碎

将马铃薯放入蒸煮锅中进行蒸煮，蒸熟后揉碎。

(4) 混合、老化

将揉碎的马铃薯与各种辅料进行充分混合，然后进行老化，蒸煮阶段淀粉糊化，水分子进入淀粉晶格间隙，从而使淀粉大量不可逆地吸水，在3~7℃、相对湿度50%左右的条件下冷却老化12h，使淀粉高度晶格化从而包裹住糊化时吸收的水分。在挤压膨化时这些水分就会急剧汽化喷出，从而形成多空隙的疏松结构，使产品达到一定的酥脆度。

(5) 干燥

挤压膨化前，原、辅料的水分含量直接影响到产品的酥脆度，所以在干燥这一环节必须严格控制干燥的时间和温度。本产品可采用微波干燥法进行干燥。

(6) 挤压膨化

挤压膨化是重要的工序，除原料成分和水分含量对膨化有重要影响之外，膨化过程中还要注意适当控制温度。如果温度过低，产品的口味口感不足；如果温度过高，又容易造成焦煳现象。膨化适宜的条件为原辅料含水量12%，膨化温度120℃，螺旋杆转速为125r/min。

(7) 调味

因膨化温度较高，若在原料中直接加入调味料，调味料会极易挥发。将调味工序放在膨化之后是因为刚刚膨化出的产品具有一定的温度、湿度和韧性，在此时将调味料喷撒于产品表面可以保证调味料颗粒黏附其上。

(8) 包装

将经过调味的产品进行包装即为成品。

4. 成品质量指标

(1) 感官指标

成品为浅褐色，具有马铃薯特有的清香味、轻微玉米清香、奶香及清淡的番茄或可口的麻辣味，无任何异味。产品酥脆可口，口感硬度合适，不黏牙。

(2) 理化指标

蛋白质>6%，脂肪<21%，碳水化合物53%~62%，水分<4%。

(3) 微生物指标

细菌总数≤100个/g，大肠菌群≤30个/100g，致病菌不得检出。

7.2.8 马铃薯三维立体膨化食品

三维立体膨化食品是近年来在国内面世的一种全新的膨化食品。三维立体膨化食品的外观一改传统膨化食品扁平且缺乏变化的单一模式，采用全新的生产工艺，使生产出的产品外形变化多样、立体感强，并且组织细腻、口感酥脆，还可以做成各种动物形状和富有情趣的妙脆角、网络脆、枕头包等，所以一经面世就以新颖的外观和奇特的口感而受到消费者的青睐。

1. 主要原料

玉米淀粉、大米淀粉、马铃薯淀粉、韩国泡菜调味粉（BF013）。

2. 生产工艺

原料、混料→预处理→挤压→冷却→复合成型→烘干→油炸→调味→包装→成品。

3. 操作要点

（1）原料、混料

该工序是将干物料混合均匀与水调和达到预湿润的效果，为淀粉的水合作用提供一些时间。这个过程对最后产品的成型效果有较大的影响。一般混合后的物料含水量在 28%~35%，由混料机完成。

（2）预处理

预处理后的原料经过螺旋状地挤出，使物料达到 90%~100%的熟化。物料呈塑性熔融状，并且不留任何残留应力，为下一道挤压成型工序做准备。

（3）挤压

挤压是该工艺的关键工序，经过熟化的物料自动进入低剪切挤压螺杆，温度控制在 70~80℃。经特殊的模具，挤压出宽 200mm、厚 0.8~1mm 的大片。大片为半透明状，韧性好，其厚度直接影响到复合的成型和烘干的时间，所以模具中一定装有调节压力平衡的装置来控制出料均匀。

（4）冷却

挤压过的大片必须经过 8~12m 的冷却长度，有效地保证复合机在产品成型时的脱模。

（5）复合成型

复合成型工艺由三组程序来完成：

第一步为压花：由两组压花辊来操作，使片状物料表面呈网状并起到牵引的作用；动物形状或其他不需要表面网状的片状物料可更换为平辊，使其只具有牵引作用。

第二步为复合：压花后的两片经过导向重叠进入复合辊，复合后的成品随输送带送入烘干，多余物料进入第三步回收装置。

第三步回收：由一组专从挤压机返回的输送带来完成，使其重新进入挤压工序，保证生产不间断。

（6）烘干

挤出的坯料水分处于 20%~30%，而下道工序之前要求坯料的水分含量为 12%，由于这些坯料此时已形成密实的结构，不可迅速烘干，这就要求在低于前面工序温度（通常为 60℃）的条件下，采用较长的时间来进行烘干，以保证产品形状的稳定。另外，为使复合后的坯料不致互相粘连，最好装有微振动装置使产品烘干后能互相独立。

（7）油炸

烘干后的坯料进入油锅以完成油炸和去除水分，使产品最终水分达到 2%~3%。坯料因本身水分迅速蒸发而膨胀 2~3 倍，并呈立体状使其造型栩栩如生。然后再进行甩油去除油腻感而进入最后一道工序。

（8）调味、包装

用自动滚筒调味机对产品表面喷涂 5%~8%韩国泡菜调味粉，然后进行包装即为成品。

7.2.9 油炸膨化马铃薯丸

1. 原料配方

去皮马铃薯 79.5%、人造奶油 4.5%、食用油 9.0%、鸡蛋黄 3.5%、蛋白 3.5%。

2. 生产工艺

马铃薯→洗净→去皮→整理蒸煮→熟马铃薯捣烂→混合→成型→油炸膨化→冷却→油余→滗油→成品。

3. 操作要点

(1) 去皮及整理

将马铃薯利用清水清洗干净后进行去皮，去皮可采用机械摩擦去皮或碱液去皮。去皮后的马铃薯应仔细检查，除去发芽、碰伤、霉变等部位，防止不符合要求的原料进入下一道工序。

(2) 煮熟、捣烂

采用蒸汽蒸煮，使马铃薯完全熟透为止，然后将蒸熟的马铃薯捣成泥状。

(3) 混合

按照配方的比例，将捣烂的熟马铃薯泥与其他配料，加入到搅拌混合机内，充分混合均匀。

(4) 成型

将上述混合均匀的物料送入成型机中进行成型，制成丸状。

(5) 油炸膨化

将制成的马铃薯丸放入热油中进行炸制，油炸温度 180℃左右。

(6) 其他

油炸膨化的马铃薯丸，待冷却后再次进行油炸，制成的油炸膨化马铃薯的直径为 12~14mm，香酥可口，风味独特。

7.3 马铃薯膨化食品常见质量问题及预防措施

7.3.1 加工过程中存在的质量安全问题

1. 环境中的微生物污染

我国膨化食品中微生物超标现象比较突出。膨化食品一般都是机械化流水线生产，产品与人员接触机会较少，但当机械出现故障或平时工人检查生产线上产品质量时，就会接触到产品，这时，如果不注意，就会造成产品局部微生物污染。其次，许多膨化食品表面都喷洒固体调味料，使产品口味更多更好。固体调味料在外购（运输）过程和使用过程中都容易被污染，以致细菌超标，而我国对固体调味料也没有具体标准规定。第三，产品在包装、运输、销售等环节中如保管不当，也容易使细菌繁殖。总之，膨化食品生产过程中，每一个环节都可能受到外来污染。因此，必须严格要求和控制，才能保证产品质量。

2. 酸价、羰基价、过氧化值超标

膨化食品以油脂型膨化食品居多，加工过程中都要经过油炸工序，因此，油炸用油的质量优劣以及油炸工序能否得到有效监控将直接影响产品质量。经调研发现，我国大中型膨化食品企业生产用油多采用质量合乎生产要求的进口棕榈油，在产品加工过程中采用循环用油方式，即随着用油不断消耗而随时加入新油。生产时对用油进行定时检测，若酸价、羰基价、过氧化值等指标不合格就立即全部更换新油。部分小型加工企业和分装企业，日生产量较小，有时甚至一周只生产一天，因此生产用油循环周期较长，加之企业自律性较差，很容易在生产过程中出现生产用油变质的情况；有些企业为了降低生产成本，甚至使用劣质油反复油炸，导致产品质量不合格。

3. 丙烯酰胺具有潜在的致癌性和毒性

丙烯酰胺具有潜在的致癌性、神经毒性、遗传毒性和生殖毒性。根据 WHO/FAO 专家咨询会汇总挪威、瑞典、瑞士、英国、美国等国提供的数据，几乎所有的食品都含有丙烯酰胺，以马铃薯为原料制作的油炸食品，其丙烯酰胺含量最高。

4. 违规添加溴酸盐

溴酸盐在焙烤食品加工过程中可以作为一种缓慢氧化剂，起到增筋、增韧和急胀作用，但它具有潜在的致癌性，能导致肾和膀胱组织发生癌变。2005 年 7 月，我国开始全面禁止溴酸钾在面粉中使用，但当时检测方法尚不成熟。从焙烤型膨化食品生产工艺上看，企业有可能违规添加溴酸盐，因此，建立一种准确、快速灵敏的溴酸盐检测方法非常重要。目前，检测方法很多，除了常规的滴定分析法外，分光光度法、高效液相法、离子色谱法、气相色谱法、离子色谱与电感耦合等离子体质谱联用技术（IC-ICP-MS）等以检出限低，灵敏度高等优点广泛应用于溴酸盐的检测中。

5. 铝含量超标

对于油炸型膨化食品来说，加工过程中必须加入发酵粉（膨松剂）才能使产品达到膨化的效果。目前市售的发酵粉多为以硫酸铝钾与碳酸氢钠等为主的复合膨松剂，这种膨松剂膨松质量较好，另外由于硫酸铝钾价格低廉，可以降低生产成本。过多使用这种复合膨松剂是造成产品中铝含量超标的根源。

6. 铅污染

膨化食品中的铅污染主要来自生产设备、包装、调料和添加剂，铅超标最为严重的是挤压型膨化食品。在加工过程中物料放于挤压机中，通过压延效应和加热产生的高温、高压，物料在金属设备中被挤压、混合、剪切、熔融、杀菌和熟化，在高温、高压情况下，设备中的铅很快汽化并与产品充分接触，从而造成产品中铅超标；一些油炸膨化食品中油脂含量较高，会将包装中的铅等重金属元素溶出而污染食品；企业对调料、添加剂等验收不严格，使用铅含量超标的调料或添加剂也会导致膨化食品中含有过量的铅。

7. 漂白剂残留在食品中

马铃薯类膨化食品在生产过程中容易褐变，因此常在产品中添加漂白剂，以确保色泽质量。常用的漂白剂有二氧化硫、焦亚硫酸钾（钠）、亚硫酸钠、低亚硫酸钠、亚硫酸氢钠、硫磺等，亚硫酸盐与食品中的糖、蛋白、色素、酶、维生素、醛、酮等作用后，以游离型 SO_3^{2-} 和结合型 SO_3^{2-}残留在食品中。

8. 抗氧化剂

国家标准 GB 2760—2007 中规定非油炸型膨化食品不允许添加抗氧化剂，而在油炸型膨化食品中则可以添加。其中常用的抗氧化剂有丁基羟基茴香醚（BHA）、2，6-二叔丁基对甲酚（BHT）、特丁基对苯二酚（TBHQ）、没食子酸丙酯（PG）以及天然植物提取抗氧化剂如竹叶抗氧化剂、茶多酚、生育酚等。天然植物提取物作为食品抗氧化剂在药物毒理学方面使用基本安全，而 BHA、BHT、TBHQ、PG 等人工合成抗氧化剂如果剂量达到一定水平时可产生明显毒性。

9. 着色剂引起色素超标

马铃薯食品在加工保存过程中容易褪色或变色，为了改善食品的色泽，人们常常在加工食品的过程中添加人工食用色素。另外，膨化食品在加工过程中必须要添加调味料，如果固体调味料本身添加有人工着色剂也会造成产品中色素超标。经过调研发现，膨化食品企业生产过程中，固体调味料包出现的质量问题最为突出。目前，为了避免在调料上出现问题，一些企业直接订购质量有保障的大型企业生产的调料包，一些大中型膨化食品生产厂家则直接购买辣椒、大料等调料，自己加工磨粉制成调料包。

10. 违规添加甜味剂

膨化食品往往通过加入糖来改善产品口味，有些企业为降低成本，使用甜蜜素、糖精钠、安赛蜜、阿斯巴甜、阿力甜等甜味剂。国家标准 GB 2760—2007 中规定不允许在膨化食品中使用甜味剂。在国内监督抽查中，薯类及膨化食品中甜蜜素违规使用情况比较严重。

11. 可能存在违规防腐剂

防腐剂是常用的食品添加剂之一，由于山梨酸和苯甲酸具有杀死微生物或抑制微生物繁殖的作用，同时毒性相对较小，因此一些生产厂家经常使用这两种防腐剂。国家标准 GB 2760—2007 中规定膨化食品在生产过程中不得使用山梨酸和苯甲酸。从历次抽查来看，膨化食品中山梨酸、苯甲酸检出率比较低。

7.3.2 包装中存在的质量安全问题

1. 包装材料问题

马铃薯膨化食品结构紧密、含水量少、比较松脆，为了保持产品品质，其包装材料绝大部分选用热封性良好、防透湿度高的复合塑料包装材料。食品包装用树脂本身是无毒的，但其残留的单体和降解产物毒性较大。一些生产厂家在加工过程中加入一些助剂，或非法使用一些助剂（如增塑剂、稳定剂等），以及加工工艺和生产设备简陋，导致塑料树脂中残留单体超量或产生有毒有害物质，如氯乙烯、苯、双酚 A、游离甲醛、有机溶剂等。膨化食品多为油脂型，油脂更容易将包装材料中的有毒有害成分转移到食品中，造成食品中含有致癌物质。

2. 食品包装内“充气”问题

给袋装膨化食品“充气”，其主要目的是为了防止膨化食品被挤压、破碎，充装氮气还可以延长产品保质期。欧美国家的法规规定，膨化食品一律充装氮气，因为氮气清洁、无毒、干燥，能保证膨化食品长期不变色、不变味。我国目前无强制性规定，大中型企业采取充氮气的方式，对于销往高原地区的产品采用半充气的方式。还有不少厂家为了节省运输及包装费用，采用自然封口的方式，但由于空气的含水量比氮气高，易造成袋内膨化食品吸潮，口感不酥脆，并且自然封口的食品的保质期相对于充装氮气的食品要短。氮气品质的好坏、空气的洁净程度直接影响到产品品质。

3. 包装内放置玩具或卡片的安全问题

《膨化食品卫生标准》（GB 17401）中规定：包装袋内不得装入任何与食品无关的物

品（如玩具、文具及其他非食用品）。但个别厂家为了在激烈的市场竞争中吸引消费者，在包装中违规放置玩具或卡片。幼儿和低龄儿童大多喜欢带有玩具的食品，但他们的识别力很低，容易把玩具吃下去，从而存在安全方面的严重隐患。

4. 储藏、运输过程中存在的质量安全问题

膨化食品在储存和运输过程中，交通运输工具（车厢、船舱）等应符合卫生要求，应具备棚盖、防雨防尘设施。运输作业应防止污染，装运过程中要轻装、轻放、防雨、防晒，不使产品受损伤，不得与有毒、有害物品同时装运。运输工具应建立卫生管理制度，定期清洗、消毒，保持洁净卫生。产品保管应设置与生产能力相适应的场地和仓库，并符合卫生、储藏要求，地面应平整，便于通风换气，有防鼠、防虫、防蚊、防蝇设施，同时设置专人管理，建立管理制度，定期检查质量和卫生情况，按时清扫、消毒、通风换气。各种原材料应按品种分类分批储存，每批原材料均应有明显标志。同一库内不得储存相互影响风味的原材料。

7.4 马铃薯膨化食品加工设备

7.4.1 膨化设备

膨化食品生产有气流膨化和挤压膨化两种工艺。气流膨化采用喷爆机，挤压膨化采用挤压机。

1. 挤压膨化机

挤压式膨化机主要有单螺杆挤压膨化机和双螺杆挤压膨化机。单螺杆挤压膨化机结构简单，机筒内只有一根螺杆，但动力消耗大，温度、压力不易控制，只能膨化具有一定颗粒度、脂肪含量低的谷物。螺杆是挤压机的中心构件，是挤压膨化机的“心脏”部分。

双螺杆食品膨化机是在单螺杆挤压膨化机的基础上发展起来的。它主要由料斗、机筒、两根螺杆、预热器、压模、传动装置等部分组成（见图 7-1），其主要工作部件是机筒和一对相互啮合的螺杆。

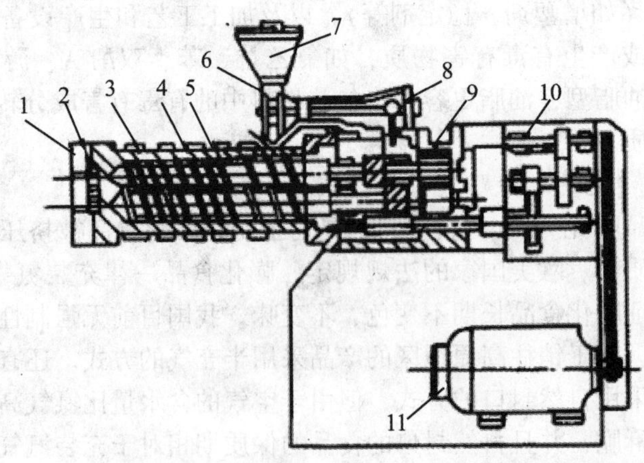

1—机外连接器；2—压模；3—机筒；4—预热器；5—螺杆；6—下料管；7—料斗；
8—进料传动机构；9—止推轴承；10—减速箱；11—电动机

图 7-1　双螺杆食品膨化机结构示意图

挤压膨化机的基本工作原理：同方向旋转的双螺杆食品膨化机是基于螺杆泵的工作原理，即一根螺杆上螺纹的齿峰嵌入另一根螺杆螺纹的齿根部分，当物料进入螺杆的输送段后，在两根螺杆的啮合区形成的压力分布，如图 7-2 所示。假设每根螺杆进入啮合区时为加压，以“+”标记；螺杆脱离啮合区时为减压，以“-”标记。当两根螺杆均以顺时针方向旋转时，螺杆 I 上的螺纹齿牙从 A 点进入啮合区，从 B 点脱离啮合区、螺杆 II 上的螺纹齿牙从 B 点开始进入啮合区，从 A 点脱离啮合区，构成了以 AB 为包络线、用阴影线表示的椭圆形啮合区域，并在 A、B 两点处形成了压力差。螺杆 I 上的螺槽（两个螺纹之间）的空间，与机筒形成的近似闭合的 C 形空间内的物料成为 C 形扭曲状物料料柱，如图 7-3 所示。在螺杆 I 和 II 的啮合区形成的压力差作用下，物料从螺杆 I 向螺杆 II 的螺槽内转移，在螺杆 II 中形成新的 C 形扭曲状料柱，接着又在螺杆 II 的推动下，在啮合区内向螺杆 I 转移，物料就这样围绕螺杆 I 和螺杆 II 变成 8 字形螺旋，并被两根螺杆上的螺纹向前推进，如图 7-4 所示。物料在双螺杆螺槽内流动的俯视图，如图 7-5 所示。物料在运动过程中，由于螺杆上螺纹的螺距逐渐减小，所以物料受到压缩。为了增强对物料的剪切力，在压缩段的螺杆上通常安装有 1~3 反向螺纹的螺杆的混捏元件。混捏元件通常为薄片状圆形或三角形混捏状，用以对物料进行充分的混合和搅动，然后物料经过蒸煮段被送入模头，经模孔排出机外。

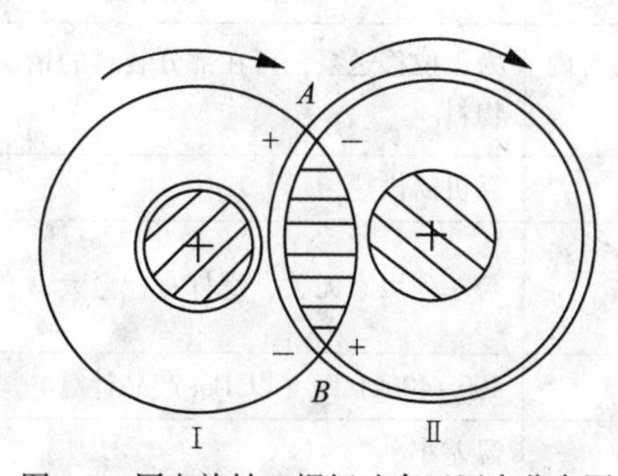

图 7-2 同向旋转双螺杆啮合区压力分布图

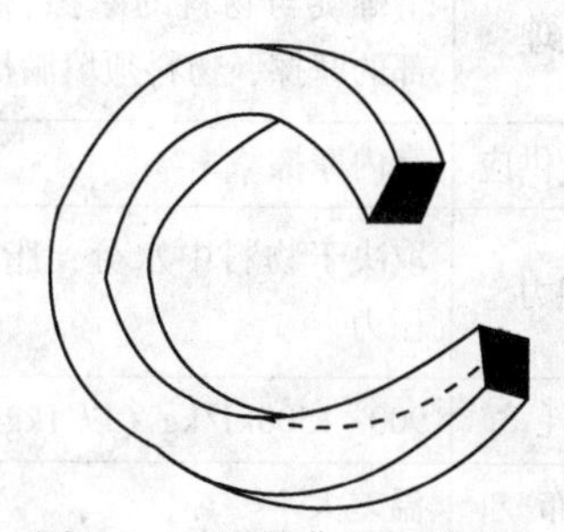

图 7-3 C 形扭曲形物料料柱

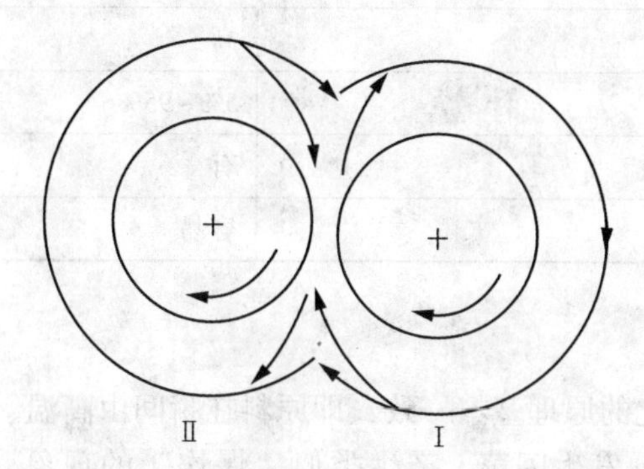

图 7-4 物料在螺杆 I 和螺杆 II 的螺槽中呈 8 字形的流动

双螺杆挤压膨化机具有加工功能多样性、耗能低等优点，在食品工业领域应用广泛。单螺杆挤压机与双螺杆挤压机的主要区别见表 7-2。

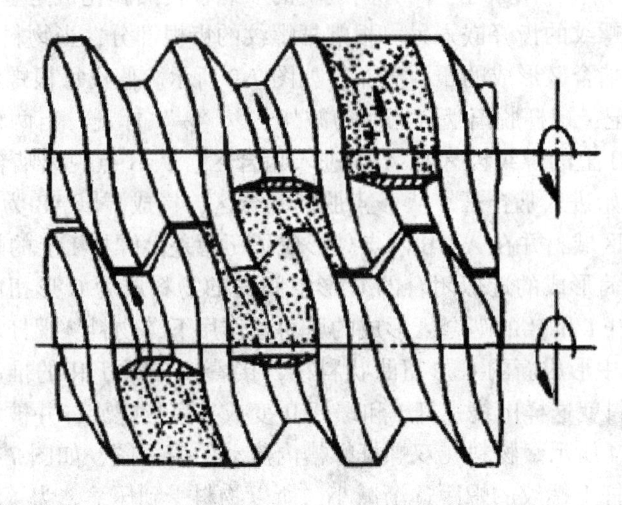

图7-5 物料在双螺杆槽内的流动

表7-2 单螺杆挤压机与双螺杆挤压机的主要区别

项目	单螺杆挤压机	双螺杆挤压机
输送机理	借螺旋与物料的摩擦、物料与机筒内部的摩擦，物料须填满机筒	为正位移送泵，可在部分装料的情况下输送物料
主要能量供应	靠内摩擦	靠机筒供热
生产能力	取决于物料中水分、脂肪含量和工作压力	与左列因素无关，螺杆直径愈大，产量愈高
比能耗	900~1500kJ/kg（以1kg产品计算）	400~400kJ/kg（以1kg产品计算）
热分布	温差大	温差小
刚性	高	轴承结构易损
制造成本	低	高
物料含水量	10%~30%	5%~95%
自清洗效果	无	有
脱气	困难	容易

2. 气流膨化机

气流膨化和挤压膨化的原理基本一致，即原料在瞬间由高温、高压突然减到常温、常压，原料水分突然汽化，发生闪蒸、产生类似“爆炸”的现象。由于水分的突然汽化，闪蒸使物料组织海绵状结构，体积增大几倍到几十倍，从而完成物料产品的膨化过程。但是，气流膨化和挤压膨化具有截然不同的特点。挤压膨化机具有自热式和外热式；气流膨化所需热量全部靠外部加热，其加热形式可以采用过热蒸汽加热、电加热或直接明火加热。挤压膨化高压的形成是物料在挤压推进过程中，螺杆与套筒间的结构的变化、加热时水分的汽化以及气体的膨胀所致；而气流膨化高压的形成是靠密闭容器中加热时水分的汽化和气体的膨胀所产生。挤压膨化适合的对象原料可以是粒状的，也可以是粉状的；而气流膨化的对象原料基本上是粒状的。挤压膨化过程中，物料会受到剪切、摩擦作用，产生混炼与均质效果，而气流膨化过程中，物料没有受到剪切作用，也不存在混炼和均质效果。挤压过程中，由于原料受到剪切的作用，可以产生淀粉和蛋白质分子结构的变化而呈线性排列，可以进行组织化产品的生产，而气流膨化不具备此特点。挤压膨化不适于水分含量和脂肪含量高的原料的生产；而气流膨化在较高的水分和脂肪含量情况下，仍能完成膨化过程。挤压机的使用范围较气流膨化机的使用范围大得多。正如前面所述，挤压机可用于生产小吃食品、方便营养食品、组织化产品等多种产品。但是，气流膨化设备目前一般仅限于小吃食品的生产。综上所述，挤压膨化和气流膨化的主要差别见表 7-3。

表 7-3 **挤压膨化与气流膨化的主要区别**

项目	气流膨化	挤压膨化
原料	主要为粒状原料、水分和脂肪含量高时，仍可进行加工生产	粒状、粉状原料均可；水分和脂肪含量高时，挤压加工及产品的膨化率会受到影响，一般不适合高脂肪原料的加工
加工过程中的剪切力和摩擦力	无	有
加工过程中的混炼均质效果	无	有
热能来源	外部加热	外部加热和摩擦生热
压力的形成	气体膨胀，水分汽化所致	主要是螺杆和套筒间空间结构变化所致
产品外形	球形	可以是各种形状
使用范围	窄	广
产品风味及质构	调整范围小	调整范围大
膨化压力	小	大

与挤压膨化一样，气流膨化的工艺过程也十分简单，流程为：原料处理→水分调整→加热升温升压→出料膨化→调味→包装。

原料的处理主要在于去除一些混杂在原料中的石块、灰尘等杂质。原料净化处理之后，即进行水分调整。一般情况下，气流膨化的水分含量控制在 13%~15%。有时根据产品质量要求，需要调整提高水分含量。调整时，为了使水分均衡，应该在原料喷水之后，让它有一段恒温恒湿的时间，即均湿过程。原料由进料器送入，原料在加热室中的温度一般控制在 200℃左右，压力一般为 0.5~0.8MPa。被加工原料在加热室中蓄积了大量能量，然后通过出料器放出而膨化，从而完成气流膨化的整个加工工艺过程。

(1) 电加热式气流膨化机

图 7-6 为电加热式气流膨化机，其进料器采用摆动式旋转进料器，转子上开有Φ45mm 的圆槽孔，生产能力约为 150kg/h。加热室是由 Φ426×11mm 的无缝钢管制成的圆筒形压力容器，两端有法兰盖，器内设有螺旋推进器。为了使物料在加热室内既便于推进，又不磨损加热元件，输送器外缘与加热室内表面的间隙选取 1~1.5mm，保证小颗粒物料也能推进前进，螺旋输送器用 0.75W 的电磁调速电机驱动，转速可在较大范围内变化，以便有适当调整各种物料膨化所需加热时间的余地。加热式的加热系统是半圆形埋入式高频电热陶瓷红外辐射元件扣合而成的圆筒状加热装置。其外部用硅酸铝毯保温，以减少热损失。加热室温度由动圈温度指示调节仪控制和显示。

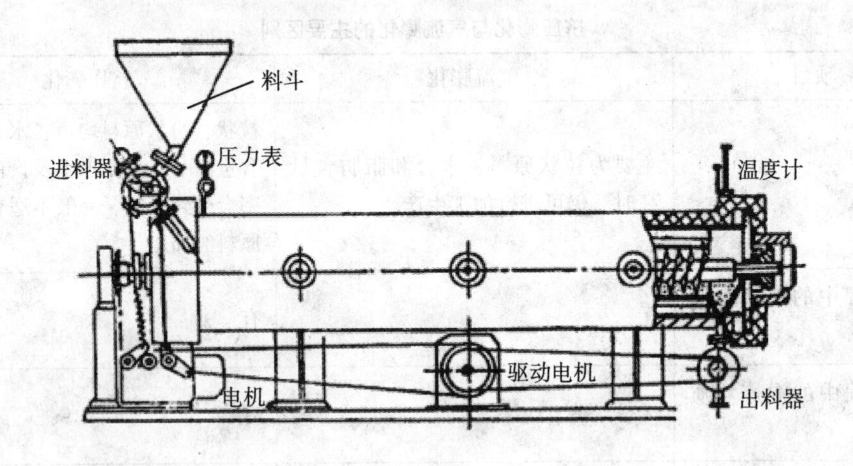

图 7-6　电加热式气流膨化机

(2) 过热蒸汽加热式气流膨化机

如图 7-7 所示为过热蒸汽加热式气流膨化机，该机的进料器为摆动式密封进料器，物料在高压蒸汽（也可用压缩空气）的作用下吹入加热室。

加热室为立式结构，靠过热蒸汽加热。首先饱和水蒸气由过热器进一步加热，使之成为压力和温度均达要求的过热蒸汽，然后由加热室的底部进入加热室内的螺旋板输送器空腔内，螺旋板上自上而下的物料便呈流花状态，并被加热至所需温度，最后由下端进入出料器。该机出料器采用旋转密封式出料器。

(3) 连续带式气流膨化机

连续带式气流膨化机也是采用过蒸汽加热的，如图 7-8 所示，它的加热室是卧式圆形耐压容器。过热蒸汽分别以顶部三个孔和侧面两个孔吹入。物料由旋转活塞式密封进料器供送，进入加热室的物料均匀地撒在输送带上，在链带的带动下，输送旋转活塞式出料器，完成出料和膨化过程。

(4) 流化床式连续气流膨化设备

如图 7-9 所示为流化床式连续气流膨化设备。它的加热室为立式圆筒形密封罐体，进出料器均采用旋转活塞式的形式，加热方式采用过热蒸汽加热式。

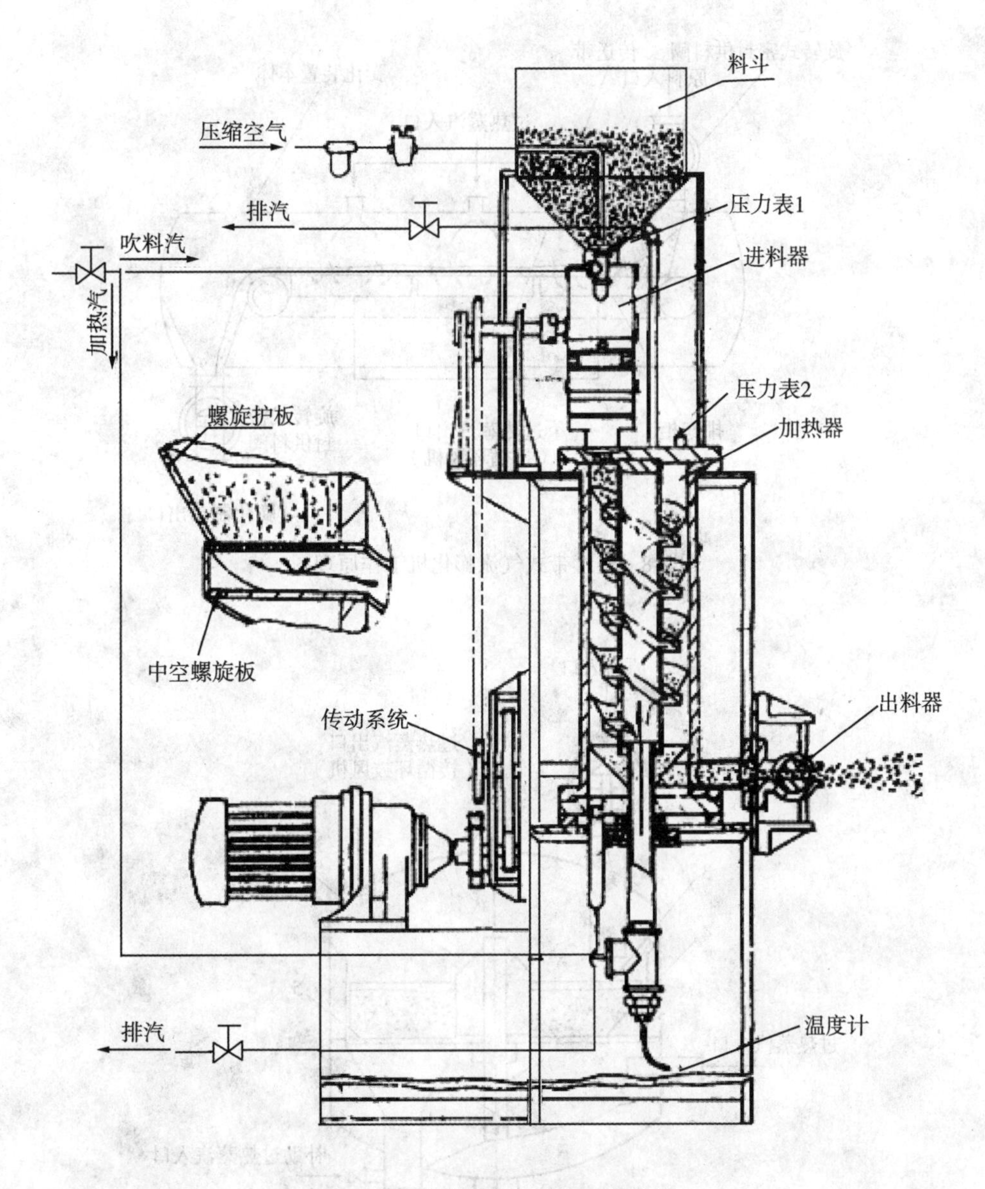

图 7-7　过热蒸汽加热式气流膨化机

原料由进料器进料后均匀撒布在由多孔板构成的受料盘上，受料盘的均匀转动使物料便于形成均匀的料层，过热蒸汽和原料直接接触，受热均匀，受料盘上的原料转到落料盘时，进入下料管，在下料管底部有一蒸汽支管进行补充加热。整个加热时间为数十秒左右，加热后的原料由出料器出料，完成整个膨化过程。

7.4.2　调味处理机

有些马铃薯食品在经过干燥或冷却阶段后，还要使其具有不同的特殊风味，这时需要调味处理。一般调味的方法是先在膨化的产品表面均匀喷上食用油，如棕榈油等，再喷上

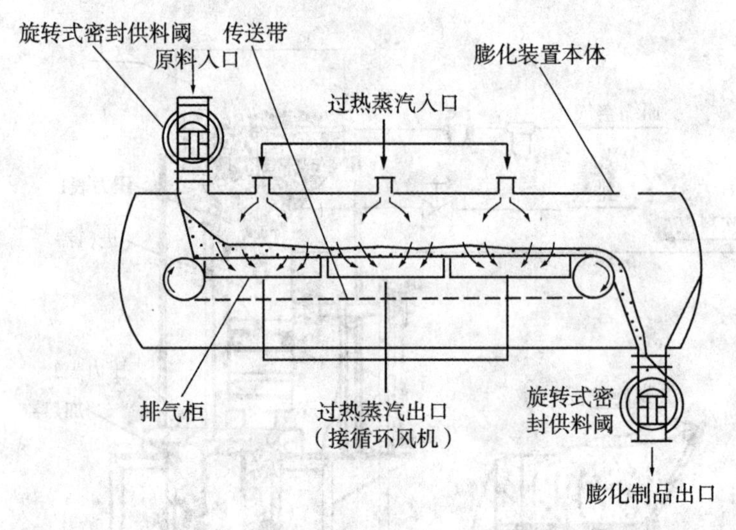

图 7-8　连续带式气流膨化机工作原理图

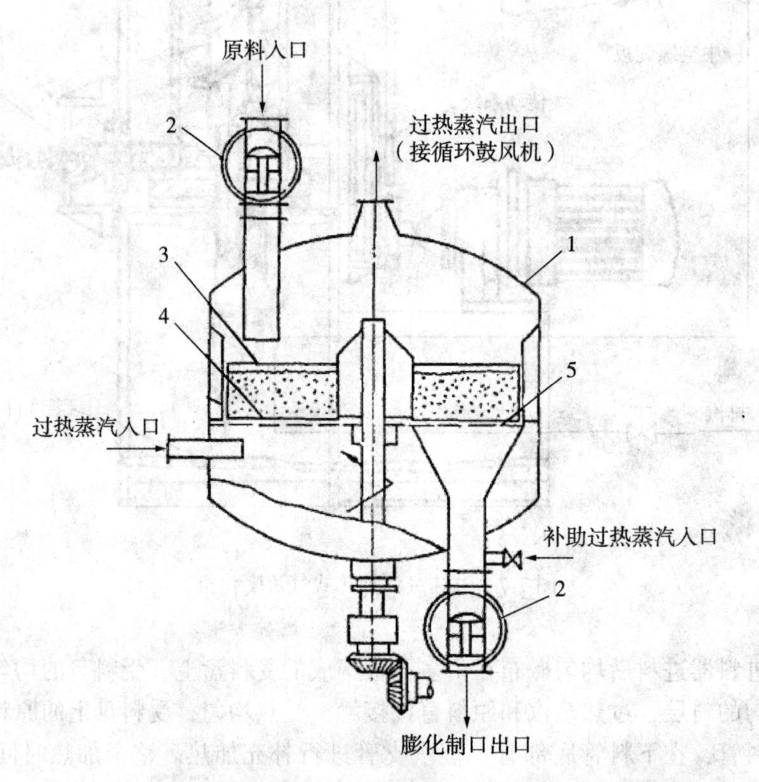

1—壳体；2—进（出）料器；3—多孔截料板；4—多孔承接板；5—落料斗

图 7-9　流化床式连续气流膨化设备原理简图

调味粉料，或直接涂上包衣。喷油、喷调粉所用的设备称为调味处理机，常用的有单滚筒式调味机和双滚筒式调味机两种。

单滚筒调味系统（见图7-10）主要由输料带、泵、油罐、滚筒、干粉喷射器和成品输送带组成。被挤压烘干的产品或需要进行调味处理的食品，进入到上料输送带上，被均匀地输送到滚筒内。同时泵将油罐中的食用油抽出，加压送到喷嘴，喷入滚筒内。在滚筒的转动下，食品物料表面被喷涂上一层油。滚筒内部装有螺旋导向片，物料随滚筒翻滚时，螺旋导向叶片向滚筒出口移动。当物料移动到筒中部时，与从干粉喷射器喷入的调味料相接触，调味料粘在食品表面上。在滚筒的不断翻滚作用下，均匀粘有调味料的成品从滚筒出口端出来，落到成品输送带上输送到包装车间。单滚筒调味系统的特点是滚筒采用一个较长的筒体，设备少，喷油、喷粉在一筒内完成；缺点是喷粉浪费大，粉尘飞出，还会污染空气。

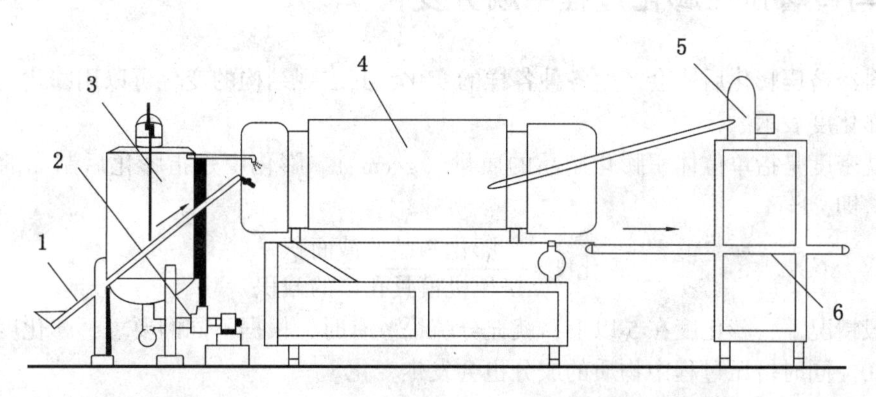

1—上料输送带；2—泵；3—油罐；4—滚筒；5—干粉喷射器；6—成品输送带

图7-10 单滚筒调味系统

7.4.3 膨化食品充气包装机

有许多食品不适宜采用真空包装而必须采用真空充气包装，如松脆易碎的膨化食品、易结块食品、易变形走油食品、有尖锐棱角或硬度较高会刺破包装袋的食品等。真空充气包装的主要作用除真空包装具备保质功能外，主要还有抗压、阻气、保鲜等作用，能更有效地使食品长期保持原有的色、香、味、形及营养价值。食品经真空充气包装后，包装袋内充气压强大于袋外大气压强，能有效地防止食品受压破碎变形而不影响包装袋外观。

真空充气包装是在真空后再充入氮气、二氧化碳、氧气单一气体或2~3种气体的混合气体。其中，氮气是惰性气体，起充填作用，使袋内保持正压，以防止袋外空气进入袋内，对食品起到保护作用；二氧化碳能够溶于各类脂肪或水，形成酸性较弱的碳酸，有抑制霉菌、腐败细菌等微生物的活性；氧气能抑制厌氧菌的生长繁殖。

真空充气包装机常用腔式和外抽式两种机型。外抽式包装机具有真空包装及真空充气包装等几个功能，故又称多功能气调包装机。

腔式真空包装机增设一套充气装置即成真空充气包装机。食品包装袋口套在充气嘴上，并置于上、下热封装置间；先将真空室抽真空，则包装袋内同时真空；然后将气体充入真空室内，则包装袋同时充气；再封口，即成真空充气包装。但因充气时包装袋口是敞开的，包装袋内同真空室内压强基本相同，并且是负压，故充气效果不佳，且气体利用率低。真空充气包装机，在物品包装袋袋口处增设了密封装置，充气时包装袋先经密封，然后充气，提高了充气气体利用率，充气量可调。

真空充气包装常用双层复合薄膜制成的三边封口包装袋，复合薄膜厚度一般为 60~96μm。其中内层为热封层，需有良好的热封性，厚度为 50~80μm；外层为密封层，需有良好的气密性及可印刷性。

整机主要由机身、电器系统、气路系统、自动落料装置、真空系统、充气系统、氮气发生器等几大部分组成，工作过程自动控制，热封的温度和物品包装所需真空度均可调节，是目前理想的真空充气包装机。

7.5　马铃薯挤压膨化过程中成分变化

原料经挤压膨化后，会产生各种各样的变化，其宏观结构的变化可以用膨化制品表观密度和膨化度表示。

表观密度是指单位体积膨化制品的质量（g/cm^3）。膨化度是指膨化后制品的体积增大倍数，即

$$膨化度=\frac{膨化制品的截面积}{挤压机模具孔口的截积}$$

一般情况下，膨化度在 5 以上，就充分疏松。有时，根据不同的要求，膨化度可控制在 10~20。同时挤压过程中物质的成分也会发生变化。

1. 挤压过程中的淀粉

马铃薯挤压食品原料中的主要成分是淀粉，原料中淀粉含量的高低以及在挤压过程中的变化，与产品的质量有十分密切的关系。马铃薯原料中的淀粉有直链淀粉和支链淀粉之分。原料经挤压机挤出后，糊化的淀粉分子相互交联，形成了网状的空间结构。该结构在挤出物迅速冷却、闪蒸掉部分水分后定型，称为膨化食品结构的骨架，给予产品以一定的形状。若原料中淀粉含量很低或根本不含淀粉，则很难达到较高的膨化程度，形成松散的产品结构。总体而言，淀粉含量高的原料经挤压后，易膨化，产品密度小。而且所含淀粉中，若直链淀粉含量高，则产品膨化度大，密度小。

2. 挤压过程中的蛋白质

蛋白质在水分含量较高时加热，会发生变性，产生絮状沉淀或形成凝胶结构。挤压的过程是高温、低水分的加工过程，过程中物料呈熔融状态，并经历了均质化的作用。在高温、高压的作用下，当物料被挤压经过模具时，原有的蛋白质中绝大多数蛋白质分子沿物料流动方向成为线性结构，并产生分子间重排。

挤压过程中，除了蛋白质的变性和组织化外，蛋白质的含量也有变化。一般情况下，经挤压后蛋白质（总氮）含量有所下降。但蛋白质含量的下降，并不是以氨基酸按比例下降的，有些氨基酸下降程度大，损失多，有些氨基酸损失少。

3. 挤压过程中的脂肪

在相同条件下，挤压食品与其他类型的食品相比往往具有较长的货架期，其原因与挤压加工的特点有密切的关系，原料一般经过挤压加工后，淀粉糊化，蛋白质变性，生长抑制因子已经被破坏，脂肪氧化酶和脂肪水解酶也被破坏。挤压过程是一个高温、高压的过

程，对产品起到了很好的杀菌作用。另外，挤压产品的水分含量一般较低。除了这些原因使产品易于保存外，一般认为，由于脂肪在挤压过程中能够与淀粉和蛋白质形成复合物，而这些复合物又能降低挤压产品在保存时的氧化现象，所以在一定程度上起到了延长产品货架期的作用。

挤压温度越高，挤出样品中的游离脂肪含量越高，复合体的生成量越少。与此相仿，原料水分含量越高，挤出样品中的游离脂肪含量也越高，复合体的生成量也越少。挤出产品中的游离脂肪含量高，易发生氧化酸败现象，缩短产品的货架期。脂肪复合体的生成，使得脂肪受到淀粉和蛋白质的保护作用，对降低脂肪的氧化速度和氧化程度，延长产品的货架期起到了积极的作用。

4. 挤压过程中的甜味剂

为了使挤压食品具有良好的口味，加入一些甜味剂往往是必不可少的。甜味剂的加入一般有两种形式：一种是将甜味剂混合在原料里，经挤压后，甜味剂会更均匀地分布于产品中，这种得到的产品风味柔和；另一种方式是将甜味剂均匀喷洒于挤出产品的表面，得到的产品往往入口较甜，但过后触及内部无味，产品口感不均一。用第二种方式生产时，糖要先经粉碎，制成糖粉，或制成晶粒很细的糖。许多厂家生产采用两种方式相结合，把一部分甜味剂混在原料里，一部分喷洒于产品表面。

常用的甜味剂有蔗糖、葡糖糖、麦芽糖、淀粉糖浆、果葡糖浆、甜菊苷、糖精、蛋白糖等，其中最常用的是蔗糖。

糖在挤压过程中呈熔融状态，如果温度超过250℃，则很容易焦糖化。焦糖色暗、味苦，会影响到产品的口感、风味和膨化率。若焦糖化程度严重，还会增大挤压的功率消耗，甚至出现堵机现象。

挤压膨化过程中，糖除了产生焦糖化现象外，即使在温度较低时，还能够与氨基酸作用产生美拉德反应，尤其是还原糖。美拉德反应除了造成氨基酸损失外，还会使产品色泽变暗。

糖的加入会降低产品的膨化率，还会降低原料中淀粉的糊化率。一般情况下，含糖量在10%以下，对膨化率的影响较小，但含量大于15%时，就会产生较明显的影响。通常，含糖量为10%~15%，会获得较满意的口感。

将甜味剂喷洒于产品的表面，虽然可以避免糖化反应（美拉德反应），避免对膨化率和糊化率产生影响，但这样的产品除了以上所述的甜度口感不均匀外，还容易吸潮，且对产品的包装和保存提出了更高的要求。

5. 挤压过程中的调味料

为了使产品风味可口，生产过程中加入调味料是十分普遍的。但要得到较好的调味效果，所使用的调味料必须与天然产品的香气和风味尽可能一致或相似，而且对挤压产品的口感和组织状态不产生影响。调味料最好能均匀地分散于产品中，至少应做到均匀分布在产品表面。挤压过程是一个高温、高压过程，这一特点对某些调味料的加入是有利的。例如，用巧克力、咖啡作调味料时，若直接混合于原料中，经高温、高压和剪切处理后，能均匀无风味损失地散于产品中。高温、高压的过程还有利于风味的形成，但对于大多数的调味品，如各种风味的香精、海鲜调味料等，经过高温、高压的挤压加工后，不仅造成香气的损失，还会产生异味。因此，调味料的加入应根据调味料的特点，分别对待使用。

如前所述，根据调味料的特点，它可以在挤压之前加入，也可以在挤压之后拌入或喷涂。普通调味料和大多数的香辛料可在挤压前加入，浓缩调味料采用后期喷涂的办法有较好的效果，也可采用挤压前混合与挤压后喷涂相结合。

调味料在挤压之前混入原料可使调味料十分均匀地分散在产品组织里面，并使形成的风味柔和、均匀。在产品的保存过程中，由于糊化之后的淀粉和蛋白质对香料的保护作用，香味成分不易挥发，也不易被氧化，不会造成风味的下降或改变。但是由于挤压过程高温高压的特点，会诱使一些热敏性风味成分在挤压加工时发生变化。挤出物在挤出模具后，也会由于水分的闪蒸而失去较多的芳香成分。为此，若要保护产品风味，生产挤压加工食品就必须增加调味料的使用量，通常高达15%才能满足口味要求，是常规用量的2倍多。

采用后期喷涂方法虽然避免了挤压过程中的风味改变和损失，但得到的产品风味不柔和、不均匀，并且该操作还要配备相应的设备。为了防止挤压过程中风味的变化和损失，许多研究者做了大量的工作，如利用微胶囊技术，即采用包容法试图减少芳香成分的挥发，但收效不大。现在，工厂生产普遍采用挤压前混合与挤压后喷涂相结合的方式。

6. 挤压过程中的色素

在挤压食品生产过程中添加色素，能够增加食品的视觉吸引力，提高其商品价值。目前应用于食品的色素有天然色素和合成色素两大类。天然色素安全性高，易被人们接受。消费者选择食品时，除了注重风味、口感、营养价值外，非常重视其食用安全性。因此，从安全性角度考虑，天然色素拥有得天独厚的优势。但是天然色素性质不稳定，不易拼色，极易受到光、热、酸、碱、氧化等影响而发生变色、褪色现象，因此它在食品工业应用上有较大的局限性。目前常用的天然色素种类较少，经常使用的有胡萝卜素、姜黄素和红曲色素等。

合成色素性质稳定，染色效果好，着色力强，并且很易拼色，可调配成各种色泽。虽然其安全性相对于天然色素较差，但它使用方便，成本低，再加上目前还没有合适的天然色素来替代合成色素，因此它的使用十分广泛。使用合成色素时务必注意使用量不得超过标准范围。

生产上色素作为一种添加剂，其使用量很少。因此在使用时，如果保证色素在产品中分散均匀是首先要考虑的问题。若直接应用固体或粉末状色素与原料混合，除了难以均匀拼色外，还难以达到使产品色泽均一的要求，这样生成的产品有的色泽淡，有的产生色淀，形成色斑。因此，一般先将色配制成一定浓度的溶液（一般控制为10%~30%），然后再进行拼色和混色。混合时，可以先用少量原料与它混合均匀，然后再与大量原料混合均匀，以便取得较好的着色效果。

食品生产过程中，有时采用单一色难以满足调色的要求，可能要用几种颜色配用，达到形成不同颜色的要求。

使用几种色素调色时，应充分注意各种色素的性质，有些色素性质稳定，有些则不稳定。稳定的色素在产品加工保存过程中不易褪色；不稳定的色素易褪色，这样就会使挤压加工保存后的产品色泽偏离原先调成的颜色。例如采用柠檬黄与靛蓝调成绿色对产品着色，由于柠檬黄稳定，而靛蓝相对不稳定，尤其是受热更易褪色，经高温、高压挤压之后，就会使挤出物颜色偏离原先调成的颜色，产品绿色不足，黄色有余。同时，产品在保存过程中，也会发生色泽由绿至黄缓慢变色的现象。因此，使用色素时，应充分考虑各种色素的具体性质。

食品挤压过程中，高温条件会造成部分色素分解褪色。另外，色素还会与蛋白质、糖、金属离子作用导致色泽变化。产品经挤出膨化后使色泽比原先调配的色泽淡。在使用量许可的范围内，适当提高色素用量，可以改善以上不足。

7. 挤压过程中的维生素和矿物质

大多数维生素受热不稳定，它在加工过程中的损失不可避免。但物料在高温下受热时间很短，故实际上是一高温短时（HTST）过程。物料模具出来后，由于水分的闪蒸，带走了大量热量，使物料稳定迅速下降。通常，若挤压时腔体温度是180℃左右，则挤出模具后，温度能瞬间降到70~80℃。总体上讲，物料的受热强度不太大，故维生素损失也不太严重。另外，物料在腔内与空气接触少，维生素A、维生素C等易发生氧化的维生素也不会因为氧化而产生过多的损失。Muelenaeve等通过实验发现，挤压过程中维生素C大约有70%被保留下来，维生素A的保留在50%~140%变动。之所以有140%出现，据Muelenaeve解释，可能是由于挤压过程中产生某种物质，其颜色与维生素A相似，检测时一并被误测成维生素A所致。不过，可以肯定挤压过程确实提高了维生素A的可提取性。

挤压食品中也经常强化一些微量元素，如铁、钙、碘、镁、锌等。通常使用相应的添加剂有硫酸亚铁、硫酸锌、硫酸钙、三磷酸钙、碘盐等，它们在挤压过程中一般不发生变化。由于强化量很少，这些添加剂的加入对产品的膨化率不产生影响。但有资料报道，盐的加入会提高淀粉的糊化率。添加铁盐时，由于游离亚铁离子存在，会与食品中的其他组分发生反应而引起色泽的变化。另外，铁离子存在会加速脂肪的氧化。

第8章　马铃薯发酵食品加工

8.1　发酵食品概述

发酵的概念最早来源于酿酒的过程。“发酵”原来指的是轻度发泡或沸腾状态。随着人们对发酵认识的不断增加，发酵的概念也逐渐成熟。

从生理学和生物化学的角度来看，发酵应理解为在缺氧状态下糖类的分解。而在发酵工业上发酵则是利用微生物的代谢活动，通过生物催化剂（微生物细胞或酶）将有机物质转化为产品的过程。

食品发酵泛指食品原料在微生物的作用下转化为新的食品类型或饮料的过程，这种类型的食品总称为“发酵食品”。发酵食品是一种色、香、味、形等逐项调和的特殊食品，它是食品原料（包括本身的酶）经微生物作用所产生的一系列特定的酶所催化的生物、化学反应总和的代谢活动的产物。它包括生物合成作用，也包括由原料降解的分解作用，以及推动生物合成过程所必需的各种化学反应。例如食醋的生成是由乙醇经醋酸菌的氧化作用而实现的。

实际上发酵食品本质上是糖类、蛋白质和脂肪等同时变化后的复杂混合物，或在各种微生物和酶依照某种顺序作用下形成的复杂混合物，所以发酵制品的发酵过程事实上包括发酵、朊解、脂解等多种变化的综合作用。

传统发酵食品工艺中的微生物类群来源于自然界，而现代科技则采用微生物纯培养，这不仅能提高原料利用率，缩短生产周期，而且便于机械化生产，但对传统食品的风味却有一定影响。

8.1.1　发酵食品与微生物

微生物在自然界的分布极其广泛，种类繁多、繁殖很快，在发酵食品的生成过程中起着巨大的作用。在这些微生物种类中，有些是发酵食品生成中有益的微生物，如乳酸菌、酵母菌等。这类微生物是食品发酵的动力。在发酵食品生产中，由于这些微生物的参与，使发酵食品具有丰富的营养价值，且赋予产品特有的香气、色泽和口感。而另外一些微生物则是发酵工业中的有害菌，它们阻碍着发酵过程的进行，甚至会引起发酵食品的变质、变味，有的还会产生有毒物质。

1. 发酵食品与细菌

细菌在自然界分布甚广，特性各异，在这类菌中，有的是发酵工艺中的有益菌，有的是有害菌。

（1）链球菌属

该菌种细胞呈球形或卵圆形，成对或成链排列。革兰氏染色阳性，无芽孢，一般不运动，不产生色素，但肠球菌群中某些菌种能运动或产色素。兼性厌氧，化能异养，葡萄糖发酵的最终产物为乳酸。有些菌种可用于生产发酵食品，主要有嗜热链球菌和乳链球菌。

（2）明串珠菌属

该菌种细胞呈球形或透镜状，成对或成链排列。革兰氏染色阳性，兼性厌氧，不还原硝酸盐，最适生长温度为20～30℃，发酵葡萄糖产生乳酸、乙醇和二氧化碳。

（3）乳酸杆菌属

该菌种为革兰氏阳性杆菌，细胞从短的球杆状到长杆状，单生、成对或成链，通常不运动，厌氧或兼性厌氧。利用葡萄糖发酵产生的最终产物中至少50%为乳酸，其他副产品有乙酸、二氧化碳和乙醇等。本属包括许多种，根据发酵葡萄糖产生乳酸的情况可分为同型发酵和异型发酵两个群。本属中的某些种可用于生成乳酸及乳酸发酵食品，主要有保加利亚乳杆菌、德氏乳杆菌、乳酸乳杆菌、瑞士乳杆菌、植物乳杆菌。

（4）芽孢杆菌属

该菌种为革兰氏阳性杆菌，需氧，能产生芽孢，端生或周生鞭毛。它在自然界分布很广，在土壤、水中尤为常见。其中枯草芽孢杆菌是分解蛋白酶及淀粉酶的菌种，纳豆杆菌是纳豆和豆豉的生产菌。

（5）醋酸杆菌属

该菌种细胞呈椭圆形杆状，革兰氏染色阳性，无芽孢，有鞭毛或无鞭毛，运动或不运动，醋酸杆菌属的形态不稳定，老化细胞或在不适宜条件培养，菌细胞常出现多形态性。其中周生鞭毛菌可将醋酸氧化成二氧化碳和水。严格好氧，接触酶反应阳性，具有醇脱氢酶、醛脱氢酶等氧化酶类，因此除能氧化酒精生产醋酸外，还可氧化其他醇类和糖类生成相应的醛和酮。某些菌株耐酒精和耐醋酸能力强，不耐食盐，因此醋酸发酵结束后，添加食盐除调节食醋风味外，还可防止醋酸菌继续将醋酸氧化为CO_2和H_2O。在制醋工业中，常用的菌种有纹膜醋酸杆菌、奥尔兰醋酸杆菌、许氏醋杆菌和醋酸杆菌AS1.41。其中醋酸杆菌AS1.41是我国酿醋工业常用的菌种之一，产醋酸量6%～8%，可将醋酸进一步氧化为CO_2和H_2O，最适生长温度为28～30℃，耐酒精浓度8%。

2. 发酵食品与霉菌

霉菌属于真菌，在自然界分布极广，已知的约有5000种以上，在发酵食品中常用的霉菌有毛霉菌、根霉属、曲霉属、红曲属。

（1）毛霉菌

毛霉菌具有分解蛋白质的功能，可用来制造腐乳。某些菌种具有较强的糖化力，可用于酒精和有机酸工业原料的糖化和发酵，主要有总状毛霉和鲁氏毛霉。

（2）根霉属

根霉与毛霉类似，能产生大量的淀粉酶，是可用于酿酒、制醋业的糖化菌，主要有米根霉和华根霉。

（3）曲霉属

曲霉属是发酵工业和食品加工方面应用的重要菌种，常见的有米曲霉、黄曲霉和黑曲霉。

（4）红曲属

红曲霉菌落初为白色，老熟化后变成粉红色、紫红色或灰黑色等，通常能产生红色色素。

红曲霉能产生淀粉酶、麦芽糖酶、蛋白酶，有些种能产生鲜艳的红曲霉红素和红曲霉黄素，可作为食品的染色剂或用来生成红酒、食醋等。

8.1.2　食品发酵工艺分类

食品发酵工艺根据涉及的主要微生物种类可分为单菌发酵和混合发酵。

1. 单菌发酵

单菌发酵过程中只使用一种微生物，如生产嗜酸乳杆菌奶、啤酒等食品。这种发酵在现代发酵工业中最常见，但在传统发酵工业中并不多见。

2. 混合发酵

混合发酵是指采用两种或两种以上的微生物发酵技术。它是传统发酵最常用的发酵方式，根据所用菌种被人们了解的程度可分为两类：

（1）利用天然的微生物菌种进行混合发酵，如传统的酿酒、制醋、做酱和酱油以及干酪等工艺。这些发酵食品虽然在工艺上有了许多改进，但仍然保持着原来的基本技术，即采用自然的微生物菌群。这种混合发酵有多种微生物参与（在微生物之间还必须保持一种相对的生态平衡），其产物也是多种多样的，发酵过程较难控制，在许多情况下还依赖于实践的经验。

（2）利用已知的纯种进行混合发酵，如酸牛奶发酵、液态酿酒新工艺等，这是食品发酵的发展方向。只有到了这个程度，实现发酵食品生成的全面现代化才会成为可能，发酵食品的安全性才能得到保障。

8.2　马铃薯发酵食品加工工艺

8.2.1　马铃薯酸乳加工工艺

联合国粮农组织（FAO）、世界卫生组织（WHO）与国际乳品联合会（IDF）对酸乳作出如下定义：酸乳是以牛（羊）乳或乳粉为原料，由保加利亚乳杆菌和嗜热链球菌的作用进行发酵而得到的产品，最终产品中必须含有大量的活菌。

1. 发酵乳的分类

（1）按成品的组织状态分类

①凝固型酸乳：乳品在包装容器中进行发酵，从而使成品因发酵而保留其凝乳状态。

②搅拌型酸乳：成品是先发酵后灌装而得的，发酵后的凝乳因在灌装前和灌装过程中被搅碎而成黏稠状的半流动状态。

（2）按成品口味分类

①天然纯酸乳：只由原料乳加菌种发酵而成，不含任何辅料和添加剂。

②加糖酸乳：由原料乳和糖加入菌种发酵而成。

③调味酸乳：在天然酸乳和加糖酸乳中加入香料而成。

④果料酸乳：由天然酸乳与糖、果料混合而成。

⑤ 复合型或营养健康型酸乳：通常在酸乳中强化不同的营养素（维生素、食用纤维等）或在酸乳中混入不同的辅料（如谷物、干果等）而成。

2. 发酵剂的制备

（1）发酵剂的概念和作用

①发酵剂的概念：发酵剂是生产发酵乳制品所用的特定有益微生物的培养物。它含有一种或多种活性微生物，能够促进乳的酸化过程。

②发酵剂的作用：

a. 乳酸发酵。通过乳酸菌的发酵，使乳中的乳糖转变为乳酸，乳的 pH 降低，产生凝固和形成风味。随着酸度的增加，乳中酪蛋白所带的负电荷逐渐消失，当 pH 为 4.6 时，酪蛋白所带的负电荷完全消失，酪蛋白颗粒互相聚合形成三维网状结构，这样便形成了酸乳凝块。

b. 产生风味。明串珠菌、丁二酮链球菌与部分链球菌和杆菌使乳中所含的柠檬酸分解产生一定的风味，同时蛋白质和脂肪也会在分解菌的作用下，产生一定风味。

c. 产生抗菌素。乳酸链球菌和乳油链球菌中的个别株菌能产生乳酸链球素和乳油链球菌抗生素，可防止酪酸菌的污染。

（2）发酵剂菌种的选择

菌种的选择对发酵剂的质量起着重要作用，应根据生产目的的不同选择适当的菌种。酸乳生产中常用的乳酸菌种是保加利亚乳杆菌和嗜热链球菌，其比例通常是 1：1，两种菌种的混合物在 45~50℃乳中发酵 2~3h 即可达到所需的凝乳状态与酸度。但由于菌种生产单位不同，杆菌与球菌的活力也不同，在使用时其配比应灵活掌握。

3. 马铃薯酸乳的加工

（1）基本生产工艺

原料乳→预处理

↓

马铃薯→洗净→预处理→混合→均质→灭菌→冷却→加发酵剂→灌装→发酵→冷却→后熟→成品。

搅拌型酸乳工艺与该流程所不同的是先发酵后灌装。

（2）操作要点

①马铃薯预处理

马铃薯预处理的目的是将马铃薯熟化。首先将无外伤、无虫蛀、无出芽的新鲜马铃薯洗净，除去表面泥土杂质和部分微生物。由于马铃薯皮中含有生物碱、龙葵素等有毒物质，必须去皮。去皮和熟化的顺序由熟化方法决定，若用 100℃以上高温烘烤，则应后去皮；若加水烧煮，则应先去皮。熟化可杀死微生物，钝化酶的活性，将生淀粉转化为熟淀粉便于吸收。同时，部分淀粉在自身酶的作用下能转化为可发酵性糖，有利于菌种发酵。将熟制的马铃薯制成糊状，进行下一步操作。

②原料乳的选用

选用符合质量要求的鲜乳为原料乳，总乳固体不低于 11.5%。如果乳固体含量低，在配料时可添加适量的乳粉，以促进凝乳的形成。原料乳中不得含有抗生素、杀菌剂、洗涤剂、噬菌体等阻碍因子，否则会影响乳酸菌的生长，使发酵难以进行。

③混合、均质

将马铃薯糊与经检验合格的原料乳按一定比例混合均匀，然后进行均质，其条件为温度 50～60℃，压力 14～19MPa。该操作的目的是使原料乳中的脂肪球颗粒均匀分散，增加混合液的黏度，提高乳化稳定性。混合时，需添加一定量的白砂糖。混合均匀后的混合液无分层现象，性质稳定。

④马铃薯和蔗糖的添加量

a. 马铃薯添加量：由于马铃薯富含淀粉，有一定增稠和稳定作用，加之所含多种酶在前期处理时可使部分淀粉转化为可发酵糖。因此，它的添加量对产品酸度及组织状态影响较大，添加少，产酸低，发酵速度慢；添加多，易使混合奶液中蛋白质含量相对降低，影响凝乳状态。较为适宜的马铃薯添加量为 20%。

b. 蔗糖添加量：适量添加蔗糖能促进乳酸菌产酸，并形成一定风味。若添加过多，则成品甜度增加，会遮盖酸奶特有的风味。蔗糖添加量以 5%为宜。

⑤杀菌和冷却

杀菌的目的在于消灭原料中的杂菌，去除钝化原料中对发酵菌有抑制作用的天然抑制剂，确保乳酸菌的正常生长与繁殖。高温热处理可使牛乳中的乳清蛋白充分变性，排除发酵液中的氧气，钝化酶的活性，有利于发酵菌生长产酸。但灭菌时间越长，营养物质损失越多，通常以 132℃下 2s 的瞬时高温灭菌为好，也可采用“90～95℃、15min”的巴氏杀菌法。

巴氏杀菌的温度和时间是非常重要的，应依照乳的质量和所要求的保质期等进行精确规定。由于各国的法规不同，巴氏杀菌的温度和时间也不尽相同，表 8-1 列出了生产过程中巴氏杀菌法的主要热处理方法。

表 8-1　　巴氏杀菌法的主要热处理方法

工艺名称	温度/℃	时间/s
预杀菌	63～65	15
低温长时巴氏杀菌（LTLT）	63	1800
高温短时巴氏杀菌（HTST）	72～75	15～20
	85～90	10～15
	94～98	10～15
超高温巴氏杀菌	125～138	2～4

杀菌后的原料应迅速冷却到菌种最适增殖温度范围 40～43℃，最高不宜大于 45℃，否则对产酸及酸凝乳状态有不利影响，甚至出现严重的乳清析出。

⑥菌种和接种量

接种是造成酸乳受微生物污染的主要环节之一，为防止霉菌、酵母、噬菌体和其他有害微生物的污染，必须采用无菌操作方式。

在乳酸菌发酵过程中，双菌混合优于单菌。混合发酵初期，当 pH 值达 5.5 时，保加利亚乳杆菌分解乳蛋白产生短肽及氨基酸，能促进嗜热链球菌发育，嗜热链球菌分解蛋白产生甲酸和丙酸，又能促进保加利亚乳杆菌生长，形成共生现象。开始链球菌比乳杆菌发育快，由于乳杆菌比链球菌耐酸，随温度上升，乳杆菌繁殖加快，链球菌繁殖减慢，二者配合进行发酵时，以1∶1为最好。且接种前将发酵剂进行充分搅拌，将凝乳完全破坏，为了乳酸菌从凝乳块中分散出来。

接种量对发酵最终的pH值和总酸度影响不太显著，但对发酵速度特别是前发酵速度影响很大。接种量小，前发酵速度慢，易受杂菌污染；接种量大，发酵速度加快，能避免杂菌污染，但易使微生物细胞衰老并发生自溶，细胞自溶释放的物质会给发酵液带来不良影响。接种前对发酵剂的活力进行检测，根据活力检测情况确定接种量，一般接种量为2%~4%。

⑦灌装

接种后经充分搅拌的物料应立即连续灌装到容器中。主要包装形式有瓷瓶、玻璃瓶、塑料杯、塑料袋、复合纸盒等。在装料前需对玻璃瓶、陶瓷瓶进行蒸汽灭菌，一次性塑料杯、塑料瓶可直接使用。

⑧发酵温度

发酵温度是微生物发酵的重要参数之一。在发酵过程中，尽可能要求生产用菌种能耐较高温度，以减少冷却设备，缩短生产周期。前发酵温度控制在45℃有利于发酵速度和产品风味。当前发酵液酸度达1.0%左右转入低温发酵，主要以低温控制乳酸菌新陈代谢，改善风味。后期发酵温度在5℃左右。而高杨通过实验确定了马铃薯酸奶生产的最佳发酵工艺参数：白砂糖加入量8%、发酵时间6h、发酵温度43℃。按此工艺参数制备的马铃薯酸奶，色泽均匀，组织状态较好，口感细腻，符合标准要求。由于选用原料不同，工艺条件略有差别。

⑨ 冷却、后熟

达到发酵终点的酸乳需进行迅速冷却，以便有效地抑制乳酸菌的生长，降低酶活力，防止产酸过度，还可以降低和稳定脂肪上浮和乳清析出的速度，使酸乳逐渐形成坚固的凝固状态。

冷藏于2~8℃的冷库中12~24h，风味成分继续产生，多种风味物质相互平衡形成了酸乳的特殊风味，这段时间成为后熟期。

8.2.2 马铃薯食醋加工工艺

食醋是一种含有醋酸的酸性调味料，主要成分为乙酸、高级醇类等。食醋的味酸而醇厚，液香而柔和，是烹饪中一种必不可少的调味品。食醋酸味强度的高低主要由其中所含醋酸量的大小所决定，根据产地、品种的不同，食醋中所含醋酸的量也不同，一般在5%~8%。食醋中除含有醋酸以外，还含有对身体有益的其他营养成分，如乳酸、葡萄糖酸、琥珀酸、氨基酸、糖、钙、磷、铁、维生素B_2。

食醋由于酿制原料和工艺条件不同，风味各异。按制醋工艺流程来分，可分为酿造食醋和配制食醋，最重要的是酿造食醋。酿造食醋是指单独或混合使用各种含有淀粉、糖的物料或酒精，经微生物制曲、糖化、酒精发酵、醋酸发酵等阶段酿制而成的。配制食醋则是以酿造食醋为主体，与冰醋酸、食品添加剂等混合配制而成的调味食醋。

食醋按原料不同可分为米醋、酒醋、糖醋、醋酸醋，其中米醋以粮谷为主要原料，酒醋以蒸馏酒（如白酒）、果酒、酒精等原料氧化而成，糖醋以饴糖、糖渣、甜菜废丝及废糖蜜等酿造而成，醋酸醋以食用级冰醋酸兑制而成。

酿造食醋按发酵工艺可分为两类：一类为固态发酵食醋，是以粮食及副产品为原料，采用固态醋醅发酵酿制而成的食醋；另一类为液态发酵食醋，是以粮食、糖类、果类或酒精为原料，采用液态醋醅发酵酿制而成。

食醋生成的原料按工艺要求，一般可将醋原料分为主料、辅料、填充料和添加剂四类。主料是能被微生物发酵而生成醋酸的主要原料，包括含淀粉质或含糖、含酒精的物质，如谷物、薯类、果蔬等，我国多以粮食为原料制醋。辅料可以提供微生物活动所需要的营养物质并增加食醋中糖分和氨基酸的含量，一般使用细谷糠、麸皮或豆粕。固态发酵制醋需要填充料，主要作用是疏松醋醅，积存并使用空气流通，以利于醋酸菌进行好氧发酵。常用填充料有谷壳、稻壳、高粱壳、玉米秸等，添加剂包括食盐、砂糖、芝麻、茴香、生姜、炒米色等。

1. 食醋酿造原理

食醋的酿造过程以及风味的形成是由于各种微生物所产生的酶引起的生物化学作用，食醋酿造主要包括淀粉分解、酒精发酵和醋酸发酵三个过程。

（1）淀粉水解

将淀粉质原料经过粉碎使细胞膜破裂，再经蒸煮糊化，加入一定量的淀粉酶，使糊化后的淀粉变成酵母能够发酵的糖类。由淀粉转化为可发酵性糖的过程称为糖化。

在糖化发酵时所用霉菌中的酶包括 α-淀粉酶、糖化酶、转移葡萄糖苷酶、果胶酶、纤维素酶等，由于这些酶的协同作用，使淀粉分解生成葡萄糖、麦芽糖，再由酵母生成酒精。还有少部分非发酵性糖变成残糖而存在醋中，使食醋带有甜味。

（2）酒精发酵

淀粉水解后生成的大部分葡萄糖被酵母菌在厌氧条件下经细胞内一系列酶的作用，完成糖代谢过程，生成乙醇和二氧化碳。根据计算，一分子的葡萄糖生成两分子的酒精和两分子的二氧化碳。具体来说，100 份葡萄糖生成 51. 11 份酒精及 48. 89 份二氧化碳，但其中 5. 17%的葡萄糖被用于酵母的增殖和生成副产品，所以实际所得的酒精量为理论数的 94. 83%。这些副产物有甘油和琥珀酸、醋酸、乳酸等，是食醋香味的来源。

酒精发酵不需要氧气，所以要求发酵在密闭条件下进行。如有空气存在，酵母仅进行酒精发酵，而且部分进行呼吸作用，而使酒精产量降低，糖的消耗速率也减慢。

（3）醋酸发酵

醋酸发酵是依靠醋酸菌氧化酶的作用，将酒精氧化生成醋酸，其反应式为：

$$C_2H_5OH + O_2 \longrightarrow CH_3COOH + H_2O + 485.6kJ$$

理论上，1 份酒精能生成 1. 304 份醋酸。实际生产中，由于醋酸的挥发、氧化分解、酯类的形成、醋酸被醋酸菌作为碳源消耗等原因，一般 1kg 酒精只能生成 1kg 醋酸，也就是 1L 酒精可以生成 20L 醋酸含量为 5%的食醋。

2. 醋酸的糖化发酵剂

（1）固体曲

用马铃薯等淀粉质原料酿醋必须经历糖化、酒精发酵、醋酸发酵三个生化阶段。传统的酿醋方法是以自然接种培养的固体曲，如大曲、小曲、麦曲等作为发酵剂，糖化和发酵

（酒精发酵和醋酸发酵）同时进行，没有明显的阶段。由自然接种培养固体曲，在制作过程中，多种微生物生长繁殖，可产生多种酶系和多种代谢产物，因此酿出的醋风味和质量均优。如果采用纯菌种培养的固体曲代替自然接种培养的固体曲时，还必须添加人工培养的酒母，才能保证酒精发酵的顺利进行。实践证明，发酵剂质量的好坏直接影响到原料的出品率及产品的风味。由于各种醋的产地不同，所以采用的原料及制作的固体曲也不一样。常用的固体曲如下：

①大曲。大曲是用生料制曲，依靠从自然界带入的多种微生物在原料中富集，经过扩大培养，保藏了各种对酿酒、酿醋有益的微生物，再经风干、储藏，即为成品大曲。大曲便于保管和运输，但对淀粉的利用率低，生产周期也较长。大曲中的微生物有根霉菌、犁头霉属、毛霉、黄曲霉群、黑曲霉群、红曲霉属、白地属、酵母菌属、汉逊酵母、乳酸菌、醋酸菌、芽孢杆菌属、假丝酵母菌等。

②小曲。小曲具有糖化与发酵的双重作用，制造方法简单，储藏与使用较为方便。小曲通常是以米粉或米糠为原料，添加或不添加中草药，并接种曲种或接种纯根霉和酵母培养而成。传统小曲所含的微生物包括根霉、毛霉、黄曲霉、黑曲霉和酵母等，其中主要的霉菌是根霉。

根霉含有丰富的淀粉酶，其液化型淀粉酶与糖化型淀粉酶之比为1∶3.3，而米曲霉则为1∶1，黑曲霉为1∶2.8。可见，小曲中根霉的糖化型淀粉酶特别丰富，它能将淀粉较完全地转化为可发酵型糖。根霉还具有酒化酶，能边糖化边发酵。此外，根霉还具有产生乳酸等有机酸的酶系，不仅对提高淀粉出醋率有利，而且对提高醋的风味也有利。

③麦曲。麦曲在酿造香醋中占有重要位置，它的主要作用是作为糖化剂，同时它与醋的风味也有密切的关系。制作麦曲的原料是生小麦，可掺入少量大麦（小麦90%，大麦10%）。小麦经过扎碎、拌曲、成型、曲包、堆曲、保温培养成为成品。

麦曲属于自然培养的生麦曲，为了稳定和提高曲的质量，也可拌入少量优质陈麦曲作菌种。麦曲中尤以米曲霉、根霉和毛霉最多，还有少量的黑曲霉、灰绿曲霉及青霉等。

④红曲。红曲也称红米，它是将红曲霉接种在蒸熟的米饭上培养制成的。当红曲霉在灿米上生长时能分泌出红色素，把培养基染得鲜红发紫。红曲霉适宜在灿米淀粉上培养，喜好醋酸和低度酒精（4%~6%），需要生长在高温高湿的环境中，氧化力强。

红曲广泛用于红曲醋和玫瑰醋的酿造。

⑤麸曲。传统制醋所用的大曲、小曲和麦曲都是利用自然环境中的微生物，在原料上繁殖而成的。由于菌种的来源受环境条件影响大，因而成曲质量差异较大，产品的质量不稳定，原料利用率低。为了提高原料利用率和出醋率，降低生产成本，目前许多厂家已经采用人工纯培养的方法，选用性能优良的株菌接种制成麸曲应用。

麸曲是以麸皮为主原料。加入适量的疏松材料，接入纯种曲霉培养而成。采用人工纯种培养制成的麸曲，糖化力强，操作简单，生产成本较低，对原料的适应性强，制曲周期短。但是采用麸曲时，必须添加酒母，才能进行酒精发酵。因麸曲制曲的时间与大曲、小曲相比，均大为缩短，故又称快曲。利用麸曲制曲的优点是工艺简便，发酵周期短，原料出醋率高，生产成本低，不足之处是风味尚不如传统曲。

（2）液体曲

液体曲是一种用曲霉菌或细菌在发酵罐内经深层培养所制成的一种液态的含淀粉酶的

曲，可以代替固体曲用于酿醋。利用液体曲制醋是近年来发展起来的一项酿醋新技术，对稳定酒精产量效果良好，液体曲的特点是单位原料产生的淀粉酶活力高，其生成机械化程度高，设备投资大，动力消耗大，技术要求高，目前国内使用很少。

（3）酒母

纯种酵母菌经过多次扩大培养，获得的供酒精发酵用的醪液称酒母。这是一种人工接种培养成的用于酒精发酵的酵母菌液，能使淀粉糖化后生成的糖在厌氧条件下转变为酒精。

在传统工艺中，酒精发酵是依靠固体曲及环境中的酵母菌繁殖进行的。采用纯种曲霉培养的麸曲做糖化剂时，酵母菌则主要依靠人工培养制成的酒母来提供，所产生的醋风味略逊于自然曲种醋，但出醋率和淀粉利用率较高，产品质量稳定。

（4）醋母

醋母是指人工扩大培养繁殖的用于醋酸发酵的醋酸菌种。醋酸发酵主要是依靠醋酸菌的作用，醋酸菌可将酒精氧化为醋酸。传统的酿醋工艺完全依靠空气，填充料、工具、发酵池等自然环境中附着的醋酸菌，其发酵通常比较缓慢，周期较长，出醋率一般较低。在进行产生发酵时，如果添加醋母，则可缩短发酵周期，提高出醋率。

3. 醋酸的微生物

（1）淀粉糖化微生物

如今酿醋业除一些厂家仍采用传统的自然接种工艺外，大多数厂家已采用经过人工选育的优良纯菌种工艺，能产生淀粉酶。使淀粉糖化的微生物很多，其中适用于酿醋的糖化菌是曲霉。目前应用较多的糖化曲霉有甘薯曲霉、邬氏曲霉、黑曲霉、黄曲霉、河内白曲霉、红曲霉等。

（2）酒精发酵微生物

在传统的酿醋生产中，进行酒精发酵的酵母菌是来自于自然环境，并在种曲里和其他霉菌、细菌共同生长繁殖。种曲中微生物的种类多，可产生多种代谢产物，使产品具有独特的风味。但由于自然菌种的发酵能力有强有弱，加之酵母菌与其他菌在一起，培养条件受限制，酵母菌的数量也受到影响，故传统工艺中的酒精发酵周期长，质量也不一致。采用纯种培养的优良酵母液作发酵剂，可以克服这些弱点，特别是用麸曲作糖化剂时，酵母液的培养更为重要。

酿醋中使用的纯酵母菌应具有发酵能力强，繁殖速度快、耐酒精能力强、生成性能稳定、变异性小等优点。目前我国生产中使用的酵母菌，基本上与酒精、白酒、黄酒生产所用的酿酒酵母菌相同。

（3）醋酸发酵微生物

目前，我国许多企业仍然是利用自然环境中的醋酸菌进行自然发酵，产品质量不易控制，出醋率低。选育氧化酒精速度快、耐酸性强、不分解醋酸、制品风味好的醋酸菌种或采用多种优良的醋酸菌进行混合发酵，以稳定产品质量，是酿醋的一项重要工作。醋酸菌是醋酸发酵的主要菌种。根据对维生素的要求和对有机物同化性能等的差别，可将醋酸菌分为葡萄糖杆菌属和醋酸杆菌属两个属。目前国内外用于酿醋的产生菌多数属于醋酸杆菌属，主要包括醋化醋杆菌、奥尔兰醋杆菌、许氏醋杆菌、恶臭醋杆菌、弯曲醋杆菌和产醋酸杆菌。

食醋产量的高低，质量的好坏取决于菌种。优良的醋酸菌应产酸能力强，并能产生其他有机酸和芳香性酯类，生成醋酸后不进一步氧化。我国有些酿醋厂已经使用人工纯培养的醋酸菌，主要有两个菌株：一株是恶臭醋杆菌 AS1.41，是由中科院微生物所选育的；另一株是沪酿 1.01，是由上海酿造研究所和上海醋厂从丹东速酿醋中分离得到的。

4. 马铃薯加工食醋工艺

（1）生产工艺

原料选择→清洗→蒸煮→捣碎→配料→入瓮发酵→拌醋→熏醋→淋醋→包装→成品。

（2）操作要点

①原料选择。将收获的马铃薯块茎，经过认真挑选，将大薯及可作为商品的优质块茎以及留作食用的薯块拣出，把小薯块、有破损的薯块和不规则的劣质块茎用作加工食用醋。用这些劣质的块茎加工食用醋是一条农村变废为宝的致富门路。

把选择好准备加工食醋的薯块筛净泥土，利用清水冲洗干净。将清洗干净的马铃薯装入大口铁锅中加入水加热煮熟，一般从锅上见气开始，煮 20~25min 即可。

利用木杆或木槌，将煮好的马铃薯捣碎，捣成豆粒状或泥状。

②淀粉糖化。将捣碎的薯泥装入大缸中，加入醋用发酵剂拌匀，每 100kg 马铃薯加 30kg 左右凉水，在 25℃的室内温度下密闭进行糖化。一般 12h 后开始起泡，时起时伏。每天用木槌上下均匀搅动，上稀下稠。

③拌坯。把糖化成熟的马铃薯浆拌入谷糠麸皮。拌坯时要均匀，坯料的湿度为用手握稍滴水珠为宜（冬季稍干些），坯子拌好后倒入发酵缸内，盖严进行醋酸发酵。

④醋酸发酵。于 25~30℃的室内发酵，放入缸内的坯料，约 3 天开始产生醋酸，要上下翻缸，每昼夜翻动 3~4 次，使上下温度一致，料温最高不要超过 43℃。若料温过高，应采用将料稍压紧或倒缸的措施来控制。料温较高的时间不会超过 3 天，之后温度应逐渐下降至 30℃，直到酒精氧化成醋。发酵期大约为 12~15d（口尝酸甜味），醋坯定型，当酸度不再上升时，醋酸发酵结束，此时应立即加盐，以防止过氧化的发生，每 10kg 马铃薯可均匀拌入 3kg 食盐。

醋醅加盐后进行后熟期，品温逐渐下降，酸度不再上升，此时主要是有利于各种酯、酚等香味物质的形成，降低酸的刺激性，提高食醋的质量。

⑤淋醋。将经过后熟的醋醅，装入淋池，用二淋水浸泡 8~10h，淋出头淋醋；再用三淋水浸泡，淋出二淋水；最后用清水浸泡淋出三淋水。头醋用作半成品，二淋水和三淋水为下次淋醋备用。

淋醋时，应用套淋法，放头淋醋，醋醅露出液面时，便打入三淋水进行浸泡，不可待淋完头淋醋后再打入三淋水，否则淋不干净。

⑥熏醅。把发酵成熟的醋醅放置于熏醅缸内，缸口加盖，文火加热至 70~80℃，每隔 24 小时倒缸一次，共熏 5~7d，得到熏醅。熏醅具有特有的香气，色泽红棕且有光泽，酸味柔和，不苦不涩。熏醅后，可用淋出的醋单独浸淋熏醅，也可对熏醅和成熟醋醅混合浸淋。

⑦陈酿。有醋醅陈酿和醋液陈酿两种方法。醋醅陈酿是把加盐的成熟醋醅（醋酸含量在 7%以上）移入缸内压实，将醅面上覆盖一层食盐，缸口加盖，放置 10~20d 后翻醅一次，再进行封缸，陈酿数月后淋醋。醋液陈酿是把醋酸含量在 5%以上的半成品醋，也

即头醋封缸陈酿数月。经陈酿的食醋质量有显著提高，色泽鲜艳，香味醇厚，澄清透明。

⑧配制及包装。陈酿醋和新淋出的头醋都称为半成品，在出厂前均应按相关质量标准进行勾兑、沉淀和澄清。食醋加热杀菌时，可在食品安全国家标准范围内添加防腐剂，在80~90℃灭菌15~30min，然后进行包装，即成品醋。包装好的成品醋经检验合格方可出厂。

8.2.3　马铃薯加工黄酒

用马铃薯酿制黄酒，品质好，售价高，具有良好的市场竞争力，为马铃薯产区提供了一条致富之路。

1. 生产工艺

原料→预处理→配曲料→拌曲发酵→冷却降温→装瓶→灭菌→成品。

2. 操作要点

(1) 预处理

将无病虫和烂斑的马铃薯洗净去皮，入锅煮熟，出锅摊晾后倒入缸中，用木棒捣烂成泥糊状。

(2) 配曲料

每100kg马铃薯生料用花椒、茴香各100g，兑水20kg，入锅旺火烧开，再用温火熬30~40min，出锅冷却后，过滤去渣。再向10kg碎麦曲中倒入冷水，搅拌均匀备用。

(3) 拌曲发酵

将曲料液倒入马铃薯缸内，拌成均匀的稀浆状，用塑料布封缸口，置于25℃左右的温度下发酵，每隔一天开缸搅拌一次。当浆内不断有气泡溢出，气泡散后有清澈的酒液浮在浆上，飘出浓厚的酒香味，则证明发酵结束，停止发酵。姚立华等人研究了以马铃薯作为黄酒辅料的酿造工艺及条件。试验结果显示，添加与糯米同等量的新鲜马铃薯（按淀粉比：马铃薯占16%，糯米占84%），0.08%黄酒活性干酵母、13%麦曲、糖化酶1.28AGu/g（原料）、料水比为1：0.7，在28℃进行96h的前发酵，15℃下进行15~20d的后发酵可以酿制马铃薯黄酒。

(4) 冷却降温

为了防止产生酸败现象，应迅速将缸搬到冷藏室内或气温低的地方，开缸冷却降温，使其骤然冷却，一般在5℃左右冷却效果较好，通常也可以用流动水冷却。

(5) 装瓶灭菌

将酒浆冷却后，装入干净的布袋，压榨出酒液。然后，用酒类过滤器过滤两遍，将酒装入瓶中，放入锅中水浴加热到60℃左右，灭菌5~7min，压盖密封即可。

酒糟含有大量的蛋白质、氨基酸、活性菌，可直接用作畜禽饲料投料（喂猪效果最好）或晒干储存作饲料。

8.2.4　桑叶马铃薯发酵饮料

桑叶含有黄酮类、生物碱类、多糖类、植物甾醇类、挥发油类、氨基酸、维生素及微量元素等多种活性化学成分，具有降血糖、降血脂、抗炎、抗衰老、抗肿瘤、抗病毒、抗丝虫、抗溃疡等多方面药理作用。把桑叶汁与马铃薯发酵汁混合制成的饮料营养价值较高，具有一定的保健功能。

1. 生产工艺

桑叶→清洗→热烫护色→破碎→浸提→过滤澄清 ── 砂糖、食用酒精、柠檬酸

马铃薯→预处理→发酵→过滤→马铃薯汁→调配→排气→密封→杀菌→成品

2. 操作要点

（1）马铃薯预处理

马铃薯经洗净后于沸水条件下蒸煮30min，冷水冷却，去皮切分为1cm左右厚的片状，沸水条件下蒸煮至熟透软化为止，按物料1∶1加水打浆后，加入已活化的α-淀粉酶，充分混匀，调节pH值为6.0~7.0，80℃条件下进行液化至碘色反应为棕红色为止。将液化后的马铃薯液降温至50~60℃，用柠檬酸调pH值为4.0~4.5，加入已活化的糖化酶，充分搅拌，60℃温度条件下糖化80min。将糖化后的马铃薯液用石灰乳调整pH值为8.0，加热到55℃左右进行清净处理，以除去果胶减少发酵过程中所产生的甲醇含量。

（2）发酵

已清净处理的马铃薯糖液冷却至30℃左右，按占马铃薯原料的0.1%的量加入已活化后的酒用活性干酵母，充分搅拌后装坛。把发酵坛放入恒温箱中，温度控制为20~28℃，pH值为3.5~4.0，发酵直到马铃薯醪中有大量的汁液，味甜而纯正，具有发酵香和轻微的酒香，其酒精度为5.5%~6.5%（体积分数）即可。

（3）过滤

发酵醪用三层纱布，内含两层脱脂棉，下垫150目分样筛过滤，反复3~4次，然后放置澄清取上清液，以备用。

（4）桑叶汁的制备

桑叶经清水浸泡20~30min并清洗干净后，在沸水中热烫30s，按桑叶重加入1∶10的软化水进行捣碎，补足1∶30的软化水，调节pH值至5.0，于40℃下浸提4h，在浸提过程中时常搅动，以提高浸提效果。

浸提完成后，用150目的纱布过滤，将所得滤液加热至沸腾，维持3~5min，再精滤澄清即可。

（5）调配

将马铃薯醪汁与桑叶汁按4∶1~6∶1比例混合，再用蔗糖、柠檬酸对其糖度及pH值进行调配。

（6）排气、密封、杀菌

将已罐装好的饮料在沸水条件下排气至中心温度70℃以上时，趁热密封在85℃条件下杀菌15min。

3. 成品质量指标

（1）感官指标

成品饮料呈柠檬黄半透明液体，无分层现象，具有马铃薯发酵香和桑叶汁清香，有酒味而不刺口。

（2）理化指标

糖度8%~12%，酒度1%~3%，pH值3.2~3.7，甲醇含量0.04g/100mL，铅（以Pb

计）≤1mg/L，铜（以Cu计）≤100mg/L。

（3）微生物指标

杂菌总数≤50个/mL，大肠杆菌≤3个/100mL，致病菌不得检出。

8.2.5　马铃薯格瓦斯

“格瓦斯”是俄语的译音，多以面包或面包干为原料，成本较高。用马铃薯做原料生产格瓦斯，原料来源丰富，具有一定的经济效益。格瓦斯是一种带有碳酸气的发酵饮料，在北方比较受欢迎，下面简单介绍利用马铃薯为原料生产格瓦斯的技术。

1. 生产工艺

马铃薯→处理→液化→糖化→加热→接种→发酵→过滤→杀菌→灌装→成品。

2. 操作要点

（1）制浆

选择无腐烂变质的鲜马铃薯，用清水洗刷干净，去皮切丝，捣烂成含水量75%的泥浆状，搅拌均匀。

（2）酶解

先把薯浆加热至35~45℃，按每千克马铃薯浆加入180单位的细胞溶解酶，搅拌保温30~60min，进行酶解反应；按每千克马铃薯浆加入250单位果胶分解酶，在25~35℃保温搅拌30~60 min，进行果胶分解反应。再按每千克马铃薯量分2次加入50单位α-淀粉酶和β-淀粉酶，其中第1次加入20%，在60~70℃酶解5~10 min（糊化），第2次加入其余的80%淀粉酶（每千克薯浆加入200单位），在40~50℃保温20~30 min，使糊精进一步糖化。最后加入蛋白质分解酶（每千克薯浆加180单位活化酶），在45~55℃保温1~2min，使各种酶失去活性。

（3）发酵

按糖化液：水为1∶1~1∶4的配比加入沸水，加热煮沸1h，停止加热，冷却到25℃时进行过滤（滤渣作饲料用）。把滤液分别接种在2%的已培养24h的啤酒酵母和戴氏芽孢杆菌培养液中，于26℃发酵16h，迅速冷却至6℃过滤除渣，把澄清滤液装入瓶内，在60℃杀菌30min，冷却后置于8~10℃环境中存放1~2d，即得到成品格瓦斯。

8.2.6　马铃薯加工味精

马铃薯生产味精是马铃薯深加工的技术之一，生产成本低。味精的基本成分是谷氨酸，它不仅可增强食品的风味，促进胃液及味蕾的活动，而且是构成人体蛋白质必不可少的一种氨基酸。

1. 生产工艺

马铃薯→制取淀粉→稀释调酸碱度→液化接菌种→糖化→脱色→结晶→成品

2. 操作要点

（1）制取淀粉

选择块大、无腐烂的马铃薯为原料，洗净后放入粉碎机中打成泥浆状，转入合适的容器中（注意不能用铁器），加入1倍量的清水搅拌均匀，使淀粉充分和水混合。然后用白细纱布过滤，并将未能过滤出的粗品粉碎，加半量的清水再压滤一次，合并两次滤液，静置 20~24h，吸出上层清液，将下层淀粉吊包压滤除去水分后经过烘干、粉碎即为马铃薯淀粉。

（2）稀释、调酸碱度

将粉碎的干品用清水稀释成 16°Bé（波美度）的浆液，并在不断搅拌下加入 Na_2CO_3 或 $NaHCO_3$ 溶液，调整酸碱度，使浆液的 pH 值为 6.5~7.0。

（3）液化接菌种

将上述淀粉的浆液进行抽滤，除去其中的粗糙物质，然后在滤液中按 50kg 干淀粉加入 0.25kg 的 5000u“谷氨酸发酵 B-9 菌种”的比例接菌种，搅拌均匀。

（4）糖化

将接菌种的液体搅拌 30min 后，加热到 87℃，保持 60min，当测出糖液转化率达 95% 以上时，随即升温到 100℃，保持 5min（进行杀菌）。

（5）脱色、结晶

当糖化的液体停止加热后，加入总液量 1%的活性白土，搅拌 30min，静置 2h，再减压抽滤。将滤液加热到 75℃，接着加入总液量 3%的粉末活性炭，搅拌保温 15min 进行脱色。然后趁热抽滤，最后将滤液进行减压浓缩到有结晶析出，再冷却到 4℃，静置结晶 12h 后，得白色结晶。将结晶在 75℃的温度下干燥后，按量再加入 3%~5%比例的精制食盐即为成品味精。

8.2.7　马铃薯-柿叶低酒精度饮料

利用马铃薯发酵汁和柿叶汁按一定比例配制而成的饮料，是一种新型的复合保健低酒精度饮料。马铃薯-柿叶低酒精度饮料既有天然发酵的醇香味又有柿叶的清香，营养丰富，酒精含量低微，除消暑解渴外，还能促进人体消化，是既可作为饮料又能代酒助兴的良好保健饮料。

1. 原料配方

马铃薯、柿叶、耐高温 α-淀粉酶、糖化酶、酒用活性干酵母、柠檬酸、蔗糖、蜂蜜。

2. 生产工艺

（1）柿叶汁生产工艺

柿叶→选择→清洗→去脉→杀青→浸泡→破碎→浸提→过滤澄清→柿叶汁。

（2）马铃薯酒醪生产工艺

马铃薯→选择→清洗→去皮→切分→蒸煮→打浆→液化→糖化→发酵→过滤→马铃薯酒醪。

（3）马铃薯低酒精度饮料生产工艺

柿叶汁+马铃薯酒醪+糖浆+柠檬酸→调配→灌装→排气→密封→杀菌→冷却→成品。

3. 操作要点

（1）原料选择

马铃薯要求无腐烂、发芽、发绿、机械损伤等，淀粉含量约 16%；柿叶要求新鲜采摘，无黑点、褐斑和病虫害；柠檬酸、蔗糖、蜂蜜等要求符合相应标准。

（2）柿叶汁制备

①采叶。柿叶中的主要成分如维生素 C 和黄酮素的含量随季节而变化，在秋季时候

含量最高。因此，单从营养角度考虑，应采取秋季柿叶为好，但是秋季柿叶多已老化，不利于制作，也影响口味，一般从 8 月初开始零星采收，到 9 月上旬就可以大量采收。

②选叶。要选择质厚、新鲜、无病、无虫、无损伤的柿叶。

③清洗去脉。用冷水冲洗叶子上的污物和杂质，如洗不干净，可以用碱液清洗，然后用清水冲洗干净，再去掉叶梗，抽掉粗硬的叶脉。

④杀青。杀青可固定原料的新鲜度，保持颜色鲜艳，同时破坏组织中的氧化酶，防止柿叶中维生素 C 和其他成分的氧化分解。通过杀青可破坏原料表面细胞，加快水分渗出，有利于干燥，并除去叶子的苦涩味。杀青时，水温保持在 70~80℃（烧至有响声为止），漂烫时间为 15min，每隔 5min 翻动一次，要烫除青草味。注意漂烫水温不宜过高，时间不宜过长，否则营养成分损失，但水温过低，时间太短，杀青效果不理想。

⑤揉碎。待柿叶组织中角质转化后，用手揉搓使柿叶变碎，但不宜太碎，也可用手撕，也可用刀切，无论用什么方法都要力求大小均匀。

⑥柿叶汁浸提。将柿叶加 20 倍的软化水煮沸 3~4min，过滤取汁，柿叶渣再加适量软化水煮沸 4~5min，再过滤取汁。将 2 次柿叶汁合并后，再经过精滤、澄清得到柿叶清汁备用。

（3）马铃薯酒醪制备

①马铃薯预处理。选择优质马铃薯，无青皮、虫害、大小均匀，禁止使用发芽或发绿的马铃薯。把马铃薯清洗干净后去皮切分为厚 1~1.5cm 的片状，常压下用蒸汽蒸煮 30min 左右，蒸煮至熟透软化为止。按物料 1∶1 加水用打浆机打成粉浆后，加入已活化的耐高温 α-淀粉酶，充分混匀，调节 pH 值为 6.0~7.0，在温度为 95~100℃的条件下液化至碘色反应为棕红色为止。将液化后的马铃薯液降温到 60℃左右，用柠檬酸调节 pH 值为 4.0~5.0，加入已活化的糖化酶，充分搅拌，60℃糖化 80min。将糖化后的马铃薯液用石灰乳调节 pH 值为 8.0，加热至 55℃左右进行清净处理，以除去果胶，减少发酵过程中所产生的甲醇含量。

②发酵。发酵是经酵母菌作用将葡萄糖转化为酒精的过程。首先将活性干酵母进行活化。已清洗处理的马铃薯糖液冷却至 30℃左右，调节 pH 值为 3.5~4.0，加入马铃薯原料量 2%~3%的已活化的酒用活性干酵母液，充分搅拌装罐，温度控制在 28~30℃。发酵至马铃薯发酵醪中有大量的汁液，味甜而纯正，具有发酵香和出轻微的酒香，其酒精度为 5%~6%即可。

③过滤。发酵醪用 3 层纱布，内含 2 层脱脂棉，下垫 150 目分样筛过滤，反复 3~4 次后，放置澄清，取上清液备用。

④糖浆制备。在不锈钢夹层锅内，先将一定量的软化水加热至沸后，加入砂糖并继续加热至砂糖完全溶化。再添加适量的柠檬酸、鸡蛋清搅拌均匀，并继续加热 15~20min 后，加入预定量蜂蜜液，搅拌均匀，最后用 2 层纱布过滤即可。

（4）马铃薯低酒精度饮料的生产

①调配。按产品的质量指标，先将马铃薯酒醪与柿叶汁按 4∶1~5∶1 的比例混合，然后用糖浆、柠檬酸对其糖度及 pH 值进行调整，最后精滤，即得马铃薯低酒精度饮料。

②装瓶、排气、密封、杀菌。将经过精滤澄清的马铃薯低酒精度饮料灌装于玻璃瓶中，在沸水条件下排气至中心温度 70℃以上时，趁热用软木塞封口，在 85℃下杀菌 15min，冷却至室温即为成品。

4. 成品质量指标

（1）感官指标。

成品饮料呈淡黄色、半透明，无分层现象，具有马铃薯发酵香和柿叶汁清香，有酒味而不刺口。

（2）理化指标。

酒精度3%，pH值3.5，甲醇含量≤0.04/100mL，铅（以Pb计）<lmg/L，铜以（Cu计）<100mg/L。

（3）微生物指标。

细菌总数≤50个/L，大肠菌群≤3个/100mL，致病菌不得检出。

8.2.8　马铃薯白酒

1. 生产工艺

原料→处理→蒸煮→培菌→发酵→蒸馏→白酒。

2. 操作要点

（1）原料和处理

选用无霉烂、无变质的马铃薯，用水洗净，除去杂质，用刀均匀地切成手指头大小的块。

（2）蒸煮、出锅

向铁锅中注入清水，加热至90℃左右，倒入马铃薯块，用木锨慢慢搅动，待马铃薯变色后，将锅内的水放尽，再焖15~20min出锅。马铃薯不能蒸煮全熟，以略带硬心为宜。

（3）培菌

马铃薯出锅后，要摊晾，除去水分，待温度降低至38℃后，加曲药搅拌。每100kg马铃薯用曲药0.5~0.6kg，分三次拌和。拌和完毕，装入箱中，用消过毒的粗糠壳浮面（每100kg马铃薯约需10kg粗糠壳），再用玉米酒糟盖面（每100kg马铃薯约用50kg酒糟）。培菌时间一般为24h。当用手捏料有清水渗出时，摊晾冷却。夏季冷却到15℃，冬季冷却到20℃，然后装入桶中。

（4）发酵

装桶后盖上塑料薄膜，再用粗糠壳密封，踏实，发酵7~8d。

（5）蒸馏

通过蒸馏将发酵成熟的酯料中的酒精、水、高级醇、酸类等有效成分蒸发为蒸汽，再经冷却即可得到白酒。将上述得到的白酒经过勾兑和储存即可作为成品出售。

按上述方法酿造的马铃薯酒，度数为56°左右，每100kg马铃薯可出酒10~15kg，出酒率为10%~15%。马铃薯酒糟还可以做饲料。

8.2.9　紫马铃薯米酒

1. 生产工艺

蒸煮→捣碎→混合→发酵→澄清→过滤→成品。

2. 操作要点

（1）取新鲜无病虫害损伤的紫马铃薯洗净，削皮，切成大小均匀的块状，放于蒸锅上蒸煮，待薯肉熟透无生心后放于研钵捣碎成糊状，冷却至25~35℃。

（2）室温下，将糯米去杂洗净后放入清水中，保持水面高于米面3~8cm浸泡36h；将浸泡后的糯米米粒捞出沥水，放入常压锅内蒸煮，冒汽后开始计时，15min后用冷开水撒淋，再继续蒸10min，然后取出糯米后立即用冷开水撒淋冷却至25~35℃。

（3）将冷却后的糯米与紫马铃薯糊按质量比为1∶1~1∶10的比例一同放入大烧杯进行搅拌；再加入用25~35℃的水活化过的与混合物料质量比为0.6%~1.2%的酒曲，混合均匀；按料液比1∶2加入适量的水，再次混合均匀；将混合物放入1L的大锥形瓶中，封口，放入温度为26~32℃的恒温培养箱中进行厌氧发酵42~60h。

（4）将经过后发酵、澄清和过滤灌装后的紫马铃薯米酒放入水浴锅加热，用温度计直接测量样酒温度，达到85℃后，保温12min，取出后放置于室温，自然冷却，即为成品。

将蒸熟的紫马铃薯和糯米一同发酵时，紫马铃薯细胞发酵后直接释放其中含有的花色苷，不仅赋予紫马铃薯特有的风味，还能提高其抗氧化性，发挥紫马铃薯米酒美容与保健的双重功效。

8.3 马铃薯发酵食品加工设备

8.3.1 液化及糖化桶

液化及糖化桶用钢板材料制成，容积为2100L，筒内设有搅拌器、蛇形冷却管和通入蒸汽管，如图8-1所示。

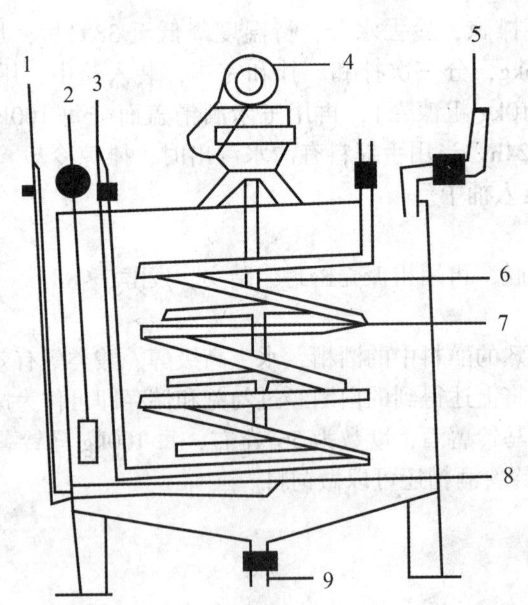

1—进气口；2—温度计；3—进冷水口；4—电机；5—进浆口；6—搅拌器；7—冷却管；8—蒸汽管；9—出浆口

图8-1　液化及糖化桶

8.3.2 酒精发酵罐

酒精发酵罐是厌气型发酵罐，容量为7000kg，设有冷却装置。

如图8-2所示酒精发酵罐筒体为圆柱形，底盖和顶盖均为碟形或锥形的立式金属容器。灌顶装有废气回收管、进料管、接种管、压力表、各种测量仪表接口管及供观察清洗和检修罐体内部的人孔等，罐身上下部装有取样口和温度计接口，罐低装有排料口和排污口。

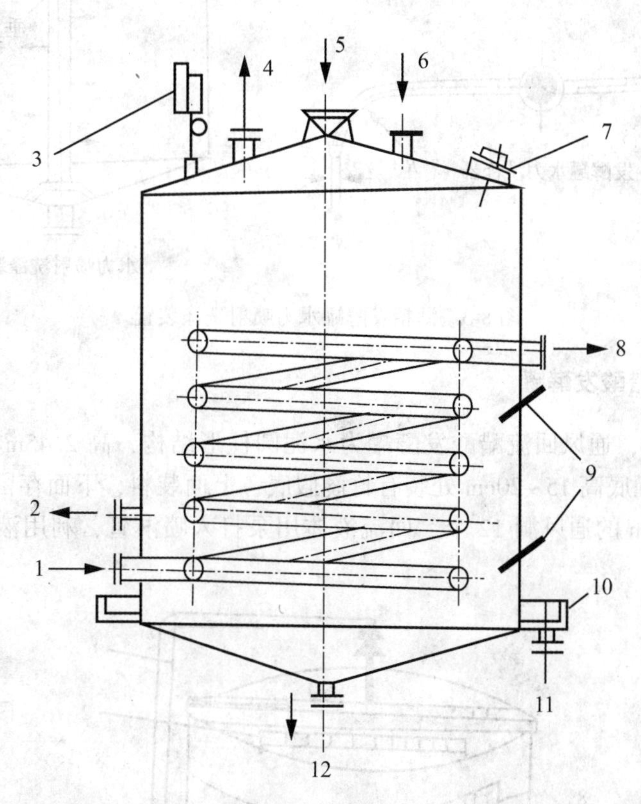

1—冷却水入口；2—取样口；3—压力表；4—CO_2气体出口；5—喷淋水入口；6—料液及酒母入口；7—人孔；8—冷却水出口；9—温度计；10—喷淋水收集槽；11—喷淋水出口；12—发酵液及污水排出口

图8-2 酒精发酵罐

对于酒精发酵罐的冷却方式，中小型发酵罐多采用灌顶喷水淋于罐外壁表面进行膜状冷却，大型发酵罐的罐内装有蛇管或罐内蛇管和罐外壁喷洒联合冷却的装置。此外，也有采用罐外列管式喷淋冷却的方法。这种方法具有冷却发酵液均匀，冷却效率高等优点，为避免发酵车间的潮湿和积水，要求在罐体底部四周装有集水槽。酒精发酵罐的清洗过去均由人工操作，不仅劳动强度大，而且CO_2气体一旦未彻底排除，工人入罐清洗会发生中毒事故，目前已逐步采用水力喷射洗涤装置，从而降低了工人的劳动强度和提高了操作效率。大型发酵罐采用这种水力洗涤装置尤为重要，现在工厂采用的主要是水力喷射装置和高压强的水力喷射洗涤装置，如图8-3所示。

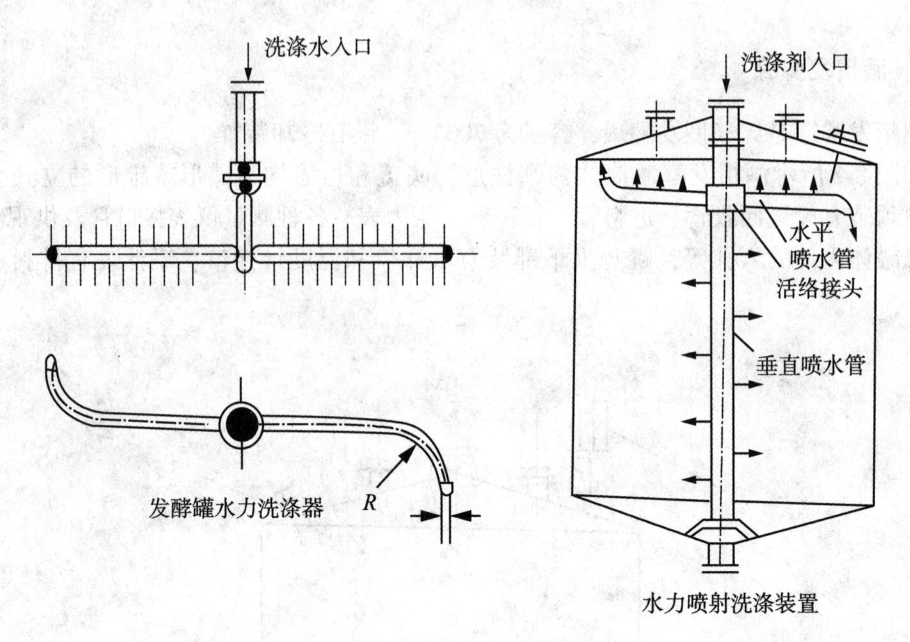

图 8-3　酒精发酵罐水力喷射洗涤装置

8.3.3　通风回流醋酸发酵罐

如图 8-4 所示，通风回流醋酸发酵罐为水泥圆柱形结构，高 2.45m、直径 4m，容积为 30000L，在距罐底高 15~20cm 处装有竹篾假底，上面装料，下面存留醋汁，竹篾周围对称设有直径 10cm 的通风洞 12 个。回流液体用泵打入喷淋管，利用液压旋转将液体均匀地淋浇其表层。

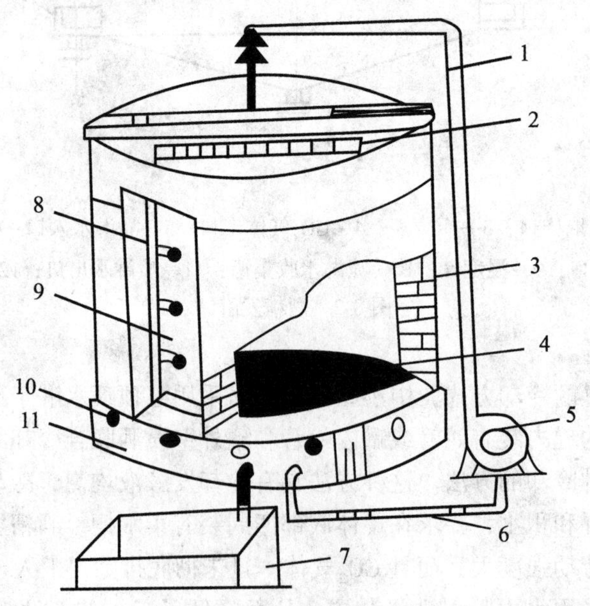

1—回流管；2—喷淋；3—水泥砖墙；4—竹篾假底；5—水泵；6—醋液管；7—储醋池；8—温度计；9—出渣门；10—通风洞；11—醋液存留处

图 8-4　通风回流醋酸发酵罐

8.3.4 制醅机

制醅机俗称下池机，是将成曲粉碎、拌和盐水及糖浆液成醅后进入发酵容器内的一种机器。制醅机由机械粉碎、斗式提升及绞龙拌料兼输送（螺旋拌和器）三部分组成。此机大小根据各厂所采用的发酵设备来决定。绞龙的底部外壳需特制成一边可脱卸的，便于操作完毕后冲洗干净，以免杂菌污染。

8.3.5 均质机

均质是把原先颗粒比较粗大的乳浊液或悬浊液加工成颗粒非常细微的稳定的乳浊液或悬浊液的过程。它是液态物料混合操作的一种特殊方式，兼有粉碎和混合两种功能，又称湿法粉碎。均质的目的在于既要获得均匀的混合物，又要使得产品的颗粒细微一致，防止或减少液状食品物料的分层，改善外观、色泽及香度，提高食品质量，增加经济效益。

均质机是食品精细加工机械，它往往与物料的混合、搅拌及乳化机械配套使用。

目前，国内外用于食品加工的均质机机械品种较多，但就其作用原理来说，主要是通过机械作用或流体力学效应而造成高压、挤压冲击、失压等现象，从而使物料在高压下挤研，在强冲击下发生剪切，在失压下产生膨胀，在这三种作用下达到物料间的细化和均质的目的。不同类型的均质机工作原理各有侧重。

均质机按其工作原理及构造可分为高压均质机、离心式均质机、超声波均质机。

1. 高压均质机

高压均质机是特殊形式的高压泵，主要由使物料产生高压能量的高压泵和产生均质效应的均质阀两大部分组成。其中高压泵是重要组成部分，是使物料具有足够静压能的关键。均质机机体组合如图 8-5 所示，常用的料液均质压力为 25~40MPa。

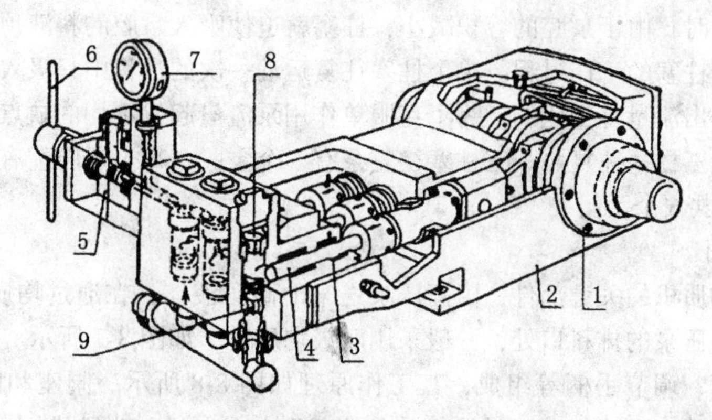

1—曲轴组件；2—机架；3—柱塞环封；4—柱塞；5—均质阀；6—压力调节杆；7—高压压力表；8—上阀门；9—下阀门

图 8-5 均质机机体组合图

(1) 高压泵

高压泵是一个往复式柱塞泵，由进料腔、吸入活门、排出活门、柱塞等组成，其结构如图 8-6 所示。它是一种恒定转速、恒定转矩的单作用容积泵，泵体为长方体，内有三个泵腔，柱塞在泵腔内往复运动使物料吸入加压后流向均质阀。每个泵腔内各配有一个吸入活门和排出活门，由于柱塞往复运动改变泵腔内压力，使吸入活门和排出活门交替地自动开启或关闭，以完成吸入和排出料液的功能。

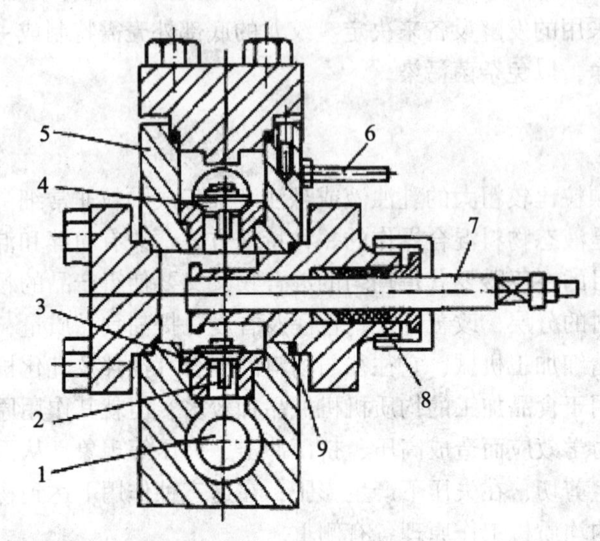

1—进料腔；2—吸入活门；3—活门座；4—排出活门；5—泵体；
6—冷却水管；7—柱塞；8—密封填料；9—垫片

图8-6　高压泵

工作时料液经输料管进入腔内，在动力作用下使柱塞左右移动。当柱塞向右移动时，由于泵腔的容积增大形成低压，这时进料腔内的料液便推起活门自动将料液吸入泵腔中。当柱塞向左移动时，由于泵腔的容积减小，柱塞就迫使吸入泵腔的料液顶起活门而从泵腔排出，这是一个柱塞的工作过程。单个柱塞往复运动一次的过程中只吸入和排出料液各一次，它的瞬间排出流量是变化的。为了克服单作用泵流量起伏不均的缺点，使排出量比较均匀，通常采用三柱塞往复泵。三柱塞往复泵有3个泵腔，每个泵腔配有1个吸入活门和1个排出活门，共6个活门。

（2）均质阀

均质阀是均质机的关键部件，由高压泵送来的高压液体，在通过均质阀时完成均质。均质阀安装在高压泵的排料口处，一般采用双级均质阀，如图8-7所示。均质阀主要由阀座、阀芯、弹簧、调节手柄等组成，其工作原理如图8-8所示。阀座和阀芯加工精度很高，二者之间间隙小而均匀，以保证均质质量。其均质压力（即间隙大小）主要由调节手柄调节弹簧对阀芯的压力来改变。由于物料高压高流速流动，阀座与阀芯的耐腐蚀性是关键，它们是易损件，一般用坚韧耐磨的钨、铬、钴等合金钢制造，使用时应经常检查磨损情况。

脂肪球或细小颗粒的物料，经高压泵的排出活门被压入均质阀下面阀座入口处。工作时，在压力作用下，阀芯被顶起，使阀芯与阀座之间形成了极小的环形间隙（一般小于0.1mm），当物料在高压下流过此极小的间隙时，脂肪球或细小颗粒在间隙处的受力情况

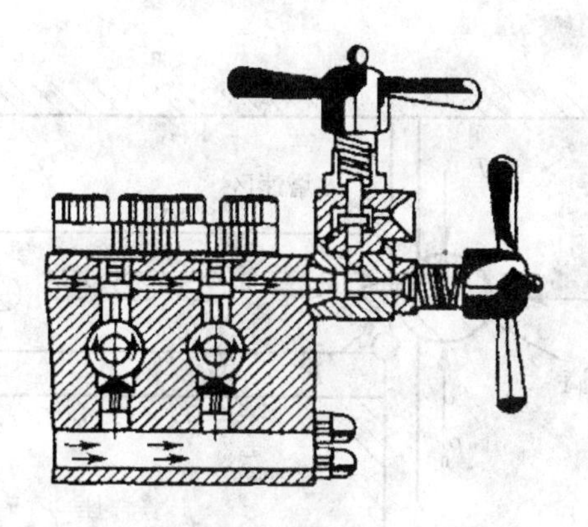

图 8-7　双级均质阀结构示意图

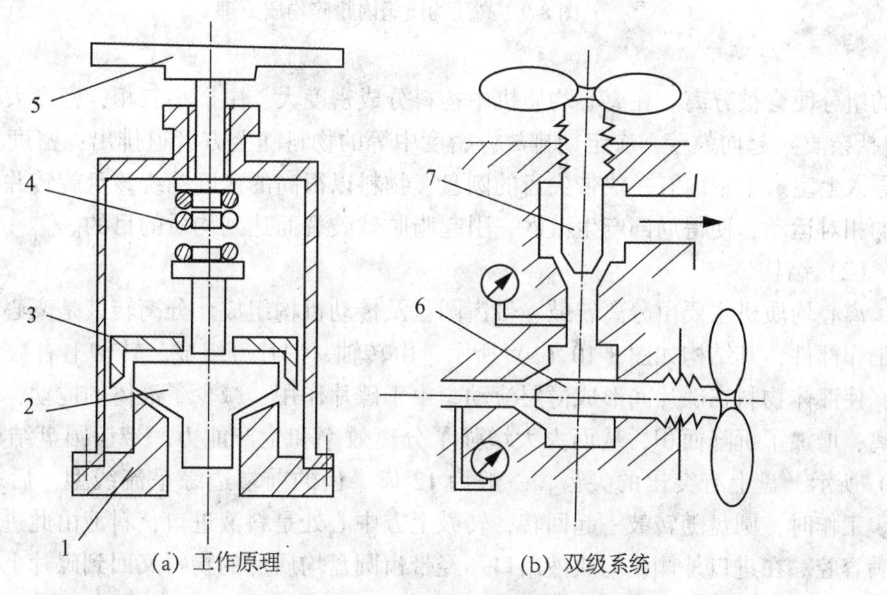

(a) 工作原理　　　(b) 双级系统

1—阀座；2—阀芯；3—挡板环；4—弹簧；5—调节手柄；6—第一级阀；7—第二级阀

图 8-8　均质阀工作原理示意图

如图 8-9 所示。均质前脂肪球所受压力为 P_0，流速为 v_0，当通过均质阀的缝隙时，受到两个侧向的压力 p_1，速度达到 v_1，在缝隙中心处速度最大，而附在阀座与阀芯表面上的物料速度最小，形成了急剧的速度梯度。料液以很高的速度（200~300m/s）通过均质阀的缝隙时，由于压力剧变引起迅速交替的压缩与膨胀作用在瞬间产生的空穴现象，这种料液中的脂肪球，软性、半软微粒就在空穴、撞击和剪切力的共同作用下被破碎的更小，达到均质和乳化的目的。

2. 离心均质机

离心均质机常用于乳品生产，是一种兼有均质和净化功能的均质机。

(1) 工作原理

离心均质机有一个高速离心的转鼓，物料流经至转鼓后受到强烈的离心作用，不同密

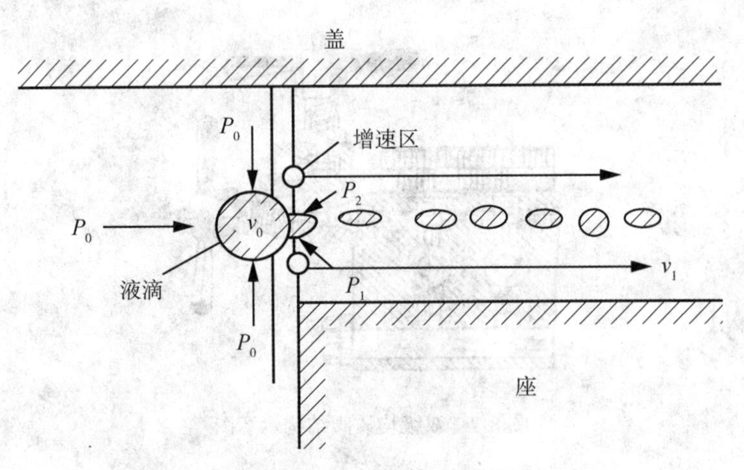

图 8-9　高压均质阀内粉碎均质原理

度的组分便会被分离。在离心均质机中物料分成密度大、中、小三相，密度大的物料成分（包括杂质）趋向鼓壁，应定期排放；密度中等的物料随上方管道排出；密度小的脂肪类被导入上室。上室内有一块带尖齿的圆盘，物料以很高的速度围绕该盘旋转并与其产生剧烈的相对运动，使得局部产生漩涡，引起脂肪球破裂而达到均质的目的。

（2）结构

离心均质机主要由分离转鼓、带齿圆盘及传动机构组成。分离转鼓是离心均质机的主要工作部件，其结构如图 8-10（a）所示，由转轴、碟片等组成。转轴上有数十块锥形碟片，使液体物料在碟片间形成薄层流动。由于碟片作用，减少了液体的搅动，减小了沉降距离，增加了沉降面积，从而大大增强了分离效率和生产能力。带齿圆盘结构如图 8-10（b）所示，盘上有突出的尖齿，一般为 12 齿。齿的前端边缘呈流线型，后端边缘则削平。工作时，圆盘随转鼓一起回转，转鼓上方中心处是料液进口，料液由此进入转鼓，并充满容腔。在进口外侧是均质液出口。经带齿圆盘均质后的物料又回到碟片上，一边循环一边均质，均质后的物料则由出口排出。

3. *超声波均质机*

超声波均质机是利用声波和超声波，在遇到物料时会迅速地交替压缩和膨胀的原理设计的。物料在超声波的作用下，当处于膨胀的半个周期内时，受到拉力，则料液呈气泡膨胀；当处于压缩的半个周期内时，则气泡收缩；当压力变化幅度很大时，若压力振幅低于低压，被压缩的气泡会急剧崩溃，则在料液中出现“空穴”现象，这种现象的出现又随着振幅的变化和外压的不平衡而消失。在“空穴”消失的瞬间，液体的周围产生非常大的压力并且温度增高，起着非常复杂而强有力的机械搅拌作用，从而达到均质的目的。同时，对“空穴”产生有密度差的界面上，超声波亦会反射，在这种反射声压的界面上也产生激烈的搅拌。超声波均质机的工作原理如图 8-11 所示。

根据此原理，超声波均质机是通过将频率为 20～25kHz 的超声波发生器放入料液中（亦可以使用料液具有高速流动特性的装置），利用超声波在料液中的搅拌作用使料液均质的。

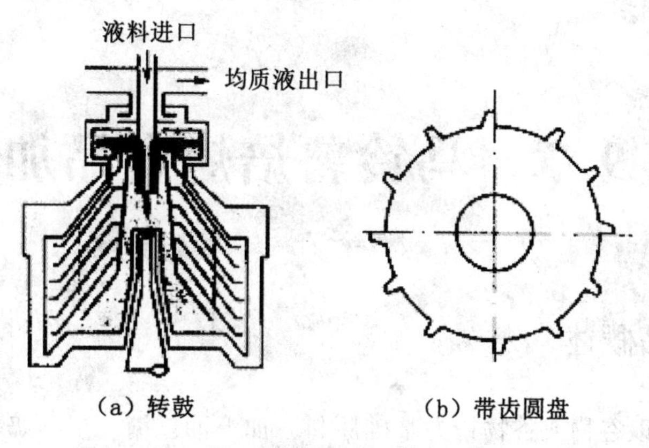

（a）转鼓　　（b）带齿圆盘

图 8-10　离心均质机

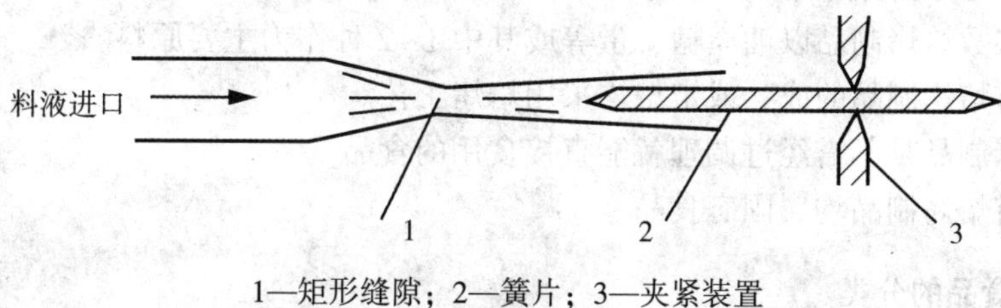

1—矩形缝隙；2—簧片；3—夹紧装置

图 8-11　工作原理示意图

超声波均质机按超声波发生器的形式分为机械式、磁控式和压电晶体式等，其中机械式超声波均质机最为常用。

第 9 章　马铃薯焙烤食品加工

9.1　焙烤食品概述

焙烤食品是指以谷物或谷物粉为基础原料，加上油、糖、蛋、奶等一种或几种辅料，采用焙烤工艺定型和成熟的一大类固态方便食品。

焙烤食品分为许多大类，而每一类中又分为数以百计的不同花色品种，它们之间既存在着同一性，又有各自的特性。焙烤制品一般具有下列特点：

（1）大多数焙烤制品以油、糖、蛋等或其中 1~2 种作为主要原料。

（2）所有焙烤制品的成熟或定型均采用焙烤工艺。

（3）焙烤制品是不需经过调理就能直接食用的食品。

（4）所有焙烤制品均属固态食品。

9.1.1　焙烤食品的分类

焙烤食品已发展成为品种多样、丰富多彩的食品，仅日本横滨的一家食品厂生产面包就有 600 种之多。故焙烤食品的分类也很复杂，通常有根据原料的配合、制法、制品的特性、产地等进行划分。

焙烤食品按生产工艺特点可分为以下几类：

（1）面包类：包括主食面包、听型面包、硬质面包、软质面包、果子面包等。

（2）饼干类：有粗饼干、韧性饼干、酥性饼干、甜酥性饼干和发酵饼干等。

（3）糕点类：包括蛋糕和点心。蛋糕有海绵蛋糕、油脂蛋糕、水果蛋糕和装饰大蛋糕等类型；点心有中式点心和西式点心。

（4）松饼类：包括派类、丹麦式松饼、牛角可松和我国的千层油饼等。

焙烤食品按发酵和膨化程度可分为以下几类：

（1）用酵母发酵的制品：包括面包、苏打饼干、烧卖等。

（2）用化学方法膨松的制品：包括蛋糕、炸面包圈、油条、饼干等，总之是利用化学疏松剂如小苏打、碳酸氢铵等产生二氧化碳使制品膨松。

（3）利用水分气化进行膨化的制品：指海绵蛋糕一类不用化学疏松剂的制品。

9.1.2　焙烤食品的原辅料及其加工特性

1. 面粉

面粉是焙烤食品的主要原料，面粉的性质是决定焙烤食品质量的最重要因素之一，因此要从事焙烤食品的研究、开发和生产，就必须对面粉的性质进行全面的了解。

（1）面粉的化学成分

①碳水化合物

碳水化合物是面粉中含量最高的化学成分，约占面粉质量的75%。面粉中的碳水化合物主要包括淀粉、低分子糖和少量的糊精。

面粉中的淀粉是以淀粉粒的形式存在。淀粉粒由直链淀粉和支链淀粉构成，直链淀粉约占1/4，支链淀粉约占3/4。直链淀粉易溶于热水中，形成的胶体黏性较小，而且不易凝固；支链淀粉溶于热水中形成黏稠的溶液。

除了淀粉之外，面粉中的碳水化合物还包括少量的游离糖、戊聚糖和纤维素。面粉中纤维素含量很少，仅有0.1%~0.2%，面粉中含有一定数量的纤维素有利于胃肠的蠕动，能促进对其他营养成分的吸收，并将体内的有毒物质带出体外。

②蛋白质

面粉中蛋白质的含量是产品质量的基础，必须有足够的蛋白质含量才能保证各种焙烤食品的制作质量。面粉中蛋白质的质量是产品质量的保证，不同的蛋白质量可用于生产不同的焙烤食品。面粉中蛋白质的质量包括两个方面：一是面筋蛋白占面粉总蛋白的比例，比例越高，形成的面团黏弹性越好；二是面筋蛋白中，麦谷蛋白和麦醇溶蛋白的相对含量，二者比例合适，形成的面团工艺性能就好。如果麦谷蛋白含量过多，就会使面团的弹性、韧性太强，无法膨胀，导致产品体积较小，或因面团韧性和持气性太强，面团气压大而造成产品表面开裂的现象。如果醇溶蛋白含量过多，则造成面团太软弱，面筋网络结构不牢固，持气性差，会造成产品顶部塌陷、变形等不良后果。

③脂质

面粉中脂肪的含量很少，为1%~2%。面粉在储藏过程中，甘油酯在裂酯酶、脂肪酶作用下水解形成脂肪酸。高温和高水分含量可促进脂肪酶的作用，因而在高温、高湿季节面粉易酸败变质。

④水分

我国的面粉质量标准规定特一粉和特二粉的水分含量为（13.5±0.5）%，标准粉和普通粉的水分含量为（13.0±0.5）%。面粉中的水分含量过高，易酸败变质。面粉中的水以游离水和结合水两种状态存在，绝大部分呈游离水状态。

⑤矿物质

面粉中的矿物质是用灰分来表示的。面粉的灰分含量越低，表明面粉的精度越高。

⑥维生素

面粉中主要含有B族维生素和维生素E，维生素A含量很少，几乎不含维生素C和维生素D。面粉本身含有的维生素较少，在焙烤蒸煮过程中又会损失一部分维生素，为了弥补面粉中维生素的不足，常在面粉中添加一定量的维生素，以提高面粉的营养。

⑦酶

面粉中重要的酶有淀粉酶、蛋白酶、脂肪酶、脂肪氧化酶、植酸酶、抗坏血酸氧化酶等。淀粉酶和蛋白酶对于面粉的烘焙性能和面包的品质影响最大。

（2）面粉的加工性能

面粉加工品质的主要影响因素是面粉中蛋白质的数量和质量，但面粉中的其他成分如碳水化合物、类脂和酶对面粉的工艺性能也有重要影响，面团的性质是面粉中各种成分所起作用的综合体现，因此可通过面团性质的测定来评价面粉的工艺性能。

①面团的流变学特性

a. 面粉粉质。面粉粉质的测定，国际上广为使用的是德国 Brabender 公司生产的粉质仪。

b. 面团的拉伸性。面团的拉伸性和韧性可从面团拉伸曲线上反映出来。

②面粉的物化性能

a. 湿面筋含量。如前所述，面粉的蛋白质含量与质量是影响其食品加工品质的最重要因素。但在实际生产中，蛋白含量相等的面粉，其食品加工性能相差较多，甚至有些蛋白质含量低的面粉做面包加工性能好于蛋白质含量高的面粉，主要是由蛋白质质量或组成的不同造成的。而湿面筋含量则较好地表征了面粉中麦谷蛋白和麦醇溶蛋白的含量及比例，因此湿面筋含量被各国作为面粉等级标准的重要指标。面粉中湿面筋含量一般是通过洗面筋的方法来测定的。洗面筋的方法以前是用手洗，现在多采用现代化的机器洗，即面筋测定仪。

b. 降落值。降落值是以 α-淀粉酶能使淀粉凝胶液化，使黏度下降这一原理为依据，以一定质量的搅拌器在被酶液化的热凝胶糊液中下降一段特定高度所需的时间（以 s 为单位）来表示的。

2. 糖

糖是焙烤食品中不可缺少的重要原料之一。常用的糖有蔗糖、转化糖浆、淀粉糖浆、蜂蜜等。蔗糖的甜味纯正、反应快、很快达到最高甜度，是使用最广泛的、较理想的甜味剂。糖在焙烤食品中的主要作用为：

(1) 改善制品的色、香、味、形。在面包、饼干或其他焙烤成熟的制品中，由糖参与的焦糖化反应和美拉德反应，可使产品表面形成金黄色或棕黄色，并产生诱人的焦香味，糖在糕点中起到骨架作用，能改善糕点的组织状态，使外形挺拔。

(2) 作为酵母的营养物质。在发酵制品生产中，配料中加一定量的糖，作为酵母发酵的主要能量来源，有助于酵母繁殖和发酵。但糖的渗透压大，加糖量在小于 6%（以面粉计）时可促进面团发酵，超过 6%，则对酵母的活性有抑制作用。中高档点心面包中加糖量较多，可达 15%~20%，一般通过延长发酵时间或采用二次发酵法来完成发酵过程。

(3) 延长产品的货架寿命。糖的高渗透压作用，可抑制微生物的生长和繁殖，从而能增进糕点的防腐能力，延长货架期。另外，含糖高的产品中氧的溶解度大幅度下降，对于含油较多的饼干、点心具有一定的防油脂氧化酸败的作用。

(4) 作为面团的改良剂。面粉在搅拌作用下吸水形成面团时，主要是依靠蛋白质胶粒内部浓度造成的渗透压使水分子进入到蛋白质分子中去的。如果在面团中加入一定量的糖或糖浆，它不仅吸收蛋白质胶粒之间的游离水，也会使蛋白质胶粒外部浓度增加，对胶体内部的水分会产生反渗透作用。因而过多地使用糖会使面团的吸水力降低，妨碍面筋的形成，因此糖在面团搅拌中起到的是反水化作用。

在面包生产中，糖的用量最好不大于 30%，用糖过多，面筋未能充分扩展，会使产品体积小，组织粗糙。在制作高糖面包时，应适当延长搅拌时间或采用高速搅拌机。对于不希望过多形成面筋的面团，如饼干面团、酥性点心面团等，高糖有利于抑制面筋的形成，能使产品在焙烤时不变形，酥脆、可口。

3. 油脂

(1) 常用的油脂

在焙烤食品中常用的油脂有植物油、动物油、人造奶油和起酥油等。

①植物油。植物油有大豆油、棉籽油、花生油、棕榈油、玉米胚芽油等。植物油中主要含有不饱和脂肪酸，其营养价值高于动物油脂，但加工性能不如动物油脂和人造固态油脂。

②动物油。天然动物油中常用的是奶油和猪油。大多数动物油都具有熔点高、起酥性好、可塑性强的特点。

③人造奶油。人造奶油是指精制食用油添加适量的水、乳粉、色素、香精、乳化剂、防腐剂、抗氧化剂、食盐、维生素等辅料，经乳化、急冷捏合而成的具有天然奶油特色的可塑性油脂制品。由于人造奶油具有良好的涂抹性能、口感性能和风味性能等加工特性，它已成为世界上焙烤食品加工中使用较为广泛的油脂之一。

④起酥油。起酥油是指精炼的动植物油脂、氢化油、酯交换油或这些油的混合物，经混合、冷却、塑化而加工出来的具有可塑性、乳化性的固态或流动性的油脂产品。起酥油与人造奶油的主要区别是起酥油中没有水相。在国外起酥油的品种很多，在面包、饼干、糕点中使用最为广泛。

(2) 油脂在焙烤食品中的主要作用

①可塑性。可塑性是指固态油脂（人造奶油、奶油、起酥油、猪油等）在外力作用下可以改变自身形状，撤去外力后能保持一定形状的性质。可塑性良好的固态油脂在面包、饼干、糕点面团中可呈片状、条状、薄膜状分布，而相同条件下液态油只能分散成球状。因此，固态油脂要比液态油能润滑更大的面团表面积，可使面团具有良好的延伸性。可塑性人造奶油加到面包面团中，可使面包的瓤心呈层状结构；可塑性良好的起酥油加到蛋糕中，可使蛋糕的体积增大，加到饼干和酥性点心中，食用时口感酥脆。

②起酥性。起酥性是指油脂具有能使食品酥脆易碎的性能。在调制酥性食品时加大量油脂，由于油脂的疏水性限制了面筋蛋白质的吸水润胀，面团含油越多，吸水率越低，面筋形成越少。油脂能在面团中形成油膜，产生隔离作用，阻碍面筋网络的形成，也使淀粉之间不能结合，降低了面团的弹性和韧性，增加了面团的塑性，从而使酥性制品口感酥松，入口即碎。

③充气性。油脂的充气性，也称为油脂的融合性。它是指油脂在空气中高速搅打时，空气被裹入油脂中，在油脂内形成大量小气泡的性质。在蛋糕和面包生产中加入充气性良好的油脂可使它们的体积增大，在饼干和酥性点心中加入这种油脂，会使产品酥脆适口，质地疏松。油脂的充气性与其组成有关，起酥油的充气性比人造奶油好，猪油的充气性较差。

④乳化分散性。乳化分散性是指油脂在与含水的原料混合时的分散亲和性质。在制作韧性饼干时，乳化分散性良好的油脂可使油水在面团中均匀分散。制作蛋糕时，油脂的乳化分散性越好，油脂小粒子分布越均匀，得到的蛋糕体积越大，质地越柔软。因此，添加了乳化剂的起酥油、人造奶油以及植物油最适宜制作高糖、高油类糕点和饼干。

⑤吸水性。起酥油、人造奶油都具有可塑性，在没有乳化剂的情况下也具有一定的吸水能力和持水能力。硬化处理的油还可以增加水的乳化性。吸水性对生产冰淇淋、焙烤食

品点心类有重要意义。

⑥稳定性。油脂的稳定性是指油脂抗氧化酸败的性能。对植物油来说，油脂的稳定性取决于其不饱和脂肪酸和天然抗氧化剂的含量。固态油脂、起酥油的稳定性好于猪油和人造奶油，因而常用起酥油来制造需要保存时间长的焙烤食品，如饼干、酥饼、点心、油炸食品。

4. 乳与乳制品

乳与乳制品因具有很高的营养价值、良好的加工性能及特有的奶酪香味，是高档焙烤食品（高档面包、饼干等）的重要原料之一。常用的乳及乳制品有鲜奶、奶粉、炼乳、干酪等。乳在焙烤食品中主要有以下的作用：

(1) 具有良好的风味及滋味。乳制品的添加，可使焙烤食品具有特有的美味和香味，尤其于高级面包、饼干，乳制品成为必须添加的原料。

(2) 改善制品的色、香、味。乳及乳制品中含有乳糖，它是一种还原性二糖，不被酵母发酵，在面团中作为剩余糖，在制品焙烤时发生焦糖化作用和美拉德反应，使产品上色较快。在焙烤食品中添加乳制品可使产品具有乳品所特有的香味。

(3) 提高制品的营养价值。面粉是焙烤食品的主要原料，但面粉在营养上的先天不足是赖氨酸十分缺乏，维生素含量相对较少。乳粉中含有丰富的蛋白质和几乎所有的必需氨基酸，维生素和矿物质也很丰富。

(4) 改善面团的加工性能。乳粉中含有的大量蛋白质可提高面团的吸水率、搅拌耐力和发酵耐力，特别是对于低筋面粉，效果更为明显。

(5) 改善制品组织结构，延缓制品老化。由于乳粉增强了面筋筋力，改善了面团发酵耐力和持气性，因而含有乳粉的制品组织均匀、柔软、疏松并富有弹性。添加乳粉增加了面团的吸水率和成品面包体积，使制品老化速度减慢。

5. 蛋与蛋制品

蛋品是生产面包、糕点的重要原料。蛋品中用量最多的是鸡蛋、鸭蛋。蛋品的原料类型有带壳鲜蛋、冻蛋、全蛋粉、蛋清粉等。蛋在焙烤食品中有以下功能：

(1) 改善产品的色、香、味和提高营养价值。在面包、糕点的表面涂上一层蛋液，经焙烤后，呈诱人的金黄色，表皮光亮，外形美观。加蛋的面包、糕点成熟后具有悦人的蛋香味，并且结构疏松多孔，体积膨大而柔软。蛋与蛋制品的加入，有助于提高制品的营养价值。

(2) 蛋的凝固性利于制品的成型。鸡蛋蛋白在热的作用下可变性凝固，形成坚实的结构，不仅可协助面粉形成制品的骨架，而且有利于制品的成型。对筋力弱的面粉，或添加豆面的面粉，生产挂面时，可加入适量的蛋液来强化制品的骨架结构。蛋糕柔软、膨松结构主要取决于蛋的多少和蛋的搅拌质量。

(3) 蛋白的起泡性使产品疏松、有弹性和韧性。蛋白是一种亲水胶体，具有良好的起泡性，在糕点生产中具有特殊的意义，尤其是在西点的装饰方面。蛋白经过强烈搅打，可将混入的空气包围起来形成泡沫，在表面张力作用下，泡沫成为球形。由于蛋白胶体具有黏性，将加入的其他辅料附着在泡沫的周围，使泡体变得浓厚坚实，增加了泡沫的机械稳定性。制品在焙烤时，泡沫内气体受热膨胀，增大了产品体积，使产品疏松多孔并且具有一定弹性和韧性。

（4）提供乳化作用。蛋黄中磷脂含量较高，且磷脂具有亲油和亲水的双重性质，是一种理想的天然乳化剂。它能使油、水和其他原料均匀地分布在一起，促进制品组织细腻，质地均匀，疏松可口，并具有良好的色泽。目前，国内外焙烤食品工业广泛使用蛋黄粉来生产面包、糕点和饼干。在使用时，可将蛋黄粉和水按 1∶1 的比例混合，搅拌成糊状，添加到面团或面糊中。

6. 酵母

酵母是发酵食品的基本配料之一，其主要作用是将可发酵的碳水化合物转化为二氧化碳和酒精，产生的 CO_2 使面包的体积膨大，产生疏松、柔软的结构。除产气外，酵母菌体本身对面团的流变学特性有显著的改善作用。

7. 食盐

食盐是制作焙烤食品的基本配料之一，虽然用量不大，但对制品品质改良作用明显。食盐主要有以下作用：

（1）提高面食的风味。盐与其他风味物质相互协调、相互衬托，使产品的风味更加鲜美、柔和。

（2）调节控制发酵速度。盐的用量超过 1%时，就能产生明显的渗透压，对酵母发酵有抑制作用，降低发酵速度。因此，可通过增加或减少盐的用量，来调节控制面团发酵速度。

（3）增加面筋筋力。盐可以使面筋质地细密，增强面筋的主体网状结构，使面团易于扩展延伸。

（4）可改善面食的内部色泽。实践证明，添加适量食盐的面包、馒头其瓤心比不添加的白。食盐的添加量应根据所使用面粉的筋力，配方中糖、油、蛋、乳的用量及水的硬度具体确定。食盐一般是在面团即将形成时添加。

8. 其他辅助料及添加剂

为了有利于焙烤食品工艺操作和提高产品质量，焙烤食品生产中使用的其他辅助料及添加剂还有乳化剂、氧化剂、疏松剂、增稠剂、抗氧化剂、香精香料和食用色素等。

9.2 马铃薯饼干加工

9.2.1 概述

饼干是以小麦粉（可加入糯米粉或淀粉）为主要原料，加入（或不加入）糖、油脂、乳品、蛋品及其他辅料，经调制、成型、烘烤而成的水分低于 6.5%的松脆食品。饼干具有口感酥松，水分含量少，体积轻，块形完整，易于保藏，便于包装和携带的特点，是一种深受大众喜爱的休闲食品。

饼干花色品种繁多，在分类上有许多不同方式，一般可分为以下几类。

1. 酥性饼干

酥性饼干是以小麦粉、糖、油脂为主要原料，加入膨松剂、改良剂和其他辅料，经冷粉工艺调粉、辊压或不辊压、成型、烘烤制成的表面花纹多为凸花、断面结构呈多孔状组织、口感酥松或松脆的饼干。常见的酥性饼干品种有动物、什锦、玩具、大圆饼干、葱香饼干、芝麻饼干、奶油饼干、蛋酥饼干等。

2. 韧性饼干

韧性饼干是以小麦粉、糖（或无糖）、油脂为主要原料，加入膨松剂、改良剂和其他辅料，经熟粉工艺调粉、辊压、成型、烘烤制成的表面花纹多为凹花、外观光滑、表面平整、一般有针眼、断面结果有层次、口感松脆的饼干。韧性饼干有甜饼干、挤花饼干、小甜饼、酥饼、香草饼干、牛乳饼干等。

3. 发酵饼干

发酵饼干是以小麦粉、糖、油脂为主要原料，酵母为膨松剂，并加入各种辅料，经调粉、发酵、辊压、叠层、成型、烘烤制成的酥松或松脆、具有发酵制品特有香味的饼干。发酵饼干有甜苏打饼干、咸苏打饼干、芝麻苏打饼干、蛋黄苏打饼干、葱油苏打饼干等。

另外，还有压缩饼干、曲奇饼干、夹心饼干、威化饼干、蛋圆饼干、蛋卷及煎饼等。

9.2.2 马铃薯饼干的加工

1. 基本生产工艺

面团调制→面团辊扎→饼坯成型→烘烤→冷却→包装→成品。

2. 操作要点

(1) 原辅料预处理

生产饼干的主要原料是小麦粉、糖、油脂、淀粉、疏松剂、食用等，原辅料的质量和预处理的效果，直接影响着成品饼干的质量。

①面粉。饼干的制作除少数品种外，一般不希望产生过大面筋，因为筋力过高将给成型带来困难，所以一般选用低筋粉。生产韧性饼干，宜选用面筋弹性中等、延伸性好、面筋含量较低的面粉，一般用湿面筋含量在24%~36%的面粉。生产酥性饼干，使用面筋含量在25%~30%的面粉。生产发酵饼干一般采用二次发酵法生产技术，在第一次面团发酵时，由于发酵时间过长，应选用湿面筋含量在30%左右、筋力强的面粉；在第二次面团发酵时，时间较短，宜选用湿面筋含量在24%~26%、筋力稍弱的面粉。

面粉在使用前应过筛，以除去混入的杂质及在储存过程中因吸潮而结成的面块，有利于控制粒度。同时过筛操作可混入一定量的空气，有利于饼干的酥松。一般面粉应通过100目筛，在过筛的同时，增设磁铁装置，可除去金属杂质。

②糖。饼干生产用糖量较多，用到的糖主要有砂糖、饴糖、葡萄糖浆等。在面团调制时，砂糖不容易充分溶化，如果直接用砂糖会使饼坯表面有可见的糖粒，烘烤后，饼干表面有孔洞，影响外观，所以在生产时都将砂糖磨碎成糖分或溶为糖浆。

糖的作用除能增加甜味、光泽和帮助上色、发酥外，对于酥性饼干，它还可以减少面筋的形成。糖的用量在10%以下，对面团吸水影响不大，但在20%以上时对面筋形成有较大的抑制作用。

③油脂。油脂在饼干制作中可抑制面筋蛋白质的胀润，使饼干制品质地酥松，口感柔和；使面团弹性降低，黏性减弱。制作饼干的油脂应具有较高的起酥性和稳定性，而不同品种的饼干对油脂的要求有所差别。

a. 韧性饼干生产时用油脂量较少，常用到奶油、人造奶油、精炼猪油等。

b. 酥性饼干生产时油脂用量较大，要求油脂有优良的稳定性、起酥性好，熔点较高，否则极易造成因面团温度太高或油脂熔点太低导致油脂流散度增加，发生“走油”现象。最适宜的油脂有人造奶油及植物性起酥油。

c. 发酵饼干生产使用的油脂既要有酥性又要有稳定性，尤其是起酥性方面比韧性饼干要高。精炼猪油起酥性对制成细腻松脆的发酵饼干最有利。植物性起酥油在改善饼干的层次方面比较理想，但酥松度稍差。因此可以用植物性起酥油与优良的猪油掺和使用，达到互补的效果。

④乳、蛋。使用鲜蛋时应该经过清洗、消毒、干燥。打蛋时要注意除去坏蛋和蛋壳，冰蛋要充分溶化后使用，蛋粉应先用油脂或水充分溶解混匀后使用。

鲜牛乳可过滤后直接使用，乳粉应经过筛后充分溶解才可使用。

⑤疏松剂。在饼干制作中使制品的体积膨胀，结构疏松的物质称为疏松剂。疏松剂有化学疏松剂和生物疏松剂两种。大多数种类的饼干都使用化学疏松剂。化学疏松剂中最常见的是小苏打（碳酸氢钠）和碳酸氢铵（臭碱）。酵母是制作苏打饼干时起发面团的生物疏松剂。

饼干常使用小苏打作为疏松剂。它可以扩大产品的表面积。溶解面筋，减少面筋强度，消除由于面筋的拉力而使产品难以伸长的影响。

⑥水。各种不同饼干所需的加水量是不同的。酥性饼干加水量少（占面粉量的16%左右），若加水量大，则易起面筋，饼干发硬而不酥；韧性饼干和苏打饼干的加水量可适当高些（占面粉量的20%左右）。

调制面团时，加水时间很重要。常将水与油、糖共同搅匀，乳化后再加面粉，从而降低面筋形成量。切忌面团调制好后再加水，这样水难以被面团吸收，给饼干成型带来困难。

⑦淀粉。在饼干配方中常加入淀粉，尤其是酥性和甜酥性饼干。使用淀粉的目的主要是降低面粉中的面筋蛋白质的浓度，减少面团在调制过程中形成面筋的量，降低面团的弹性而增加面团塑性，使饼干酥脆。淀粉使用量一般为面粉的5%~8%。

淀粉的种类很多，如玉米淀粉、小麦淀粉、薯类淀粉等。淀粉在使用前的处理方法与面粉基本相同。

⑧香料。饼干生产过程中都加入耐高温的香精油，如香蕉、橘子、菠萝、椰子等香精油，香料的用量需符合食品添加剂使用标准的规定。

（2）面团调制

面团调制是将各种生产饼干的原辅料混合成均匀面团的过程，是饼干生产的第一道工序，也是最关键的工序。面团调制直接影响成品的花纹、形态、疏松度、表面光滑度及内部组织结构等。

面团调制过程中影响面团形成的主要因素包括：投料顺序、面粉中蛋白质的质与量、面团调制时的温度、水和淀粉用量、调制面团的时间和面团静置时间。

生产酥性饼干的面团，其温度接近或略低于常温，需要在控制蛋白质吸水的条件下进行调制。酥性面团的水分含量低，温度低，搅拌时间短，这些条件都能抑制面筋的形成，从而调制成为有一定结合力、可塑性强的酥性面团。成型后的饼干花纹清晰，形态不收缩变形，烘烤后产品口感酥松，内部孔洞好。

① 投料顺序。酥性面团的调制方法是先将糖、油脂、乳品、蛋品、膨松剂等辅料与适量的水倒入和面机内均匀搅拌，形成乳浊液，在乳浊液形成后加入香精香料，以防止香味大量挥发。最后加入过筛后的面粉和淀粉，调制6~12min。

② 面团温度。若面团温度过高，则会造成黏弹性增大，结合力较差，不宜操作，花纹不清，收缩变形；若面团温度过低，则黏性增大，结合力较差，无法操作。一般酥性面团温度控制为26~30℃，甜酥性面团温度控制为19~25℃。

③ 面团调制时间。调制时间的长短是控制面筋形成和面团弹性的重要措施。酥性面团调制时间过长，会使面筋增强，面团可塑性下降，饼坯表面不光滑，成品不酥；调制时间不足，面团黏性大，易黏辊及黏模型，且不易脱模。一般酥性面团调制时间为6~12min。

④ 面团静置。面团调好后，适当静置10min，使蛋白质水化作用继续进行，降低黏性，增加弹性，方便辊扎。

⑤ 面团成熟度的判断。从和面机中取出一小块面团，用手搓捏面团，不黏手，软硬适中，面团上有清晰的手纹痕迹，当用手拉断面团时，拉断的面头没有收缩现象，则说明面团的可塑性良好，已达到最佳程度。

(3) 面团辊扎

辊扎也称辊压，是将调制好的面团，辊扎成形状规则，厚度均匀一致并接近饼坯的厚薄、横断面为矩形的符合要求的面片，以便在成型机上成型。

面团辊扎的作用：

① 使面筋进一步形成，黏性减少、塑性增加，便于饼坯的形成。

② 使面团中大气泡排除或分散成小气泡，避免烘烤成型后产生较大孔洞，使产品组织细致。

③ 使制品断面有清晰的层次，避免烘烤时收缩变形，成品饼干有良好的酥脆性。

④ 使面片厚薄一致、形态完整、表面光滑、质地细腻，有助于成型后花纹清晰。

面团辊扎的操作要点：多数酥性或甜酥性饼干面团一般不经辊扎而直接成型。主要原因是酥性或甜酥性面团的糖和油脂用量多，面筋形成少，质地柔软，可塑性强，一经辊扎易出现面带断裂、黏辊；同时在辊扎中增加了使面带的机械强度，使面带硬度增加，造成产品酥松性下降。

当面团黏性过大，或面团的结合力过小，皮子易断裂时，不能顺利成型，采用辊扎可以使面团的加工性能得到较好的改善。当需要辊扎时，用2~3对辊扎，采用较小压延比，不需旋转。

(4) 饼坯成型

饼坯成型设备随配方和品种不同而异，可分为摆动式冲印成型、辊印成型、辊切成型、挤条成型、挤浆成型、拉花成型等多种形式。对于不同类型的饼干，所调制的面团特性不同，这样就使成型方法各不相同。

①冲印成型。冲印成型是一种将面团辊扎成连续的面带后，用印模直接将面带冲切成饼坯和头子的成型方法。它的优点是能够适应大多数产品的生产，如韧性饼干、苏打饼干、酥性饼干等。其动作接近于手工冲印动作，对品种的适应性广，凡是面团具有一定韧性的饼干品种都可以冲印成型。

②辊印成型。辊印成型是目前在中小型企业应用较多的成型方法。辊印成型不要求面团具有韧性，而要求面团含水量少、硬度稍高，特别适用于高油脂、高糖成分的酥性饼干和甜酥性饼干成型，而不适于韧性饼干和发酵饼干的成型。它的优点是设备占地面积小，产量高，无需分离头子，运行平稳，噪声低。

③辊切成型。辊切成型是克服了冲印成型和辊印成型的缺点，将二者优点结合起来的组合机械。它先将面团压延成面带后，辊压出花纹，再经辊刀切割成饼干坯。它不仅适用于韧性饼干、发酵饼干的生产，也适用于酥性饼干和甜酥性饼干的生产，是目前较为理想的一种饼干成型机械。

（5）烘烤

成型后的饼坯，先捡出形态不完整、花纹不清晰的不符合饼坯，再送入烤炉输送带进行高温烘烤。饼坯经过一定高温加热后，发生一系列的化学、物理和生化作用，从水分含量减小，厚度增大，形成具有鲜明的浅金黄色，内部呈多孔性海绵状结构、形态稳定和具有特定香气及风味的饼干。

对于不同类型的饼干以及同一类型不同大小或厚薄的饼干，所需的烘烤温度和烘烤时间存在一定差异。酥性饼干有一定的油、糖，易脱水和着色，一般采用高温、短时间的烘烤方法，烘烤前期温度为230~250℃，以使饼干迅速膨胀和定型；后期温度为180~200℃，烘烤时间为3~5min。

（6）冷却、包装

烘烤结束后的饼干表面温度在200℃左右，中心温度在100℃以上。采用自然冷却的方法进行冷却，时间为6~8min，冷却过程是饼干内水分再分配及水分继续向空气扩散的过程，不经冷却的酥性饼干易变形，经冷却的饼干待定型后即可进行包装，产品经过包装即为成品。

饼干的包装形式分为袋装、盒装、听装和箱装等不同包装，包装的质量，可根据顾客的需要包装成500g、250g、100g装等小包装。包装材料应符合相应的国家卫生标准，各种包装应保持完整、紧密、无破损，且适应水、陆运输。

3. 成品质量指标

（1）感官指标

形状、大小、厚薄一致，呈金黄色或黄褐色，色泽基本均匀，口感酥松。

（2）理化指标

水分≤6%，碱度（以碳酸钠计）≤0.5%。

9.3 马铃薯面包加工

面包是焙烤食品中历史最悠久、消费量最多、品种繁多的一大类食品。它以小麦面粉为主要原料，以酵母、乳制品、油脂、糖、盐等为辅料，加水调制成面团，再经过发酵、整形、成型、烘烤、冷却等过程加工而成的焙烤制品。面包的种类很多，按面包软硬分为硬式面包和软式面包；按质量和用途分为主食面包和点心面包；按成型方法分为普通面包和花色面包。

9.3.1　面包加工的原辅料

1. 面粉

面粉是制作面包的最主要原料，由小麦磨制加工而成。制作面包的面粉要求面筋量多、质好，所以一般采用高筋粉、粉心粉。硬式面包可用粉心粉和中筋粉，一般不能用低筋粉；高级面包都要用特制粉。面粉的功能是形成持气的黏弹性面团，作为面包的骨架；同时，当配方中糖含量较少或不加糖时，提供酵母发酵所需的能量。

制作面包的面粉在使用前必须过筛，以混入空气及防止杂物和面粉中小的结块存在，另外，还要经过磁铁除杂装置，以除掉面粉中铁屑之类的金属杂质。

2. 酵母

酵母是制作面包必不可少的一种重要生物膨松剂。其主要作用是将可发酵的糖转化为 CO_2 和酒精，转化所产生的 CO_2 气体使面团酥松多孔，生产出柔软膨松的面包。此外，酵母在发酵时，能产生面包产品所特有的发酵味道。目前，我国生产面包使用的酵母有鲜酵母、干酵母、活性干酵母等 3 种。

调粉时一般先用一部分水把称好的酵母化开拌匀再加入面粉，使酵母在面团中分布均匀。在处理和使用各种酵母时，酵母不要与油脂或高浓度的食盐溶液、砂糖溶液直接混合，以免影响酵母的活力。

3. 乳制品

在面包配方中使用的乳制品主要有牛乳和乳粉。乳制品能改善面团性质，增加面筋强度，加强面筋韧性，提高面团的发酵耐力，增进面包表皮颜色，改善制品的组织，延缓制品的老化。

乳粉在使用前用适量的水将乳粉调成乳状液后使用，也可与面粉先拌均匀再加水，这样能防止乳粉结块。

4. 油脂

油脂是面包生产中的一种必备辅料。油脂在焙烤食品中起着润滑作用，还能使制品口感松软，表面光亮，同时提高面团的可塑性。但由于油脂能抑制面筋的形成和影响酵母生长，因此面包配料中油脂用量不宜过多，通常为面粉用量的 5 %～10%，油脂用量过多或加入时间过早，都会阻止面筋的大量形成，因此，油脂应在最后一次调制面团时加入。

面包中常用的油脂有猪油、奶油、人造奶油和熔化起酥油等。

5. 糖

面包配方中添加糖，一是为了增加制品的甜味，提高制品的色泽和香味；二是提供酵母生长与繁殖所需营养，调节发酵速度，调节面团中面筋的膨胀度。常用的糖有蔗糖、饴糖、葡糖糖浆、淀粉糖浆、蜂蜜等。

添加砂糖时，应先用温水溶解或碎成糖粉，再与面粉混合。如果直接混合会使面包表面存在可见的糖粒或糖粒在高温烘烤时溶化，造成面包表面粗糙及内部产生孔洞。

6. 食盐

食盐是制作面包的基本辅料之一，用量不多，但不论何种面包，其配方中均有盐这一部分。食盐可使面筋质地变密，增强面筋的立体网状结构，易于扩展延伸。同时，盐对酵母的发酵有一定的抑制作用，因而可以通过增加或减少配方中盐的用量，来调节、控制好发酵速度。因此，低筋面粉可使用较多的食盐，高筋面粉则少用盐，以调节面粉筋力。盐用量一般为面粉质量的1 %~2 %。用前必须溶解、过滤，用量不能过高，应避免与酵母直接混合。

9.3.2 马铃薯面包的加工

1. 基本生产工艺

根据面包发酵过程常将面包生产工艺分为一次发酵法、二次发酵法和快速发酵法。如果不考虑发酵方法，面包加工工艺流程主要为：原辅料预处理→面团调制→发酵→整形→成型→烘烤→冷却→成品。

2. 操作要点

（1）原辅料预处理

注意选用优质、无杂、无虫，合乎等级要求的原辅料。将马铃薯利用清水清洗干净，然后煮熟去皮，研成马铃薯泥，为防止土豆颜色变黑，在煮时不可用铝和铅质的锅，亦不可先将土豆切成块再煮。另外，土豆煮制的时间不宜太短，否则研磨不碎，面团中就有土豆块存在，成品表面颜色不均匀，表面有斑点。取马铃薯泥、煮马铃薯水配制成一定浓度的马铃薯溶液，备用。

面粉进行过筛备用；酵母、面包添加剂、白糖、精盐分别用温水溶化备用；鸡蛋打散备用。

（2）面团调制

面团调制也称搅拌、捏合，是经过处理的原辅料按配方用量和工艺要求，通过和面机的机械作用，使各种原辅料充分混合，面筋蛋白和淀粉吸水润胀，调制成具有良好黏弹性、延伸性、柔软、光滑发酵面团的过程，是生产面包的关键工序之一。

①面团调制的目的：使面团中各种原料充分接触，才能将面团调和均匀；加速面粉吸水、胀润，加速面筋形成速度，缩短面团形成时间；使面筋充分接触空气，从而促进面筋网络的形成，使面筋达到最佳的弹性和延展性能。

②面团搅拌程度的判断，主要靠操作者的观察，为了观察准确，可将搅拌的过程分为以下6个阶段：

a. 拾起阶段。此阶段为调制面团的第一个阶段。面粉等原料被水调湿，似泥状，没有形成一体，且不均匀，水化作用仅在表面发生一部分，面筋没有形成，用手摸面团发硬很粗糙，无弹性和延展性。

b. 卷起阶段。此阶段水分被面粉全部吸收，由于面筋的形成，面团产生了强大的筋性，将整个面团结合在一起，开始不再粘缸，用手摸面团不是很粗糙，但仍会黏手，手拉面团时无良好的延伸性，易断裂，缺少弹性，表面湿润。

c. 面筋扩展阶段。随着面筋的形成，面团表面逐渐趋于干燥，且较光滑，有光泽，用手触摸时有弹性，较柔软，拉面团时具有延伸性，但仍易断裂。

d. 完成阶段。此时面筋已完全形成，外观干燥、柔软而具有良好的延伸性，面团随和面机的转动发出拍打和面机壁的声音，面团表面干燥而有光泽、细腻而无粗糙感，用手拉取面团时，具有良好的延伸性和弹性，面团非常柔软，此阶段为最佳程度，应立即停止和面，进行发酵。

e. 搅拌过渡阶段。如果完成阶段不停止，而继续搅拌，面筋超过了搅拌的耐度，就会逐渐断裂，面筋胶团中吸收的水分又开始溢出，面团表面再次出现水的光泽，出现黏性，流动性增强，用手拉面团时黏手而柔软，这时已严重影响了面包的质量。

f. 破坏阶段。若再继续搅拌下去，面团就开始水化，越搅越稀且流动性很大。用手拉面团时手掌上会有一丝丝的线状透明胶质出现。这时面筋已彻底被破坏，不能再用于制作面包。

③面包品质的好坏与面团调制的程度有一定关系：

a. 搅拌不足。面团搅拌不足时，因面筋未能充分扩展，面团未达到良好的伸展性和弹性，既不能较好的保存发酵中产生的CO_2气体，又无法使面筋软化，所以做出来的面包体积小，内部组织粗糙，色泽差。搅拌不足的面团，因性质较黏和硬，所以整形操作也很困难，很难滚圆至光滑。

b. 搅拌过度。面团搅拌过度会使已形成的面筋被打断，导致面包在发酵产生时很难保住气体，使面包体积偏小，在搅拌时形成了过于湿黏的性质，造成在整形操作上很困难。面团滚圆后，无法挺立，向四周扩展，用这种面团烤出来的面包，因无法保存膨大的空气而使面包体积小，内部有空洞，组织粗糙且多颗粒，品质极差。

④影响面团调制的因素主要包括以下几方面：

a. 面团加水量。面团加水量要根据面粉的吸水率而定，一般为面粉量的45%～55%。加水过多造成面团过软，给工艺操作带来困难；加水量过少，造成面团过硬，制品内部组织容易粗糙，并且也会延缓发酵速度。

b. 面团温度。适宜的面团温度是面团发酵的必然条件。温度过高，会使面团失去良好的伸展性和弹性，无法达到扩展的阶段，这样的面团脆而发黏，严重影响面包的品质；温度过低，面团所需卷起的时间较短，但扩展的时间较长。为了保证面包的品质，面团形成时的温度应控制在26～28℃。这个温度不仅适合酵母的生长繁殖，也有利于面团中面筋的形成。

c. 搅拌机速度。搅拌机的速度对搅拌和面筋扩展的时间影响很大，快速搅拌面团卷起时间快，达到完成的时间短，面团搅拌后的性质较好。如果慢速搅拌则所需卷起的时间较久，而面团达到完成阶段的时间就长。

（3）面团发酵

面团发酵时面包加工过程中的关键工序。它是在适宜条件下面团中的酵母利用营养物质进行繁殖新陈代谢，产生CO_2气体和风味物质，使面团蓬松而富有弹性形成大量蜂窝，并使面团营养物质分解为人体易于吸收的物质。

①面团发酵的目的：在面团中积累发酵产物，赋予面包浓郁的风味和芳香；使面团变得柔软且具有延伸性和多孔结构，在烘烤时得到极薄的膜；促进面团的氧化，增强面团的持气能力；使酵母繁殖和发酵，产生CO_2气体，促使面团膨胀，具有轻微的海绵结构；有利于烘烤时的上色反应。

②面团发酵成熟度的判断主要采取以下3种方法：

a. 手触法。用手指轻轻按下面团，手指拿出后，面团既不弹回，也不继续下落，仅在凹处周围略微下落。表明面团成熟；如果被压凹的面团，很快恢复原状，表明面团发酵不足；如果凹下的面团随手指离开而很快跌落，表示面团发酵过度。

b. 拉丝法。用手将面团撕开，如果内部呈丝瓜瓤并有酒香，说明面团已经成熟。

c. 手握法。用手将面团握成团，如果手感发硬或黏手表明面团为成熟；如手感柔软且不粘手就是成熟适度；如果面团表面有裂纹或很多气孔，说明面团已经老了。

③影响面团发酵的因素主要包括以下几方面：

a. 发酵温度。温度是酵母生命活动的重要因素。面团发酵过程中，面包酵母的适宜温度为25~28℃，最高不超过30℃。如果温度过低会影响发酵速度；如果温度过高，虽缩短发酵时间，但会给杂菌生长创造条件，影响产品质量。

b. 酵母的影响。酵母的发酵力是酵母质量的指标。面团发酵时，酵母发酵度的高低对面团质量的影响很大，所以一般要求鲜酵母的发酵力在650mL以上，活性干酵母的发酵力在600mL以上。在同等条件下，增加酵母的用量，能加快面团短时间发酵的速度，提高气体保持力；但对于长时间发酵，易产生过成熟现象，气体保持力的持久性会缩短。因此长时间发酵，酵母的使用量应少一些。

c. 添加水量的影响。面团中加水量要根据面粉的吸水能力和面粉中蛋白质含量的多少而定。在一定范围内，面团中含水量越多，酵母繁殖速度越快，有利于加快发酵速度，因此适当提高面团加水量有利于面团的发酵。

d. 面粉质量。面粉中面筋蛋白质含量高，持气能力较强，但产生气体的速度较慢，发酵时间较长；面筋蛋白质含量较低，发酵面团的持气能力不足，造成成品塌陷、体积小。

（4）压面

压面是利用机械压力对面团进行组织重排、面筋重组的过程，使面团结构均匀一致，气体排放彻底，弹性和延伸性达到最佳，更柔软，易于操作。制成后的成品组织细腻，颗粒小，气孔细，表皮光滑，颜色均匀。若压面不足，则面包表皮不光滑，有斑点，组织粗糙，气孔大；若压面过度，则面筋损伤断裂，面团发黏，不易整形，面包体积小。

（5）面团整形

面团整形是将发酵好的面团做成一定形状的面包坯。面包整形包括切块、称量、搓圆、中间醒发（静置）、整形、装盘等工序。

①分块称量。按照成品规格的要求，将面团分块称量。在称量过程中，必须考虑在烘烤过程中水分蒸发所导致的重量减轻现象，减少的量为面团7%~12%。分块应在尽量短的时间内完成，主食面包的分块最好在15~20min内完成，点心面包最好在30~40min内完成。否则，面团发酵过度，将影响面包质量。

②搓圆。搓圆是将不规则的面块变成球形，使其表面光滑，内部组织结实。搓圆分为手工搓圆和机械搓圆两种。

搓圆的目的：一是使所分割的面团外围再形成一层皮膜，以防新生成的气体失去，同时使面团膨胀；二是使分割的面团有光滑的表皮，在后面操作过程中不会发黏，烤出的面包表皮光滑好看。

③醒发。醒发也称静置。就是把成型后的面包坯经过最后一次发酵，使面包坯达到应有的体积和形状。

醒发目的：面团经切块、搓圆后，排除一部分气体，内部处于紧张状态，面团缺乏弹性，如立即成型，面团表面易被撕裂，内部裸露出来，具有黏性，面筋受到极大地损伤，保不住气体，面包体积小，外观差，保存时间短；中间醒发可缓和由切块、搓圆工序产生的紧张状态，使酵母适应新的环境，恢复活性，使面筋恢复弹性，调整面筋延伸方向，增强持气性，使面团柔软，表面光滑，易于成型。

醒发条件：醒发的时间各不相同。醒发温度一般为27~29℃，温度过高，会促进面团迅速老化，持气性变差和面团的黏性增大；温度过低，面团冷却，醒发迟缓，延长中间醒发时间。适宜的醒发相对湿度为80%~85%，相对湿度太低，面包坯外表面易结成硬壳，使发酵的面包内部残存硬面块或条纹；湿度过大，面包坯表皮黏度会增大，影响成品外观。经过醒发的面团应是醒发前体积的0.7~1倍，若膨胀不足，整形时不宜延伸；若膨胀过大，整形时排气困难，压力过大，易产生撕裂现象。

④整形。面团经过中间醒发后，将面团整形成一定的形状，再放入烤盘内。根据不同品种可采用不同的方法整形，一般花色面包多用手工成型，主食面包多用机械成型。

(6) 面团成型

成型也称醒发或后发酵，将整形好的面包坯经过末次发酵，使面包坯体积增加1~1.5倍，也就是达到面包应有的体积和形状，这个过程称为成型。

①成型的目的：经过整形的面团，几乎失去了面团应有的充气性质，同时面筋失去原有的柔软而变得脆硬和发黏，如立即送入炉内烘烤，则烘烤的面包体积小，组织颗粒非常粗糙，同时顶上或侧面会出现空洞和边裂现象。为得到形态好、组织好的面包，必须使整形好的面包重新再产生气体，使面筋柔软，增强面筋伸展性和成熟度，使面坯膨胀到所要求的体积，以达到制品松软多孔的目的。

②成型工艺条件主要受温度、湿度、时间等3方面的影响：

a. 温度：醒发的常用温度是36~38℃，最高不超过40℃。温度过高，会使面包坯的表面干燥，烤出来的面包皮粗糙，有时甚至有裂口，同时高温也会影响酵母作用。

b. 湿度：相对湿度控制在80%~90%，以85%为最佳，不能低于80%。相对湿度过低易使面包表面结皮，不易使面包坯膨起，还会影响面包皮的色泽；相对湿度过大，会在面包表面结成水滴，使烤成的面包表面有气泡或白点。

c. 时间：成型时间一般控制在45~90min。成型时间不足，烤出的面包体积小，内部组织不良；成型时间过长，面包酸度过大，膨胀也过大，超过面筋的延伸极限而跑气塌陷，面包皮缺乏光泽或表面不平。

③成型适宜程度可从以下3个方面进行判断：体积：面包坯体积膨胀到面包应有体积的80%；膨胀倍数：成型后的面包体积增加3~4倍；形状、透明度和触感：随着醒发的进行，面包坯变得柔软，弹性增强，由于气泡的胀大和变薄，表面有半透明的感觉，用手指轻摸面团表面，感到面团有一种膨胀起来的轻柔感。

(7) 烘烤

醒发后的面包坯应立即进入烤炉烘烤，使生面包坯成熟、定型、上色，并产生面包特有的蓬松组织、金黄色表皮和可口香气。

①面包烘烤过程一般分为初期阶段、中期阶段、最后阶段共3个阶段。

a. 初期阶段：面包坯进烤炉初期，应在温度较低和相对湿度较高（60%~70%）的条件下进行焙烤，这样有利于面包进一步膨胀体积。烤炉面火要低以防止面包结皮，一般控制在120℃左右，底火要高，使底面固定大小，面包体积最大限度的膨胀，一般在200~

260℃，时间2~3min。这样可以避免面包坯表面干结而造成面包体积不足。

b. 中间阶段：面包成熟阶段。这阶段需要提高温度使面包定型。面火、底火可同时提高温度，约为270℃左右，时间为3~4min。这样可以使面包快速失水，面包坯定型成熟。此时面包坯已基本达到成品的要求，面筋已膨胀大弹性的极限，酵母活动停止。

c. 最后阶段：面包表皮着色、增加香气和提高风味的阶段。此阶段面包已经定型并基本成熟，炉温逐步降低，调至180~200℃，底火降至140~160℃。底火温度过高，会使面包底部焦煳。

②烘烤条件对面包品质的影响主要包括以下3个方面：

a. 烤炉预热温度不足。成型产品随即入炉，会使得焙烤时间延长，水分过度蒸发，烤焙损耗大，产品表面厚、颜色浅。这是因为热量不足，面包表面无法充分焦化，以致缺乏金黄色泽，且内部组织粗糙。此外，炉门打开时间过长也会致使炉温下降。

b. 烤炉温度太高。烤焙时产品表面过早形成硬皮，是内部组织膨胀受到压制，导致产品内部较黏而密实，达不到应有的松软，没有正常的香味。

c. 烤炉预热后空档太长。干热过久的内部炉膛聚集太多热量，而较低温度的产品一入炉，所有的热源会在烘烤过程的最初阶段集中于产品表面，形成太强的上火，随即热度消失快速降温，不稳定的炉内温度造成产品内部难熟。可在预热时事先放一杯水缓和热度；或者在产品入炉前先打开炉门让冷空气进入，赶走过多的热量以稳定炉温。

（8）面包的冷却与包装

①冷却。冷却是因为面包出炉以后温度很高，皮脆瓤软，没有弹性，经不起外界压力，如果立即进行包装或压片，会造成断裂，破碎或挤压变形。另外，刚出炉的面包如果立即包装，热蒸汽不易散发，遇冷产生的冷凝水便吸附在面包的表面，给霉菌生长创造条件，使面包容易发霉变质。冷却后的面包要求瓤心温度为35℃，表皮温度达到室温。

冷却的方法包括自然冷却和吹风冷却法。自然冷却是在室温下冷却，这种方法时间长，如果卫生条件不好易使制品被污染；吹风冷却是用风扇吹冷，冷却速度较快。

②包装。包装主要为了隔绝空气，保持产品卫生，防止细菌和杂质污染，同时，面包包装后可延长它的保鲜期，减少水分损失，保持面包特有的风味。

面包的包装材料要符合食品卫生要求，不得直接或间接污染面包；同时要求包装材料无毒、无异味、可与食品接触。包装面包的常用材料有耐油纸、蜡纸、聚乙烯、聚丙烯等。

3. 面包的质量标准

面包卫生质量必须符合GB 14611—2008、GB 7099—2003的要求，评判面包质量的主要指标有形状规格、感官指标、理化指标、卫生指标。

（1）形状规格

①形状。形状或对称度合格的面包应外形完整，长、宽、高均匀，边缘部分稍呈圆形而不过于尖锐，两头及中间应整齐。

②规格。每个面包质量不低于或不高于规格质量的±3%，一般面包质量根据配方中辅料多少而定，每个面包所需面粉按出成品面包的1.4份计量，再加上辅料的出品率，就可确定面包成品质量。

（2）感官指标

①色泽：表面呈金黄色或红褐色的，色泽基本一致，无斑点，不焦煳。

②形态：按品种造型设计不走样，粘连最大面积不大于周长的1/4。

③内部组织：气孔细密均匀，成海绵状，不得有大孔洞，富有弹性。

④口感：不酸、不黏、不生、无异味、松软爽口，具有酵母清香味。

（3）理化指标

①水分含量：以面包中心部位为准，为34%~44%。

②酸度：以面包中心部位为准，pH≤6。

③比容：咸面包的比容为3.4mL/g以上；淡面包、甜面包及花色面包的比容为3.6mL/g以上。

（4）卫生指标

成品无杂质、无霉变、无虫害、无污染。每100g面包细菌总数≤1000个，大肠杆菌≤30个，致病菌不得检出。

9.4 其他马铃薯焙烤食品加工

9.4.1 马铃薯米醋强化面包

1. 生产工艺与配方

（1）原料配方

面包粉380g、马铃薯75g、绵白糖60g、盐4g、鸡蛋1个、油30g、酵母4g、面包添加剂1.5g、卵磷脂、米醋、水适量。

（2）生产工艺

①米醋的制备工艺流程：糯米→清洗→浸泡→蒸煮→冷却→混合→酒精发酵→压滤→酒液稀释→接种→醋酸发酵→陈酿→灭菌→米醋。

②马铃薯泥的制备工艺流程：新鲜马铃薯→选料→洗涤→剥皮→切片→浸泡→蒸煮→捣烂→马铃薯泥→备用。

③面包的生产工艺流程：鸡蛋、糖、米醋、卵磷脂、面包添加剂→加水调制→加面粉、酵母、马铃薯泥混合→搅拌→最终面坯→静置→切块→称量→搓圆→整形→摆盘→发酵→烘烤→冷却→脱盘→成品。

（3）操作要点

①米醋的制备操作要点：精白米用水洗净后，在水中浸泡20h，捞出后放在锅中蒸煮，常压下蒸30min左右，使米粒松软熟透。冷却至35~38℃后接入酒曲，放置培养室内培养发酵，在糖化的同时还进行酒精发酵。在28~30℃下经过30d的酒精发酵后，得到酒醪，乙醇含量为16%~18%。然后挤压出酒糟，分离酒液。将酒液用水稀释至酒精含量为8%左右，达到醋酸菌的发酵浓度，再将醋酸菌菌种接入酒液，进行醋酸发酵。醋酸发酵结束后，进行陈酿、杀菌后制得所需米醋产品。最后所得米醋的氨基酸含量为250mg/L，可溶性固形物为2.5%。由于米醋酿造过程中加入了多种微生物，通过代谢产生多种营养物质，这些营养物质在面包中具有极为重要的作用。

②马铃薯泥的制备操作要点：

a. 选料：选择优质马铃薯，无青皮、虫害、个大均匀，禁止使用发芽或发绿的马铃薯。因为马铃薯含有茄科植物共有的龙葵素，主要集中在薯皮和萌芽中。所以当马铃薯发芽或发绿时，必须将发绿或发芽部分削除。

b. 切片：将马铃薯用刀切成15mm厚的薄片。

c. 浸泡：马铃薯切片后，立即投入到3%的柠檬酸和0.2%抗坏血酸溶液或亚硫酸溶液中，因为去皮后马铃薯易发生褐变，浸泡处理可避免马铃薯片在加工过程中褐变。

d. 蒸煮：常压下利用蒸汽蒸煮30min。

e. 捣烂：蒸煮后稍冷却片刻，用搅拌机搅成马铃薯泥。

③面包的生产操作要点：将面粉和酵母混合均匀后，倒入搅拌机中，与制备好的马铃薯泥搅拌均匀。将糖、鸡蛋、米醋、面包添加剂、卵磷脂等加入30℃的温水中调匀，投入搅拌机中继续搅拌。在面坯中面筋尚未充分形成时，加入色拉油继续搅拌。当面团不粘手，手拉面团有很大弹性时，加入精盐再搅拌10~15min即可。从搅拌机中取出已经揉好的面团，先静置，然后将面团分割成100g左右的生坯，揉圆入模，在38℃、相对湿度为85%以上的恒温恒湿箱中发酵2.5h，再送入红外线烘箱（炉）中于198℃烘烤约10min，最后取出面包，经过冷却、包装即为成品。

（4）成品质量指标

①感官指标。色泽：表面呈金黄色，均匀一致，无斑点，无发白现象，瓤呈淡黄色，有光泽；气味：具有浓郁的烘烤香味；口感：松软适口，不酸不黏，不牙碜，无异味；结构：细腻有弹性，切面气孔大小均匀一致，纹理结构清晰；风味正常，具有马铃薯固有的风味，无异味、无霉味、无酸味。

②理化指标：水分35%~36%，比容3.4mL/g，酸度6°T。

③微生物指标：细菌总数 < 750个/g，大肠菌群 < 30个/100g，致病菌不得检出。

9.4.2 马铃薯油炸糕

1. 原料配方

马铃薯泥500g、熟面粉400g、白糖、熟芝麻面各50g、豆油1000g（实耗100g）。

2. 生产工艺

面粉→蒸制

↓

原料选择→处理→马铃薯泥→成型→油炸→成品

3. 操作要点

（1）马铃薯泥制备

选无芽马铃薯（不用青马铃薯，以免影响口感），用清水洗净，用去皮机去皮，再用水洗净，上蒸笼蒸熟（不要靠锅边，以免烤煳影响口感），最后用搅馅机将熟马铃薯搅成泥（不要有小块）。

（2）熟面粉制备

所用的熟面粉为蒸面，在蒸面时上下蒸笼都要用棍插上孔，以便上下通气。蒸熟后稍冷却即进行筛粉，否则冷却时间长会使面粉结成硬块，筛粉困难。

（3）油炸糕制作

将马铃薯泥、熟面粉与适量的小苏打混合，揉成面团，醒发10min，分成30个剂子，搓圆压扁，用擀面杖擀成饼，厚薄适度，醒发10min；豆油入锅烧至七成熟时，将饼沿锅边放入，炸至金黄色时捞出装入盘中，撒上糖和熟芝麻面即成。

9.4.3　橘香马铃薯条

用柑橘皮、土豆等为原料加工的橘香马铃薯条，颜色金黄，清香酥脆，入口甜美。

1. 原料配方

马铃薯100kg、面粉11kg、白砂糖5kg、柑橘皮4kg、奶粉1~2kg，发酵粉0.4~0.5kg，植物油适量。

2. 主要设备

台秤、粉碎机、和面机、压条机、封口机、锅、桶。

3. 生产工艺

选料→制泥→制柑橘皮粉→拌粉→定型→炸制→风干→包装→成品。

4. 操作要点

(1) 制马铃薯泥

选无芽、无霉烂、无病虫害的新鲜马铃薯，浸泡约1h后用清水洗净其表面泥沙等杂质，然后置蒸锅内蒸熟，取出去皮，粉碎成泥状。

(2) 制柑橘皮粉

将柑橘皮洗净，用清水煮沸5min，倒入石灰水中浸泡2~3h，再用清水反复冲洗干净，切成小粒，放入5%~10%盐水中浸泡1~3h，并用清水漂去盐分，晾干，碾成粉状。

(3) 拌粉

按配方将各种原料放入和面机中，充分搅拌均匀，静置5~8min。

(4) 定型、炸制

将适量植物油加热，待油温升至150℃左右时，将拌匀的马铃薯混合料通过压条机压入油中。当泡沫消失，马铃薯条呈金黄色即可捞出。

(5) 风干、包装

将捞出的马铃薯条放在网筛上，置干燥通风处冷却至室温，经密封包装即为成品。

9.4.4　马铃薯三明治

马铃薯三明治以新鲜马铃薯为主料，配以肉类、各种蔬菜、食用菌、天然调味品等辅料制造的形似“三明治”的食品。它采用现代先进工艺与设备，使产品呈现白、绿、红相间的色泽，外形诱人，味道鲜美，口感独特，是一种食用方便、保质期长、物美价廉、营养丰富的方便食品，可配菜，也可单独食用。

1. 原料配方

马铃薯50%、鲜猪肉15%、蘑菇15%、胡萝卜15%、其他调味品5%。

2. 主要设备

清洗机、去皮机、打浆机、成型模、不锈钢蒸煮锅、调配缸等。

3. 生产工艺

选料→打浆→调配→包装→成型→蒸煮→冷却→成品。

4. 操作要点

（1）选料

选用无病变霉烂的新鲜马铃薯，去皮蒸熟；鲜猪肉去掉肥肉，用绞肉机绞成肉泥，其他原料也打成浆泥状。

（2）调配

将上述原料按配方和不同的调味品混合调配均匀待用。

（3）成型

将调配好的原料分上、中、下三层，压成方形或长方形，然后装入耐高温、透明、可食用的包装袋中封口。

（4）蒸煮

在100℃的蒸汽中蒸30~40min，蒸熟，然后自然冷却。该产品层次分明，保持天然色泽，切片细腻，入口鲜嫩。

9.4.5 马铃薯乐口酥

1. 原料配方

马铃薯泥100kg、淀粉12~15kg、奶粉1kg、香甜泡打粉1.5kg、食盐1kg、糖7~8kg、调味料适量。

2. 生产工艺

马铃薯→清洗→去皮→蒸熟→搅碎→配料→搅拌→漏丝→油炸→调味→烘干→包装→成品。

3. 操作要点

（1）选料、清洗

选用无芽、无冻伤、无霉烂及无病虫害的马铃薯为原料，放入清洗池或清洗机中，去泥沙。

（2）去皮

用去皮机将马铃薯皮去掉或采用碱液去皮法去皮。如果生产量较小，可蒸熟后将皮剥掉。

（3）蒸熟

利用蒸汽将马铃薯蒸熟。为缩短蒸熟时间，可将马铃薯切成适当的块或条。

（4）搅拌、配料

利用绞肉机或搅拌机将熟马铃薯搅成马铃薯泥，然后按照配方加入其他原料，搅拌均匀后，放置一段时间。

（5）漏丝、油炸、调味

将糊状物放入漏孔直径为3~4mm的漏粉机中，其压出的糊状丝直接掉入180℃左右的油炸锅中，压出量为漂在油层表面上3cm厚为宜，以防泥丝入锅成团。当泡沫消失后便可出锅，一般炸3min左右。当炸至深黄色时即可捞出（炸透而不焦煳），放在网状筛内，及时撒入调味料，令其自然冷却。

（6）烘干

将炸好的丝放入烘干房内烘干，也可用电风扇吹干，一般吹1~2d，产品便可酥脆。

4. 成品质量指标

（1）感官指标

色泽：呈深黄色；口感：入口酥脆、无异味；规格形状：呈长短不等的细丝状，丝的直径为2.5~3mm。

（2）理化指标

脂肪25%，蛋白质5%，水分<6%。

（3）微生物指标

细菌总数≤750个/g，大肠菌群≤30个/100g，致病菌不得检出。

9.4.6　马铃薯菠萝豆

1. 原料配方

马铃薯淀粉25kg、精白糖12.5 kg、薄力粉2.0 kg、粉状葡萄糖1.15 kg、脱脂奶粉0.5 kg、鸡蛋4 kg、蜂蜜1 kg、碳酸氢铵0.025 kg。

2. 生产工艺

原料→混合→压面→切割→滚圆成型→烘烤→包装→成品。

3. 操作要点

（1）原料混合

先将除淀粉之外的所有原料在立式搅拌机中混合搅拌10min，然后加入马铃薯淀粉，利用窝式搅拌机搅拌3min左右和成面团。

（2）压面

和好的面团用饼干成型机三段压延，压成9mm厚的面片，然后用纵横切刀切成正方形。

（3）滚圆成型

将正方形小块用滚圆成型机滚成球状。

（4）烘烤

将球状的菠萝豆整齐地排列在传送带上，在传送的过程中，有喷雾器喷出细密的水雾喷在菠萝豆上，使其外表光滑。烘烤温度为200~230℃，烘烤时间为4min。

（5）包装

烘烤结束后，经过自然冷却后进行分筛，除去残渣后进行包装即为成品。

9.4.7　马铃薯桃酥

1. 方法一

（1）原料配方

面粉80kg、马铃薯全粉25kg、白砂糖30kg、猪油及花生油25kg、碳酸氢铵1kg、水18~20kg。

（2）生产工艺

面团调制→切剂→成型→烘烤→冷却→包装→成品。

（3）操作要点

①面团调制：将糖、碳酸氢铵放入和面机中，加水搅拌均匀，再加入油继续搅拌，最

后加入预先混合均匀的马铃薯全粉和面粉，搅拌均匀即可。

②切剂：将调制好的面团切成若干长方形的条，再搓成长圆条，按定量切出面剂，每剂约45g，然后撒上干面粉。

③成型：将面剂放入模具内按实，再将其表面削平，磕出即为生坯，按照一定的间隔距离均匀地放入烤盘。

④烘烤：将烤盘放入烤箱或烤炉中，烘烤温度180～190℃，烘烤时间为10～12min，烘烤结束后，经过自然冷却或吹风冷却再进行包装即为成品。

（4）成品质量标准

产品扁圆形，周正，大小厚薄一致，摊裂均匀不焦边，不糊底，内有均匀的小蜂窝，酥松香甜，无异味。

2. 方法二

（1）原料配方

面粉200g、泡打粉3.0g、小苏打1.2g、马铃薯、白砂糖、植物油、鸡蛋适量。

（2）生产工艺

①马铃薯泥的制备：马铃薯→清洗、去皮→切块→蒸制→冷却→捣碎→马铃薯泥。

②马铃薯桃酥的生产：

小苏打、泡打粉、马铃薯泥、面粉

↓

白砂糖、植物油、蛋液→面团调制→入模→成型→码盘→焙烤→冷却→成品

（3）操作要点

①原料预处理：选择成熟度适中、无发芽、无青绿色、无机械损伤的马铃薯，用清水洗去表面污垢，用刀手工去皮，再切成厚薄适中的小块，将其放入清水中待用。

②蒸制：将马铃薯小块放入洁净的蒸笼中蒸制25min左右，直到使其组织充分熟透软化。

③捣碎：将蒸制熟透并冷却至室温的马铃薯块放入洁净的盆内并用手工将其捣碎成泥，直至手抓无颗粒感。

④辅料预处理：用调平并清理干净的托盘天平将所需辅料称量适当。

⑤辅料预混：将称好的鸡蛋、白砂糖和植物油放入盆内搅拌，混合均匀。

⑥面团调制：将所需的马铃薯泥加入辅料中，充分混合，之后加入泡打粉和小苏打继续搅拌，再放入称好的标准面粉，搅拌均匀，面团即调制成功。

⑦成型：将调制好的面团按量放入模具内，抹平后磕出即可。

⑧码盘：给洁净的烤盘内部均匀刷植物油，将磕出的桃酥以一定间隔码入盘内，以免因为摊裂使成品互相粘连。

⑨焙烤：将码好桃酥的烤盘放入已经预热过的烤箱内，上温下温均为180℃，烘烤18min。

⑩冷却：将出炉的桃酥冷却至室温，以达到桃酥应有的感官特征。

（4）成品质量指标

色泽：表面深黄色，底面浅黄色；口感：酥松适口、细腻、口味纯正，无异味；规格形状：外形整齐，底面平整，厚薄一致，表面摊裂均匀，无塌陷。

9.5 马铃薯焙烤食品加工设备

9.5.1 饼干成型机

1. 冲印成型机

冲印式饼干成型机主要用来加工韧性饼干、苏打饼干及油脂含量较低的酥性饼干，可分为间歇式和连续式（摆动式）两种。间歇式机型目前已经基本淘汰。

连续式（摆动式）饼干成型机由于规格及性能的不同，其结构形式也有所不同。但配合完成成型操作的要求，基本都设有面皮辊轧部分、冲印成型部分、余料分离部分、输送入炉部分等组成。如图9-1所示为常见的连续摆动式冲印饼干成型机。

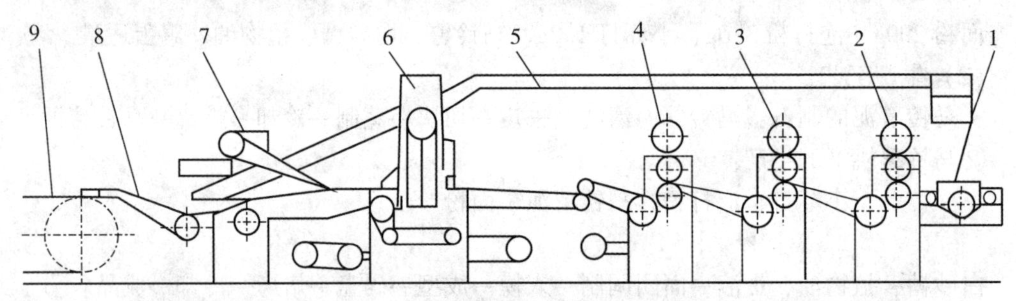

1—面块进入输送带；2、3、4—面皮轧辊；5—捡分输送带；6—摇摆印机构；
7—余料分离机构；8—饼干生坯输送带；9—烘烤炉网（钢）带

图9-1 连续摇摆式冲印饼干成型机

工作时经辊压机初步辊轧过的面块被送入成型机的面皮辊轧部分，一般经过33对旋向相同轧辊的连续辊轧，形成厚薄均匀一致的面带。面带被送入冲印成型部分，通过连续摇摆冲印的印模，从而产生带有花纹的饼干生坯和边料。冲印成型后的面带继续向前输送，经余料分离部分使饼干生坯与余料分离。饼坯由传送带送至烘烤的网带（或钢带）上入炉烘烤，余料经余料返回输送带送回辊轧部分再进行辊轧复用。

冲印成型机的缺点是冲击载荷较大，不适宜在楼层高的厂房内使用，噪声大，产量不及辊印式和辊切式成型高。

2. 辊印成型机

辊印式饼干成型机主要适用于加工高油脂酥性饼干，更换该机印模辊后，通常还可以加工桃酥类糕点，所以也称为饼干桃酥两用机。辊印饼干机是将面团不经辊印直接压入印模内成型，其印花、成型、脱模等操作是通过成型脱模机构的辊筒转动一次完成的，并且不产生余角料。

辊印式饼干成型机有两种：一种是直接进入网带（钢带）式（见图9-2）；另一种是落烤盘式（见图9-3），这种类型的成型机只需更换成型模就可生产桃酥，所以又称饼干、桃酥两用机。前一种成型机的产量大，配合网带（钢带）炉直接进入烘烤，热损失也小。后一种成型机必须经烤盘，配套链条炉使用，热损失大，但使用、组合较为灵活。

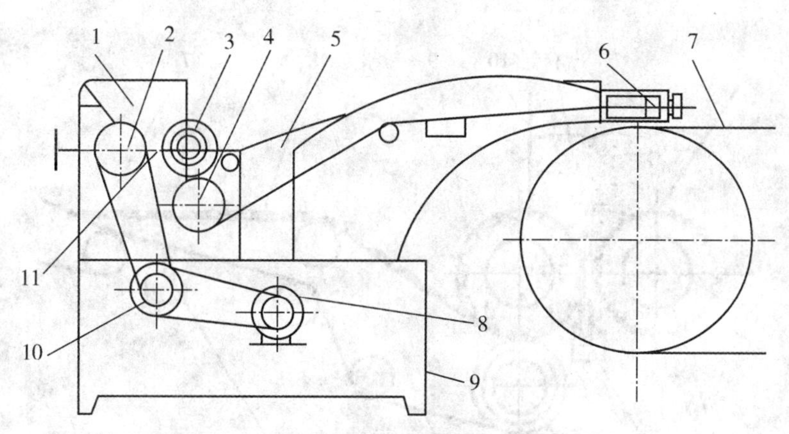

1—料斗；2—喂料辊；3—花纹成型机；4—橡胶脱模辊；5—帆布传送带；6—帆布刀口分离器；7—烘烤炉网（钢）带；8—电动机；9—机架；10—减速器；11—刮刀

图 9-2　直接进入烘烤辊印饼干机结构示意图

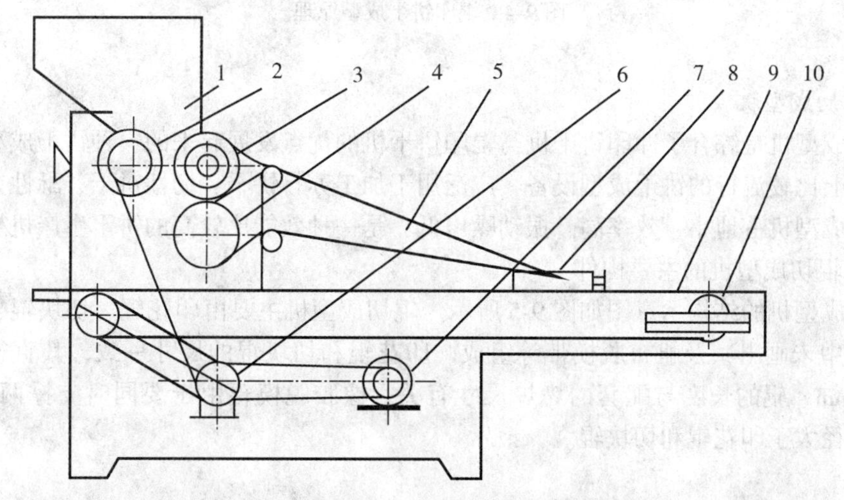

1—料斗；2—喂料辊；3—花纹成型辊；4—橡胶脱模辊；5—帆布传送带；6—减速器；7—电动机；8—帆布刀口分离器；9—烤盘输送链条；10—张紧装置

图 9-3　饼干、桃酥两用辊印饼干机结构示意图

图 9-4 为辊印饼干成型原理示意图。饼干机工作时，喂料槽辊与印模辊在齿轮的驱动下相对回转。面斗内的酥性面料依靠自重落入两辊表面的饼干凹模中，之后由位于两辊下面的刮刀将凹模外多余的面料沿印模辊切线方向刮落到面屑接盘中。印模辊旋转，含有饼坯的凹模进入脱模阶段，此时橡胶脱模辊依靠自身形变，将粗糙的帆布脱模带紧压在饼坯底面上，并使其接触面间产生的吸附作用力大于凹模光滑内表面与饼坯间的接触结合力。因此，饼干生坯便顺利地从凹模中脱出，并由帆布脱模带转入生坯输送带上。

辊印式饼干成型机工作平稳、无冲击、振动噪声小，加之省去了余料输送带，使得整机结构简单、紧凑、操作方便，成本较低。但这种机型的适用范围不广，不能生产韧性饼干和苏打饼干类产品。

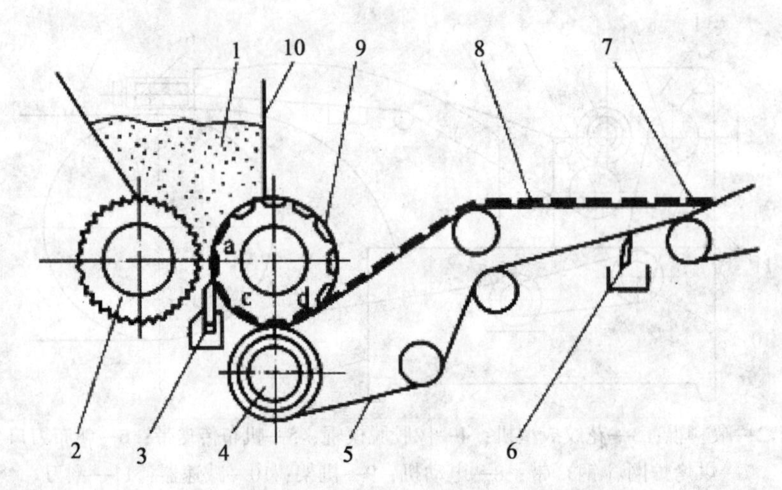

1—面料；2—喂料槽辊；3—分离刮刀；4—橡胶脱模辊；5—帆布脱模辊；6—帆布带刮刀；
7—帆布袋楔铁；8—饼干生坯；9—印模辊；10—面斗

图9-4　辊印饼干成型原理

3. 辊切成型机

辊切成型机是综合了冲印饼干机与辊印饼干机的优点发展起来的一种饼干成型机，是目前国际上比较流行的饼干成型设备，广泛用于加工苏打饼干、韧性饼干、酥性饼干等产品。辊切成型机占地小、效率高、振动噪声低，是一种效能比较高的饼干生产机械。

（1）辊切成型机的主要构件

辊切成型机的结构示意图如图9-5所示。辊切成型机主要由印花辊、切块辊、橡胶脱模辊（图中未画出）及帆布脱模带等组成。印花辊和切块辊的尺寸一致，其直径一般为200~230mm。辊的长度与配套的烤炉尺寸有关。橡胶脱模辊由于要同时支撑两个压辊，所以其直径大于印花辊和切块辊。

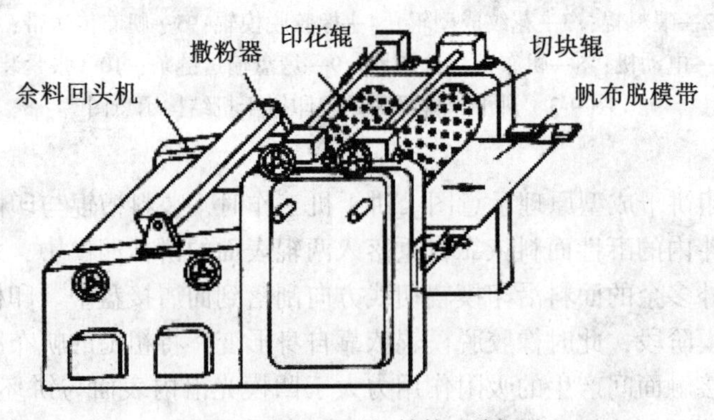

图9-5　辊切成型机结构示意图

（2）辊切成型机的成型原理

辊切饼干成型原理示意图如图 9-6 所示。辊切饼干机的操作步骤与冲印饼干机相一致，仅辊切成型操作是通过压辊回转来实现的。这种连续回转成型使机构工作平稳，因此给整机操作带来许多方便。

混合好的面料经压延辊压延成规定厚度、表面光滑、连续均匀的面带后，由帆布输送带送往辊切成型部分。首先，面带经过与橡胶辊作相对转动的印花辊压印出花纹，随后在经与橡胶辊作相对转动的切块辊切出带花纹的饼干生坯和头子，成型生坯由水平输送带送至烤炉，头子则经帆布带提起后，由回头机送回到压片机构前端的料斗中。这种辊切成型技术的关键在于应严格保证印花辊与切块辊的转动相位相同，速度同步，否则切出饼干生坯的外形与图案分布不符。

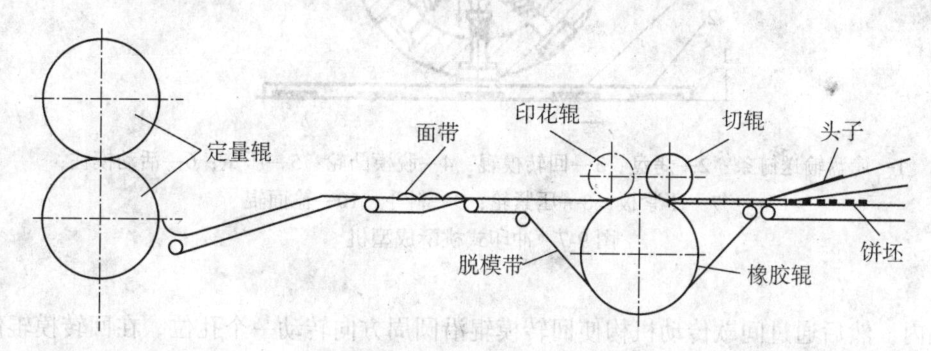

图 9-6　辊切饼干成型原理示意图

9.5.2　桃酥成型机

桃酥成型机是机械生产桃酥所必需的设备。机械式生产桃酥的成型方式分为辊印与冲印两种。

1. 辊印式桃酥成型机

辊印式桃酥成型机与辊印式饼干成型机的结构、工作原理一致，只是印模的规格尺寸等不同。

辊印式桃酥成型机的印模造型宜用粗线条花纹，周边形状宜用圆形或弧形，忌用方形或长方形，这是由于桃酥配方中面团结合力相对较差，在焙烤过程中饼体周边向外胀发，直线条的周边胀发后难以保持直线状态，常会向外“鼓出”有损产品外观。

桃酥体较厚，印模深度较深，由于生坯底面积与外表面面积之比减小，对脱模作业增加难度，为此，在设计印模时四周模壁要有一定斜度，印模四周底边与模壁连接处应呈一定弧度（不宜采用直角形连接）。在操作上出现脱模困难时，可在脱模帆布上喷少量水，以增加生坏底部与帆布之间的黏着力，使生坯从印模中顺利脱出。

2. 冲印式桃酥成型机

冲印式桃酥成型机是机械式生产桃酥使用较多的一种机型。该机主要由供料机构、成型机构、脱模机构、烤盘输送机构及传动机构等组成，如图 9-7 所示。

桃酥的成型模加工在一回转模辊上，模辊按相同夹角沿轴向开有数个模孔，模孔的直径按产品的规格而定。工作时，将调制好的面团送入料斗，通过输面辊的回转，将坯料填

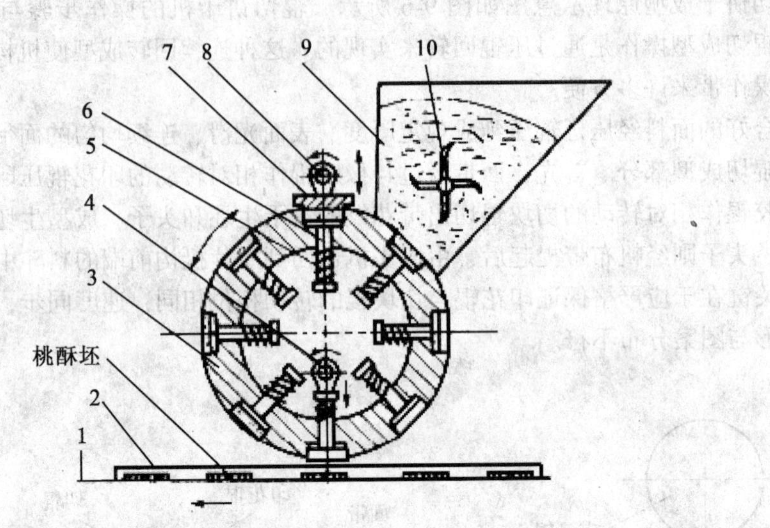

1—烤盘输送链条；2—烤盘；3—回转模辊；4—脱模凸轮；5—压簧；6—活动模柱；
7—压紧板；8—压紧轮；9—料斗；10—输面辊

图9-7　冲印式桃酥成型机

入模孔内，然后通过间歇传动机构使回转模辊沿圆周方向转动一个孔位。在回转模辊停转的时间内，由压紧凸轮带动压紧板上的冲印柱塞将桃酥坯料压紧。同时，脱模凸轮带动活动模柱运动，将成型后的桃酥饼坯从模孔中冲出落在烤盘中。当处于压紧和脱模位置上的冲印柱塞和活动柱塞上升并复位后，回转模辊又开始转动。与此同时，烤盘输送链带动烤盘向前移动一个工位。

采用机器生产的桃酥饼坯具有形状整齐、质量准确、生产率高、卫生条件好等优点，但桃酥口感不如手工制作的桃酥口感好。

9.5.3　卧式和面机

卧式和面机是生产中应用比较广泛的一种和面机，其搅拌容器轴线与搅拌器回转轴线都处于水平位置。它结构简单，制造成本一般较低，卸料、清洗方便，但占地面积较大，如图9-8所示。

卧式和面机主要由搅拌器、搅拌容器、传动装置、容器翻转机构及机架等组成。该机主轴上安装四片桨叶，桨叶是按圆周等分安装在主轴上，在侧壁上装有三把固定不动的横切刀，当主轴回转时，桨叶和横切刀便对物料产生压缩、剪切、捏合与对流混合等作用，从而使物料很快地混合均匀。桨叶的转速一般较低，为14~35r/min。卧式和面机主要用于调制酥性面团。很明显，桨叶是绕一个方向旋转，对面团的作用基本是拉伸，这样调制出的酥性面团质量不高。因此在和面时应加强对面团的压捏作用，提高酥性面团的质量。

9.5.4　醒发设备

常用的面包醒发设备分为中间醒发设备和最后醒发设备两种。大批量生产面包的厂家，为了配合机械化连续式生产的需要，中间醒发设备采用了机械式，最后醒发设备采用

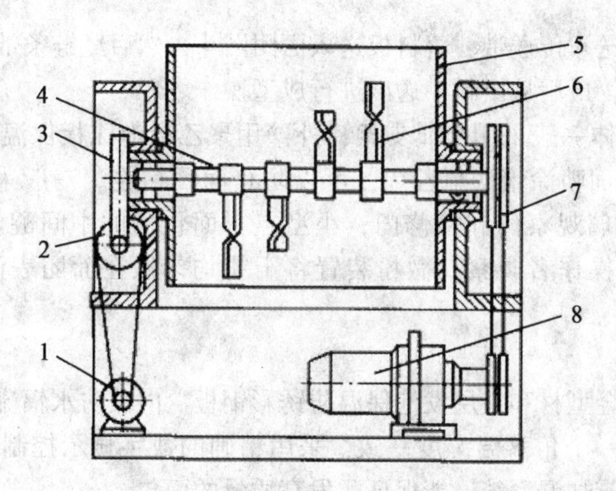

1—副电动机；2—蜗杆；3—蜗轮；4—主轴；5—筒体；6—桨叶；7—链轮；8—主电动机

图 9-8 卧式和面机结构示意图

了多层回转自动醒发机。除了一部分厂家的中间醒发设备采用了机械式醒发机外，大部分厂家还在使用醒发房和醒发箱来进行中间醒发、最后醒发工艺的操作。

1. 中间醒发机

中间醒发的目的是为了使分割搓圆后的面团中的酵母有短时的休息，并使面团恢复弹性，这样再去整形和最后醒发，面团才能充分膨胀，烤出的面包比容较大。常用的中间醒发机主要由面团进料机构、出料机构、面团网斗、传动机构和箱体等组成，如图 9-9 所示。

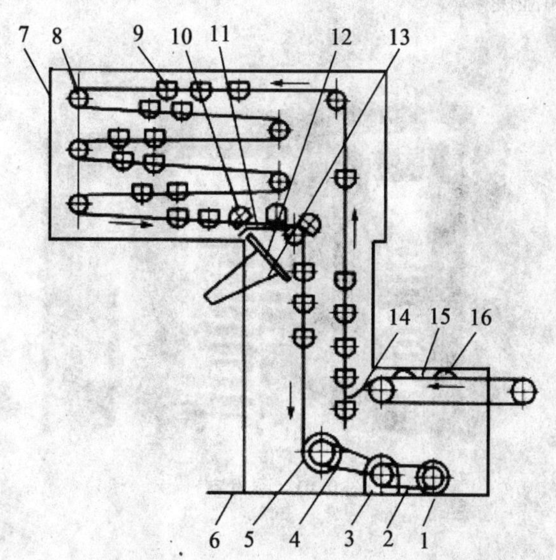

1—电动机；2—三角带；3—减速机；4—链条；5—传动链轮；6—传动链条；7—箱体；8—张紧链轮；9—面团网斗；10—翻斗时翻斗；11—翻斗机构；12—料槽板；13—出料斗；14—落料板；15—送入传送带；16—面团

图 9-9 中间醒发机工作示意图

工作时，面团经送入传送带、落料板送入面团网斗，然后经链条带动在箱体内匀速运行，再经过翻斗机构，最后从出料斗送出进行成型操作。

中间醒发机的箱体一般采用金属支架，外壁用聚乙烯泡沫板保温。网斗一般用不锈钢丝冲压成碗形，表面喷涂聚四氟乙烯，可以防止面团粘连。一般采用6个网斗一排，用框架固定。设有玻璃观察门和检修门，小型点心面包用的中间醒发机，箱体两侧是大面积玻璃窗，便于操作者观察。撒粉装置将干粉均匀撒在面团表面以减少与网斗和机器的粘连。

2. 醒发箱

醒发箱采用铝合金型材和夹层发泡保温防锈彩钢板。内装防水辐流式循环系统，不必调盘即可保证箱内每一个角落温湿度一致，采用精确的数字显示控制温度和内藏式德国KOBOLD湿度控制喷雾加湿系统，能保证醒发高质量的面包。

3. 醒发室

醒发室如图9-10所示，一般采用砖墙结构，也有采用金属框架的拼装结构，用聚乙烯泡沫板保温。醒发室开有门，供放置醒发面块的醒发车进、出使用。醒发室顶应做成弧形，以利水珠能顺着屋顶及墙壁流到地面，避免水珠直接落到面团上，影响正常醒发。醒发室四周需开排水槽，让冷凝水及时排出，防止室内积水。供热、供湿一般采用锅炉供汽，也可采用室内电加热水箱加热、加湿的方式。

醒发室的结构简单，投资少，比较实用可靠，还可兼作发酵室使用。但劳动强度大，工艺操作条件差。醒发室采用铝合金型材框架和夹层发泡保温防锈彩钢板，插接拼装结构，内装电热式、蒸汽发生器及防水辐流式循环系统，以保证室内每一个角落温湿度一致，精确地控制温度和湿度。

图9-10 醒发室

9.5.5 常用烤炉设备

烤炉根据热源不同，可分为煤炉、煤气炉、燃油炉和电炉等。电炉是指以电为热源的烤炉，根据辐射波长的不同，又可分为普通电烤炉、远红外烤炉等。电烤炉具有结构紧凑、占地面积小、操作方便、便于控制、生产效率高、焙烤质量好等优点。其中以远红外

（far-red ray baking oven）电炉最为突出，它利用了远红外线的特点，提高了热效率，节约了电能，在大、中、小食品厂都得到广泛应用。

食品烤炉按结构形式不同，又可分为箱式炉和隧道炉两大类。

1. 箱式炉

箱式炉外形如箱体，按食品在炉内的运动形式不同，分为烤盘固定式箱式炉、风车炉和水平旋转炉等。其中烤盘固定式箱式炉的结构最简单、使用最普遍、最具有代表性，常简称为箱式炉。

（1）箱式炉

箱式炉炉膛内安装有若干层支架，用以支撑烤盘；辐射元件与烤盘相间布置。在烘烤过程中，烤盘中的食品与辐射元件之间没有相对运动。这种烤炉属于间歇操作，所以产量小，适于中小型食品厂。

箱式分层电烤炉由角铁、钢板、保温材料、电热管等组成。炉壁外层的间钢板，中间夹有保温材料；内壁则装有抛光不锈钢板，可增加折射能力，提高热效应；顶部开有排气孔，供排除烘烤中产生的水蒸气。炉膛内壁上装有若干层支架，每层支架上可放置多只烤盘。电热管与烤盘为相间布置，作为各层烤盘的底火和面火。

这种炉型结构简单，占地面积小，造价也低。但电热元件和烤盘之间为固定位置，没有相对运动，所以烘烤产品易产生上色不匀的现象。

（2）风车炉

风车炉因烘室内有一形状类似于风车的转篮装置而得名，其结构如图 9-11 所示。这种烤炉采用电及远红外加热技术，也用无烟煤、焦炭、煤气灯作为燃料。以煤为燃料的风车炉，其燃烧室多数位于烘室下面。因为燃料在烘室内燃烧，热量直接通过辐射和对流烘烤食品，所以热效率高。风车炉还具有占地面积小，结构比较简单，生产能力较大等优点，目前仍用于面包生产。它的缺点是手工装卸食品，操作紧张，劳动强度较大。

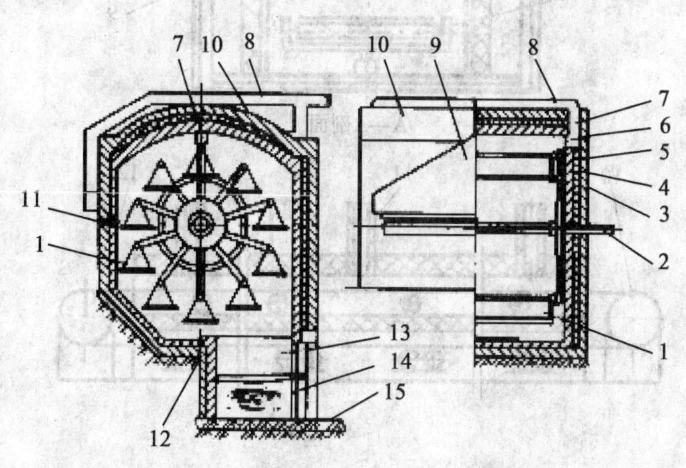

1—转篮；2—转轴；3—炉外壁；4—保温层；5—炉内壁；6—挡板；7—烟道；8—烟筒；9—排气罩；10—炉顶；11—炉门；12—底脚；13—燃烧室；14—空气门；15—燃烧室底脚

图 9-11　风车炉结构示意图

(3) 水平旋转炉

水平旋转炉内设有一水平布置的回转烤盘支架，摆有生坯的烤盘放在回转支架上。烘烤时，由于食品在炉内回转，各面坯间温差较小，所以烘烤均匀，生产能力较大。水平旋转炉的缺点是劳动强度较大，且炉体较笨重。

为了解决箱式烘烤炉食品与加热元件无相对运动而造成的烘烤成色不匀的问题，设计出的旋转式热风循环烤炉主要由箱体、电（或煤气）加热器、热风循环系统、抽排湿气系统、喷水雾化装置、热风量调节装置、传动装置、旋转架、烤盘小车等组成。

2. 隧道炉

隧道炉炉体较长，烘室为一狭长的隧道，在烘烤过程中食品沿隧道做直线运动，因此称为隧道炉。根据带动食品在炉内运动的传动装置不同，隧道炉可分为钢带隧道炉、网带隧道炉、烤盘链条炉和手动烤盘隧道炉等。

隧道炉主要由炉体部分、加热系统和传动系统3部分构成，各种隧道炉的炉体及加热部分基本相同，主要是传动系统不同。

(1) 钢带隧道炉

钢带隧道炉是指以钢带为载体，沿隧道运动的烤炉，简称钢带炉，其结构如图9-12所示。由于钢带只在炉内循环运转，所以热损失少。

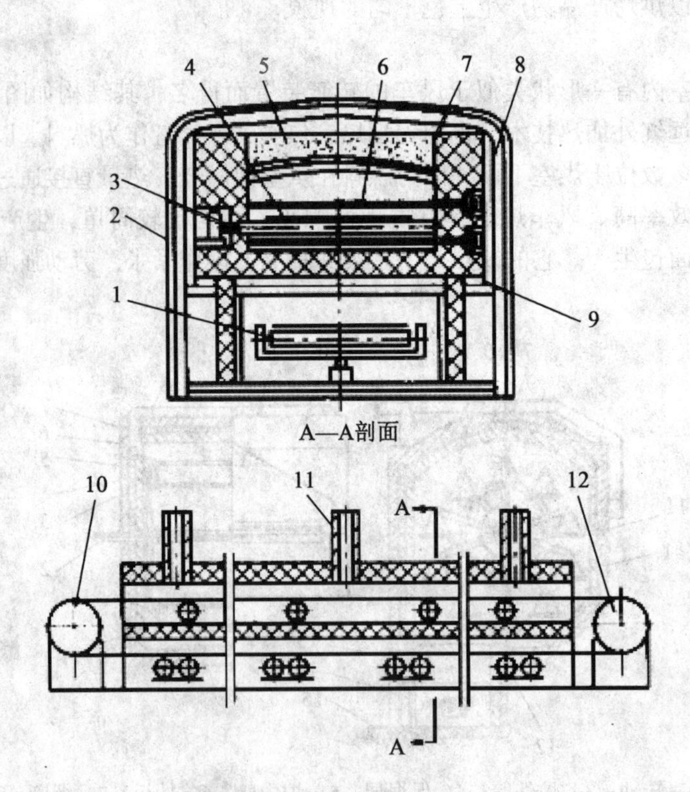

1—下托辊及调偏装置；2—炉体外壳；3—上托辊；4—炉带；5—炉顶；6—电加热管；7—炉体保温层；8—炉体机架；9—保温板；10—驱动滚筒；11—排气管；12—改向滚筒

图9-12 钢带炉结构示意图

（2）网带隧道炉

网带隧道炉简称网带炉，其结构与钢带炉相似，只是传送面坯的载体采用网带。网带由金属丝编制而成。由于网带网眼空隙大，在烘烤过程中制品底部水分容易蒸发，不会产生油滩和凹底。网带运转过程中不易打滑，跑偏现象也比钢带易控制。网带烤炉焙烤产量大，热损失小，易于食品成型机械配套组成连续的生产线。它的缺点是不易清洗，网带上的污垢易粘在食品底部。

（3）烤盘链条炉

烤盘链条炉是指食品及其载体在炉内的运动靠链条传动来实现的烤炉，简称链条炉。根据焙烤食品品种不同，链条炉的载体大致分为两种：烤盘和烤篮。烤盘用于承载饼干、糕点及花色面包，而烤篮用于听型面包的烘烤。

另外一种手推烤盘隧道炉，是靠人力推动烤盘向前运动。操作时，进出口各需操作者完成装炉和出炉。这种炉炉体短，结构简单，适用面广，多用于中小型食品。

第10章　马铃薯罐头制品加工

10.1　罐头制品概述

食品罐藏是食品的科学保藏方法之一。罐藏食品的保藏期长，对保藏环境的要求低，可以在常温下保藏1~2年，便于运输、携带和食用。马铃薯罐头是马铃薯原料经过前处理后，装入能密封的容器内，再经过排气、密封、杀菌等措施，并维持密闭和真空条件，最后制成别具风味并能在室温下长期保藏的食品。此外，果酱食品也可制成罐头食品。

10.1.1　罐藏原理

罐藏食品之所以能长期保藏就在于借助罐藏条件（排气、密封、杀菌）杀灭罐内能引起败坏、产毒、致病的有害微生物，破坏原料组织中的酶活性，同时应用真空使可能残存的微生物在无氧条件下无法生长、活动，并保持密封状态使食品不再受外界微生物的污染来实现的。

食品的腐败主要是由微生物的生长繁殖和食品内所含有酶的活动导致的。而微生物的生长繁殖及酶的活动必须要具备一定的环境条件，食品罐藏机理就是要创造一个不适合微生物生长繁殖的基本条件，从而达到能在室温下长期保藏的目的。

1. 罐头与微生物的关系

微生物的生长繁殖是导致罐制品败坏的主要原因之一。罐头如果杀菌不够，当环境条件适于残存在罐头内的微生物生长时，或密封缺陷而造成微生物再污染时，就能造成罐头的败坏。

食品中常见的微生物主要有霉菌、酵母和细菌。其中霉菌和酵母广泛分布于大自然中，耐低温的能力强，但不耐高温，一般在正常的罐藏条件下均不能生存，因此，导致罐头败坏的微生物主要是细菌。目前所采用的热杀菌理论和标准都是以杀死某类细菌为依据的。

根据细菌对氧的要求，可将细菌分为嗜氧菌、厌氧菌和兼性厌氧菌。在罐制品生产中，因排气密封，嗜氧菌受到限制，所以杀菌标准以杀死嗜氧菌为依据。根据细菌对温度的适应范围，将细菌分为嗜冷性菌、嗜温性菌和嗜热性菌。嗜温性菌和嗜热性菌对制品质量影响最大，所以杀菌标准以杀死这两类细菌及其孢子为依据。

2. 罐头杀菌条件的方法

罐头的杀菌不同于细菌学上的灭菌，不是杀死所有的微生物，它是在罐藏条件下杀死引起食品败坏的微生物，即达到“商业无菌”状态，同时罐头在杀菌时也破坏了酶活性，从而保证了罐内食品在保质期内不发生腐败变质。

（1）杀菌对象的选择

各种罐头因原料的种类、来源、加工方法和卫生条件等不同，在杀菌前存在着不同种类和数量的微生物。一般杀菌对象选择最常见的耐热性最强的并有代表性的腐败菌或引起食品中毒的细菌。

罐头 pH 值是选定杀菌对象的重要因素。不同 pH 值的罐头中常见的腐败菌及其耐热性各不相同。一般来说，在 pH 值小于 4.5 的酸性罐头食品中，把霉菌和酵母菌这类耐热性低的微生物作为主要杀菌对象，它们在杀菌中比较容易被控制和杀灭。而 pH 大于 4.5 的低酸性罐头食品中，杀菌的主要对象是那些在无氧或微氧条件下仍然活动而且产生芽孢的厌氧性细菌，这类细菌的芽孢抗热力最强。目前在罐藏食品生产上以能产生毒素的肉毒梭状芽孢杆菌的芽孢作为杀菌对象。

（2）罐头食品杀菌条件的确定

合理的杀菌工艺条件是确保罐头质量的关键，而杀菌工艺条件主要是确定杀菌温度和时间。杀菌工艺条件制定的原则是在保证罐藏食品安全性的基础上，尽可能地缩短杀菌时间，以减少热力对食品品质的影响。

杀菌温度的确定是以杀菌对象菌为依据，一般以杀菌对象的热力致死温度作为杀菌温度。杀菌时间的确定则受多种因素的影响，通常在综合考虑各种因素的基础上，通过计算来确定。

杀菌条件确定后，通常用杀菌公式的形式来表示，即把杀菌温度、杀菌时间排列成公式的形式。一般杀菌公式为：

$$\frac{T_1 - T_2 - T_3}{t}$$

式中：T_1 ——升温时间，min；

T_2 ——恒温时间（保持杀菌温度时间），min；

T_3 ——降温时间，min；

t ——杀菌温度，℃。

3. 影响罐头杀菌效果的因素

影响罐头杀菌的因素很多，主要有微生物的种类和数量、食品的性质和化学成分、杀菌的温度、传热方式和速度等。

（1）微生物的种类和数量

不同的微生物的抗热能力有很大的差异，嗜热性细菌耐热性最强，芽孢又比营养体更加抗热。食品中所污染的细菌数量越多，尤其是芽孢数越多，同样的致死温度下所需的时间就越长。

食品中细菌数量的多少取决于原料的新鲜程度和杀菌前的污染程度。所以采用的原料要求新鲜清洁，从采收到加工应及时，各加工工序之间要紧密衔接，尤其是装罐以后到杀菌之间不能积压，否则罐内微生物数量将大大增加而影响杀菌效果。同时要注意生产卫生管理、用水质量以及与食品接触的一切机械设备和器具的清洁与处理，使食品中的微生物减少到最低限度，否则都会影响罐头食品杀菌的效果。

（2）食品的性质和化学成分

①食品 pH 值。食品的酸度对微生物耐热性的影响很大，绝大多数产生芽孢的微生物

在 pH 值为中性时耐热性最强，pH 值升高或降低都会减弱微生物的耐热性。特别是偏向酸性时，微生物耐热性减弱作用更明显。根据 Bigefow 等的研究，好氧菌的芽孢在 pH 值为 4.6 的酸性条件培养基中，121℃时 2min 就可将它们杀死，而在 pH 值为 6.1 的培养基中则需要 9min 才能杀死。例如，肉毒杆菌芽孢在不同温度下致死时间的缩短幅度随 pH 值的降低而增大。

由于食品的酸度对微生物及其芽孢的耐热性的影响十分显著，因此细菌或芽孢在低 pH 值条件下是不耐热处理的。在低酸性食品中加酸，可以提高杀菌和保藏效果。

②食品中的化学成分。食品中的糖、淀粉、蛋白质、盐等对微生物的耐热性也有不同程度的影响。糖浓度越高，杀灭微生物芽孢所需的时间越长，糖浓度很低时，对芽孢耐热性的影响很小；淀粉、蛋白质能增强微生物的耐热性；高浓度的食盐对微生物的耐热性有削弱作用，低浓度的食盐对微生物的耐热性具有保护作用。

(3) 传热的方式和传热速度

罐头杀菌时，热的传递主要是以热水或蒸汽为介质，故杀菌时必须使每个罐头都能直接与介质接触。其次是热量由罐头外表传至罐头中心的速度，对杀菌有很大影响。影响罐头传热速度的因素主要有罐藏容器的种类和形式、食品的种类和装罐状态、罐头的初温、杀菌锅的形式和罐头在杀菌锅中的状态等。

4. 罐头真空度及其影响因素

(1) 罐头真空度

罐头食品经过排气、密封、杀菌和冷却后，罐头内容物和顶隙中的空气收缩，水蒸气凝结成液体或通过真空封罐抽去顶隙空气，从而在顶隙形成部分真空状态，这是保持罐头食品品质的重要因素，常用真空度表示。罐头真空度是指罐外大气压与罐内气压之差，一般为 26.6~40kPa。

(2) 影响罐头真空度的因素

① 排气密封温度。加热排气时，加热时间越长，则真空度越高；罐头密封温度越高，则形成的真空度就越大。

② 罐内顶隙的大小。顶隙是影响真空度的一个重要因素。顶隙越大，真空度就越大，但加热排气时，若排气不充分，则顶隙越大，真空度就越小。

③ 气温和气压。随着外界气温的上升，罐内残留气体膨胀，真空度降低。海拔越高则大气压越低，使罐内真空度下降。海拔每升高 100m，真空度就会下降 1066~1200Pa。

④ 杀菌温度。杀菌温度越高，则使部分物质分解而产生的气体就越多，真空度就越低。

⑤ 原料状况。各种原料均含有一定的空气，空气含量越多，则真空度就越低；原料的酸度越高，越有可能将罐头中的 H^+ 转换出来，从而降低真空度；原料新鲜度越差，越容易使原料分解产生各种气体，降低真空度。

10.1.2　罐藏容器

罐藏容器对人体没有毒害，不污染食品，保证食品符合卫生标准；并且具有良好的密封性能，保证食品经消毒杀菌之后与外界空气隔绝，防止微生物污染，使食品能长期储存而不变质；具有良好的耐腐蚀性；适合工业化生产，能适应工厂机械化和自动化生产的要求，容器规格一致，生产率高，耐高温高压、耐腐蚀、能密封、质量轻、价廉易得；容器应易于开启，取食方便，体积小，重量轻，便于携带，利于消费。国内外罐头食品常用的容器主要有马口铁罐、玻璃罐和蒸煮袋。

1. 马口铁罐

马口铁罐的材料要求无毒、与食品不发生化学反应、耐高温、耐高压，能适合工业化生产等，国内外罐头食品常用的马口铁罐由两面镀锡的低碳薄钢板（俗称马口铁）制成。马口铁罐一般由罐身、罐盖、罐底3部分焊接而成，又称为三片罐。有些罐头因原料pH值较低，或含有较多花青素，或含有丰富的蛋白质，故需采用涂料马口铁，以防止食品成分与马口铁发生反应而引起败坏。

2. 玻璃罐

玻璃罐应呈透明状，无色或微带黄色，罐身平整光滑，厚薄均匀，罐口圆而平整，底部平坦，具有良好的化学稳定性和热稳定性。玻璃罐的形式很多，但目前使用最多的是四旋罐，其次是卷封式的胜利罐。

3. 蒸煮袋

蒸煮袋是由一种耐高压杀菌的复合塑料薄膜制成的袋状罐藏包装容器，俗称软罐头。蒸煮袋的特点是质量轻、体积小、易开启、携带方便、热传导快，可缩短杀菌时间，能较好地在常温下保持食品的色、香、味，且质量稳定，取食方便。蒸煮袋包装材料一般是采用聚酯、铝箔、尼龙、聚烯烃等薄膜借助胶黏剂复合而成，具有良好的热封性能和耐化学性能，既能耐121℃高温，又符合食品卫生要求。

10.1.3 罐头质量标准

1. 感官指标

容器密封良好，无泄漏、胖听现象存在。容器外表无锈蚀，内壁涂料无脱落。内容物具有马铃薯罐头食品的正常色泽、气味和滋味，汤汁清晰或稍有浑浊。

2. 理化指标

罐头质量的理化指标见表10-1。

表10-1 **罐头质量的理化指标**

项　目	指标/（mg/g）
锡（以Sn计）	≤200
铜（以Cu计）	≤5.0
铅（以Pb计）	≤1.0
砷（以As计）	≤0.5

3. 微生物指标

符合罐头食品商业无菌要求。罐头食品经过适度杀菌后，不含有致病的微生物，也不含有通常温度下能在其中繁殖的非致病性微生物，这种状态称为商业无菌。

10.2　马铃薯罐头加工工艺

10.2.1　马铃薯罐头

1. 基本生产工艺

原料预处理→预煮→分选→配汤→装罐→排气→密封→杀菌→冷却→检验→成品。

2. 操作要点

（1）原料的分级挑选及预处理

一般要求马铃薯充分成熟、大小适当，形状整齐，耐高温等。

原料的预处理主要包括清洗、选别、分级、去皮、切分、漂烫等。

（2）空罐准备

罐藏容器使用前必须进行清洗和消毒，以清除在运输和存放中附着的灰尘、微生物、油脂等污物，保证容器卫生，提高杀菌效率。

马口铁罐一般先用热水冲洗，然后用 100℃沸水或蒸汽消毒 30~60min，倒置沥干水分备用。罐盖也进行同样处理，或用 75%酒精消毒。玻璃罐应先用清水（或热水）浸泡，然后用带毛刷的洗瓶机刷洗，再用清水或高压水喷洗，倒置沥干水分备用。对于回收、污染严重的容器还要用 2%~3% NaOH 液加热浸泡 5~10min，或者用洗涤剂或漂白粉清洗。洗净消毒后的空罐要及时使用，不宜长期搁置，以免生锈或重新污染微生物。

（3）填充液配制

果蔬罐藏时除了液态（果汁、菜汁）和黏稠态食品（如番茄酱、果酱等）外，一般都要向罐内加注填充液，称为罐液或汤汁。果品罐头的罐液一般是糖液，蔬菜罐头的罐液多为盐水。

加注填充液能填补罐内除果蔬以外所留下的空隙，目的在于增进风味，排除空气，以减少加热杀菌时的膨胀压力，防止封罐后容器变形，减少氧化对内容物带来的不良影响，同时能起到保持罐头初温、加强热的传递、提高杀菌效果的作用。

①糖液配制：糖液的浓度，依水果种类、品种、成熟度、果肉装量及产品质量标准而定。

我国目前生产的糖水果品罐头，一般要求开罐糖度为 14%~18%。每种水果罐头加注糖液的浓度，可根据下式计算：

$$Y = \frac{m_3 Z - m_1 X}{m_2}$$

式中：m_1——每罐装入果肉质量，g；

m_2——每罐注入糖液质量，g；

m_3——每罐净重，g；

X——装罐时果肉可溶性固形物的含量，%（质量分数）；

Z——要求开罐时的糖液浓度，%（质量分数）；

Y——需配制的糖液浓度，%（质量分数）。

一般糖液浓度在65%以上，装罐时再根据所需浓度用水或稀糖液稀释。另外，对于大部分糖水水果罐头而言，都要求糖液维持一定的温度（65~85℃），以提高罐头的初温，确保后续工序的效果。

②盐液配制：所用食盐应选用精盐，食盐中氯化钠含量在98%以上。配制时常用直接法按称取食盐，加水煮沸过滤即可。一般蔬菜罐头所用盐水浓度为1%~4%。

对于配制好的糖液或盐液，可根据产品规格要求，添加少量的酸或其他配料，以改进产品风提高杀菌效果。

生产用的糖水或盐水应该以供给当天需用量为限，不宜大量配制保存，以免污染微生物而腐败变质。

（4）装罐

装罐时要求每一罐中食品的大小、色泽、形态等基本一致；装罐要求趁热装罐，以减少微生物的再污染，同时可提高罐头中心温度，以利于杀菌。若杀菌不足，严重情况下，造成腐败，不能食用。

①装罐净含量。净含量是指罐头食品重量减去容器重量后所得的重量，包括液态和固态食品（一般每罐净含量允许公差为+3%）。装罐量依产品种类和罐型大小而异，一般要求每罐的固形物含量为45%~65%。物料在装罐前首先进行分选，以保证内容物在罐内的一致性，使同一罐内原料的成熟度、大小、形态基本均匀一致，搭配合理，排列整齐。

②保持一定的顶隙。顶隙是指实装罐内由内容物的表面至盖顶之间所留的空隙。罐内顶隙的作用很重要，需要留得恰当，不能过大也不能过小，顶隙过大过小都会造成一些不良影响。顶隙过小，杀菌期间，内容物加热膨胀，使顶盖顶松，造成永久性凸起，有时会和由于腐败而造成的胀罐弄混，也可能使容器变形，或影响缝线的严密度。有的会产生氢的产品，因为没有足够的空间供氢的累积，易引起氢胀。有的材料因装罐量的过多，挤压过稠，降低热的穿透速率，可能引起杀菌不足。顶隙过大，会引起装罐量的不足，不合规定，造成伪装。同时，保留在罐内的空气增加，氧气含量相应增多，氧气易与铁皮产生铁锈蚀，并引起表面层上食品的变色、变质。杀菌冷却后罐头外压大大高于罐内压，易造成瘪罐。因而装罐时必须留有适度的顶隙，一般装罐时的在6~8mm，封盖后为3.2~4.7mm。

（5）排气

排气是指食品装罐后，密封前将罐内顶隙间的、装罐时带入和原料组织内的空气排出罐外的工艺措施，从而使密封后罐制品顶隙内形成部分真空的过程。

排气的目的在于防止或减轻因加热杀菌时内容物的膨胀而使容器变形，影响罐制品卷边和缝线的密封性，防止玻璃罐的跳盖；减轻罐内食品色、香、味的不良变化和营养物质的损失；阻止好氧性微生物的生长繁殖；减轻马口铁罐内壁的腐蚀。影响排气效果的因素主要有排气温度和时间、罐内顶隙的大小、原料种类及新鲜度、酸度等。具体的方法有热力排气、真空密封排气和蒸汽喷射排气。

①热力排气：利用空气、水蒸气和食品受热膨胀冷却收缩的原理将罐内空气排出。罐内食品和气体受热膨胀，气体外逸，水分汽化，罐内顶隙被水蒸气占据，当罐内密封、杀菌和冷却后，食品收缩，水蒸气冷凝，从而获得一定的真空度。一般排气箱的

温度在90~100℃，排气时间为5~10min，罐头的中心温度达到要求温度（一般在80℃左右）。热力排气可有效地排除罐内空气，获得较高的真空度，并起到一定的杀菌作用，但对食品的色、香、味和质地等多少有些不良影响，且排气速度慢，耗能高。

②真空密封排气：主要借助于真空封罐机完成。在封罐过程中利用真空泵将密封室内的空气抽出，形成一定的真空度，当罐头进入封罐机密封室时，罐内部分空气在真空条件下立即被抽出，随即封罐。这种方法可使罐内真空度达到33.3~40kPa，甚至更高。封罐机密封室的真空度可根据各种罐头的工艺要求、罐内食品的温度等进行调整。该方法可在短时间使罐头达到较高的真空度，生产效率高，有的可达500罐/min以上，尤其适用于不宜加热的食品。但此法不能很好地将食品组织内部和罐头中下部空隙处的空气排出，封罐时易产生暴溢现象而造成净重不足，有时还会有瘪罐现象。

③蒸汽喷射排气：向罐头顶隙喷射蒸汽，赶走空气后立即封罐，依靠顶隙内蒸汽的冷凝获得罐头的真空度。该法由蒸汽喷射装置喷射蒸汽，要求蒸汽有一定的温度和压力，以防止外界空气侵入罐内。此外，罐内顶隙必须大小适当。但此法难以将食品内部的空气及罐内食品间隙中的空气排掉，因此空气含量较多的食品不宜采用此法，这类食品需要在喷蒸汽前进行抽真空。

（6）密封

罐制品之所以能长期保存不坏，除了充分杀灭能在罐内环境生长的腐败菌和致病菌外，还主要是依靠罐藏容器的密封，使罐内食品与罐外环境完全隔绝，不再受到外界空气及微生物污染而引起腐败。

①金属罐的密封。金属罐的密封是指罐身的翻边和罐盖的圆边进行卷封，使罐身和罐盖相互卷合，压紧而形成紧密重叠的卷边的过程，所形成的卷边称为二重卷边。金属罐的密封通常采用专门的封口机来完成。

②玻璃罐的密封。玻璃罐不同于金属罐，其罐身是玻璃，而罐盖是金属，一般为镀锡薄钢板制成。它是通过镀锡薄钢板和密封圈紧压在玻璃罐口而形成密封的，由于罐口边缘与罐盖的形式不同，其密封方法也不同，目前主要有卷封式和旋开式。

③蒸煮袋的密封。蒸煮袋又称复合塑料薄膜袋，一般采用真空包装机进行热熔密封，它主要是依靠蒸煮袋内层的薄膜在加热时被熔合在一起而达到密封的目的。热熔强度取决于蒸煮袋的材料性能以及热熔时的温度、时间和压力。常用的方法有电加热密封和脉冲密封。

（7）杀菌

罐制品密封后，应立即进行杀菌。常用杀菌方法有常压杀菌和高压杀菌。

①常压杀菌：适用于pH值在4.5以下（酸性或高酸性）的水果类、果汁类和酸渍菜类等罐制品。常用的杀菌温度小于或等于100℃，杀菌介质为热水或热蒸汽。

②加压杀菌：在完全密封的加压杀菌器中进行，靠加压升温进行杀菌，适用于pH值大于4.5（低酸性）的大部分蔬菜罐制品。常用的杀菌温度为115~121℃。加压杀菌依传热介质的不同分为高压蒸汽杀菌和高压水杀菌，一般采用高压蒸汽杀菌。

（8）冷却

杀菌完毕后，应迅速冷却，如果冷却不及时，就会造成内容物色泽、风味的劣变，组织软烂，甚至失去食用价值。冷却分为常压冷却和反压冷却。

①常压冷却：常压杀菌的铁罐制品，杀菌结束后可直接将罐制品取出放入冷却水池中进行常压冷却；玻璃罐制品则采用三段式冷却，每段水温相差20℃。

②反压冷却：加压杀菌的罐制品须采用反压冷却，即向杀菌锅内注入高压冷水或高压空气，以水或空气的压力代替热蒸汽的压力，既能逐渐降低杀菌锅内的温度，又能使其内部的压力保持均衡的消降。

一般罐头冷却至38~43℃即可，然后用干净的手巾擦干罐表面的水分，以免罐外生锈。

(9) 检验

罐制品的检验是保证产品质量的最后工序，主要是对罐头内容物和外观进行检查，一般包括保温检验、感官检验、理化检验和微生物检验。

10.2.2 马铃薯软罐头

1. 原料配方

马铃薯泥料25kg、色拉油0.63kg、大葱0.5kg、精盐0.18kg、花椒粉50g、味精25g、清水6.25kg。

2. 生产工艺

马铃薯→清洗→去皮→熟化→捣成泥状→调味→加热→装袋→封口→杀菌→冷却→成品。

3. 操作要点

(1) 原料处理

选择无腐烂、无损伤的马铃薯为原料，利用清水洗净，然后用不锈钢刀去皮，去皮后立即投入1.2%的食盐水中，以防止发生褐变。

(2) 蒸熟、捣烂

将马铃薯从水中捞出，放入蒸锅中将其蒸熟或煮熟，然后捞出，放入捣碎机中将马铃薯捣成均匀细腻的泥状，此工序也可利用人工进行。

(3) 调味、加热熬煮

按照配方的要求将色拉油倒入锅中，先将其加热，放入葱花稍炒，加入马铃薯泥，再加入其他调味料和清水。加热熬至含干物质为60%（熬约30min后）时可出锅。加热时应掌握注意铲拌，以防止糊锅。

(4) 装袋、封口

将加热并熬成的马铃薯泥装入蒸煮袋中，装量每袋净重350g或400g，并利用真空封口机进行封口，控制真空度在59kPa。

(5) 杀菌、冷却

装袋后要立即进行杀菌，可采用小型杀菌锅进行，一次可杀菌50~100袋。杀菌过程为：用5min使杀菌温度达到115℃，恒温保持30min后冷却5min。采用反压冷却就是使压力高于杀菌压力0.02~0.03MPa，最终使温度降至40℃。杀菌结束后，徐徐打开锅，将袋放入冷水冷却至40℃左右，擦袋后经过检验合格者即可作为成品入库并销售。

10.3　马铃薯罐头制品常见质量问题及预防措施

10.3.1　罐头胀罐

正常情况下罐头底部呈平坦或内凹状，但是有物理、化学、微生物等因素致使罐头出现外凸状，这种现象称为胀罐或胖听。根据底部外凸的程度又可分为隐胀、轻胀和硬胀 3 种情况。造成罐头胀罐的主要原因有以下 3 种：

1. 物理性胀罐

由于罐内食品装量过多，没有顶隙或顶隙很小，杀菌后罐头收缩不好；或罐头的排气不良，罐头内真空度低，因环境条件气温、气压改变而造成，如从低海拔地区运到高海拔地区，从寒带运往热带；以及采用高压杀菌，冷却时没有反压或卸压太快，造成罐内外压力突然改变，内压远远超过外压。预防措施为：严格控制罐量，装罐时顶隙大小要适宜，控制在 3~8mm；提高排气式罐内中心温度，排气要充分，封罐后能形成较高的真空度；加压杀菌后反压冷却速度不能太快；控制罐制品适宜的保藏温度。

2. 化学性胀罐

化学性胀罐主要原因为罐内食品酸度太高，罐内壁迅速腐蚀，锡、铁溶解并产生氢气，直至大量聚集于顶隙，所以需要保藏一定时间才会发现。酸性或高酸性罐头最易出现胀听现象，开罐后罐内壁有严重酸腐蚀斑，若内容物中锡、铁含量过高，还会出现严重的金属味。虽然内部的食品没有失去食用价值，但与细菌性胀罐很难区别。预防措施是采用涂层完好的抗酸全涂料钢板制作空罐，以提高罐对酸的抗腐蚀能力；防止空罐内壁受机械损伤，以防止出现漏铁现象。

3. 细菌性胀罐

细菌性胀罐主要原因为杀菌不充分，是残留下来的微生物或由罐头裂缝从外界侵染的微生物生长繁殖的结果。预防措施是罐藏原料应充分清洗或消毒，防止原料及半成品的污染；在保证罐制品质量的前提下，对原料进行热处理，以杀灭产毒致病的微生物；在预煮水或糖液中加入适量的有机酸，降低罐制品的 pH 值，提高杀菌效果；严格控制封罐质量，防止密封不严；严格控制杀菌环节，保证杀菌质量。

10.3.2　罐藏容器损坏和腐蚀

1. 罐头内壁腐蚀

罐头内壁腐蚀主要原因是罐头内壁锡表面被酸性食品腐蚀出现溶锡现象；顶隙中残存的氧气腐蚀铁皮出现氧化圈；配制糖液时使用了二氧化硫漂白的砂糖使罐内出现灰黑色物质；罐内原料酸度较高；保藏环境相对湿度过大。预防方法为注入罐内的填充液要煮沸，以除去其中的二氧化硫；保藏环境的相对湿度保持在 70~75℃。

2. 罐头外壁腐蚀

罐头外壁腐蚀的主要原因是外壁锡面和空气中的氧接触形成黄锈斑；低温罐头遇到高温空气时外壁表面形成冷凝水，即“出汗”现象；杀菌锅内的空气未排净；杀菌和冷却用水的化学成分氯化钙、氯化镁等吸湿。预防方法为：罐头进仓库时温度不能太低，与仓库温度相差5~9℃；杀菌时开启锅上各部位的泄气阀以使锅内空气排净；避免用温水长时间冷却罐头。

10.3.3 罐头变色

罐头变色的主要原因是原料中的单宁、色素、含氮物质、抗坏血酸氧化；加工时原料处理不当；成品保藏温度不当。预防措施是：控制原料的品种和成熟度；热烫护色时必须保证热烫处理的温度和时间；抽空护色时应彻底排净原料中的氧气，也可加入护色剂；原料前处理时不能与铁接触。

10.3.4 罐头汁液浑浊及固形物软烂

罐头汁液浑浊及固形物软烂的主要原因是原料成熟度过高；原料热处理的温度过高，时间过长；运销中的急剧震荡和冻融交替。预防措施是不能选择成熟度过高且质地较软的原料；原料热处理要适度，要求既起到漂烫和杀菌的目的，又不能使罐内原料软烂；原料在热烫处理时可配合硬化处理；避免成品罐头在贮运与销售过程中急剧震荡和冻融交替。

10.4 马铃薯罐头加工设备

10.4.1 罐头排气箱

排气是罐头生产中的重要环节，其目的是排除罐头顶隙中空气，防止好氧性细菌的繁殖生长。排气可采用热力排气和真空抽气方式进行，真空抽气经常与密封紧密结合，密封的同时进行完成排气操作，而热力排气经常为一单元操作独立进行。最常用的热力排气箱，如图10-1所示，适合于各类罐头食品排气，其传动电机选用电磁调速电机，可随时调节不同的速度控制排气时间，有效排气长度为6000mm。

图10-1 罐头热力排气箱

10.4.2 杀菌设备

1. 立式杀菌锅

立式杀菌锅适用于金属罐和玻璃罐的罐头杀菌，可用作常压杀菌和加压杀菌，在品种多、批量小时很实用，目前中小型罐头厂普遍使用这种杀菌锅。但立式杀菌锅的操作是间歇性的，在连续化生产线中不适用。因此，它和卧式杀菌锅一样，从机械化、自动化来看，不是发展的方向。与立式杀菌锅配套的设备有杀菌篮、电动葫芦、空气压缩机及检测仪表等。如图10-2所示为有两个杀菌篮的立式杀菌锅。圆筒状的锅体用厚6~7mm的钢板成型后焊接而成，锅底和锅盖呈圆形，盖子铰接于锅体后部边缘，在高的周边均匀地分布着6~8个槽孔，锅体的上周边铰接有与该槽相对称的蝶形螺栓，以密封盖和锅体。锅体口的边缘凹槽内嵌有密封垫片，保证盖和锅体的密封良好。为了减少热量损失，最好在锅体的外表面包上80mm的石棉层。

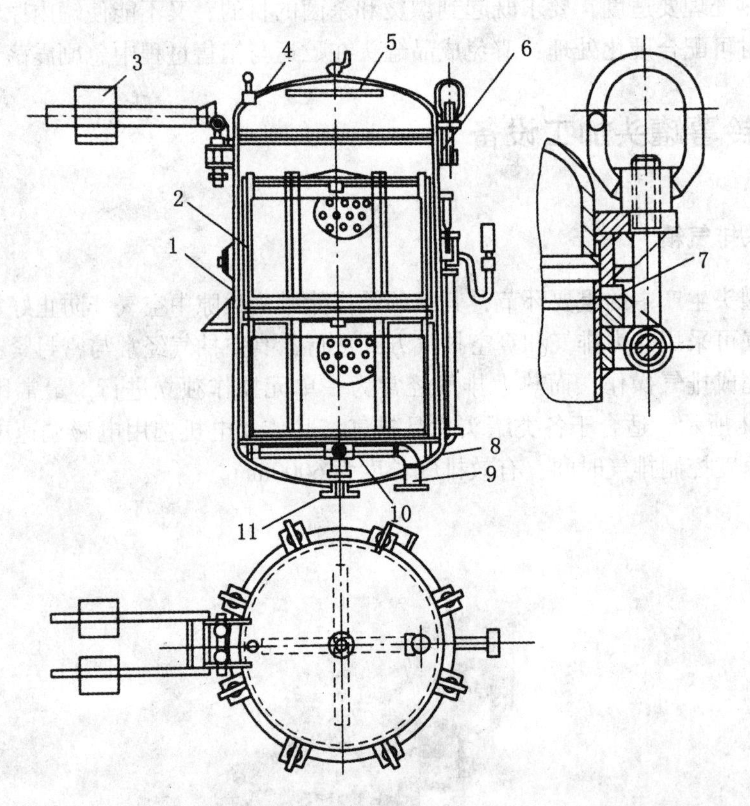

1—锅体；2—杀菌篮；3—平衡锤；4—锅盖；5—盘管；6—蝶形螺栓；7—密封垫片；8—锅底；9—蒸汽入口；10—蒸汽吹泡管；11—排水管

图10-2 立式杀菌锅

2. 卧式杀菌锅

卧式杀菌锅的容量一般比立式杀菌锅大，杀菌罐头用小车装入和运出，不必用电动葫芦。但一般不适用于常压杀菌，只能作高压杀菌用，多用于大中型罐头厂。

卧式杀菌锅锅体如图 10-3 所示。它是用一定厚度的钢板焊接而成的一平卧的圆柱形筒体，在筒体的一端有一铰接着的锅盖（门），另一端则焊接了椭圆形封头，锅盖与锅体的闭合方式与立式杀菌锅相同，也是自契合块的锁紧装置，旋转转环即可使自锁契合块锁紧和松开。锅体内的底部装有两根平行的轨道，可以供盛罐头用的杀菌车推进、推出。蒸汽管在平行导管下面，蒸汽从底部进入到锅内的两根平行管道（上有吹泡小孔）对锅进行加热。由于导管应与地平面呈水平，才能顺利地将小车推进推出，故锅体有一部分处于车间地平面以下。又为了有利于杀菌锅的排水（每杀菌一次都需要大量排水），因此在安装杀菌锅的地方一定都有一个地槽。

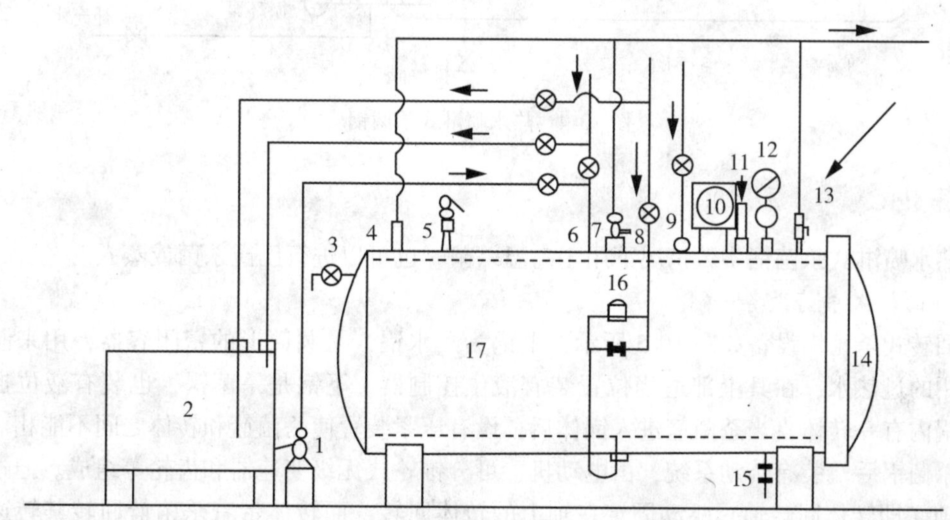

1—水泵；2—水箱；3—溢流管；4、7、13—放空气管；5—安全阀；6—进水管；8—进气管；9—进压缩空气管；10—温度记录仪；11—温度计；12—压力表；14—锅门；15—排气管；16—薄膜阀门；17—锅体

图 10-3　卧式杀菌锅装置图

在锅体上同样安装有各种仪表和阀门。应该指出的是，由于用反压杀菌，压力表所指示的压力包括锅内蒸汽和压缩空气的压力，造成温度计和压力表的读数与其温度是不对应的，这是既要有温度计又要有压力表的原因。

3. 热水喷淋式杀菌锅

热水喷淋式杀菌锅是一种水淋式过压控制杀菌装置，如图 10-4 所示。以封闭的循环水为工作介质，用高流速喷淋方法对罐头进行加热、杀菌及冷却的卧式高压杀菌设备。它杀菌过程的工作温度为 20~145℃，工作压力为 0~0.5MPa。

杀菌时储存于杀菌锅底部的少量水（大约每篮 100L，称为杀菌水）用离心泵进行高流速循环，流速为 160m^3/h。循环水通过板式换热器加热到一个特定温度，再经过杀菌锅内上部的分水系统和淋水板均匀地以一定的压力往杀菌篮中的容器喷射。循环杀菌水从上流到锅底，再由离心泵抽回杀菌锅上部，进行周而复始的闭路循环，对容器进行高温杀菌。由于杀菌水在锅内任何一个位置的流速都是相同的，而且水会全面均匀地围绕着罐、玻璃瓶、蒸煮袋、小袋或盘子等，温度分布的均匀度为±1℃，确保了杀菌温度的均匀一

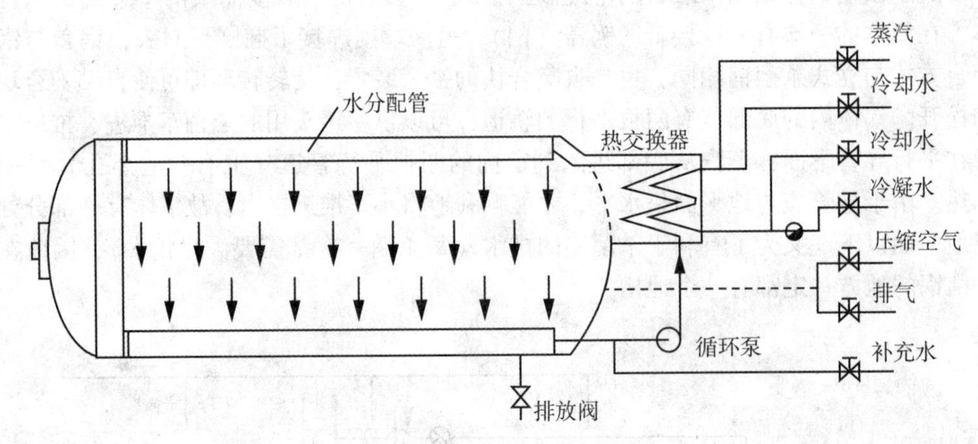

图 10-4 热水喷淋式杀菌锅

致性。

热水喷淋式杀菌锅多数情况下用于高温杀菌，也可以进行巴氏杀菌或蒸煮。

4. 回转式杀菌设备

回转式杀菌锅设备如图 10-5 所示，上锅为贮水锅，是圆筒形的密闭容器，用来制备下锅用的过热水，在其上部适当位置装有液位控制器。下锅是杀菌锅，也装有液位控制器，锅内有一转体，当杀菌篮进入锅体后，设有压紧装置使杀菌篮和转体之间不能相对运动。杀菌锅后端装有传动系统，由电动机、可分锥轮式无级变速器和齿轮等组成。通过大齿轮轴（即转体回转轴）驱动固定在轴上的转体回转，而转体带着杀菌篮回转其转速可在 5~45r/min 内无级变速，同时可朝一个方向一直回转或正反交替回转。交替回转时，回转、停止和反转动作可由时间继电器设定，一般是在回转 6min、停止 1min 的范围内设定的。

在传动装置的旋转部件上设置了一个定位器，借以保证同转体停止转动时停留在某一特点位置，便于从杀菌锅取出杀菌篮。回转轴是空心轴，测量罐头中心温度的导线即由此通过。

自动转篮机把罐头装入篮内，每层罐头之间用带孔的软性垫板隔开。用杀菌小车将杀菌篮送入杀菌锅内带有滚轮的轨道上。当杀菌锅装满杀菌篮时，用压紧机构将罐头压紧固定，再挂上保险杆，以防杀菌完毕启锅时杀菌篮自动溜出。

贮水锅与杀菌锅之间用连接阀的管道连通，蒸汽管、进水管、排水管和空压管等分别连接在锅的适当位置，在这些管道上按不同使用目的安装了不同规格的气动、手动、电动阀门。循环泵使杀菌锅中的水强烈循环，以提高杀菌效率并使杀菌锅里的水温度均匀一致。冷水泵的作用是向贮水锅注入冷水和向杀菌锅注入冷却水。

回转式杀菌锅采用自动控制。目前的自控系统大致可分为两种形式：一种是将各项控制参数表示在塑料冲孔卡上，操作时只要将冲孔卡插入控制装置内，即可进行整个杀菌过程的自动程序操作；另一种是由操作者将各项参数在控制盘上设定后，按上启动电钮，整个杀菌过程就按设定的条件进行自动程序操作。

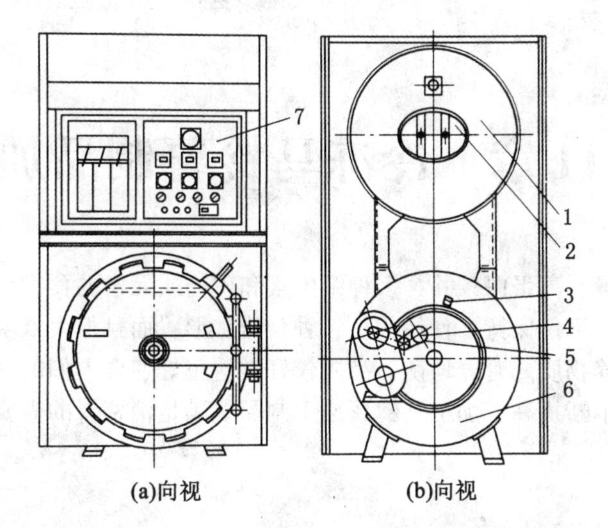

1—上锅；2—入孔；3—定位器；4—磁铁开关；5—自动调速装置；
6—下锅；7—控制器

图 10-5 回转式杀菌设备

5. 常压连续杀菌设备

常压连续杀菌设备有单层、三层和五层 3 种，其中三层的用得最多。层数虽有不同，但原理一样，层数的多少主要取决于生产能力的大小、杀菌时间的长短和车间面积情况等。现以三层常压连续杀菌设备为例，来说明常压连续杀菌锅的结构和工作原理。

如图 10-6 所示为三层常压连续杀菌机的结构简图。它主要由传动系统、进罐机构、送罐链、槽体、出罐结构及报警系统、温度控制系统等组成。

从封罐机封好的罐头，进入进罐输送带后，由拨罐器把罐头定量拨进槽体内，并由翻板输送链将罐头由下至上运行，在第一层（或第一层和第二层）杀菌，在第二层和第三层（或第三层）冷却，最后由出罐机将罐头卸出完成杀菌的全过程。

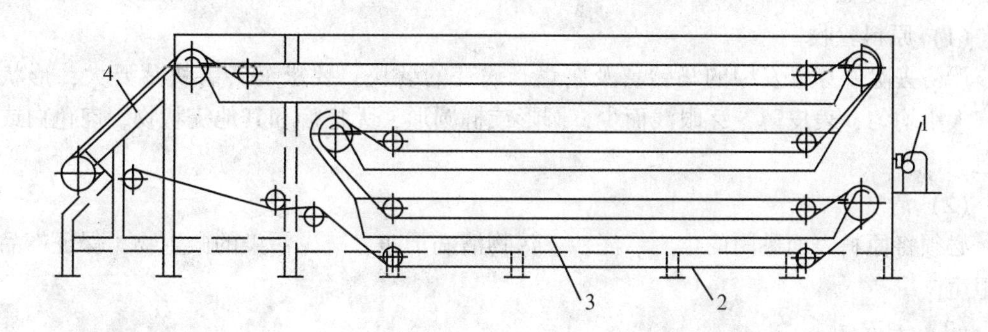

1—进罐机构；2—送罐链；3—槽体；4—出罐机构

图 10-6 三层常压连续杀菌机简图

第 11 章　冷冻马铃薯制品加工

马铃薯是低热量、高蛋白，并含多种维生素和矿物质元素的食物，采用冻干工艺将其制成一种方便食品，不仅保持了食品的色、香、味、形，而且最大限度地保存了其中的维生素、蛋白质等营养物质。营养均衡，品质较好，这正好迎合人们的消费心理。同时，随着人民生活水平的不断提高，加工马铃薯冻干制品能满足消费者的需要，对提高经济效益有广阔的前景。

11.1　冷冻马铃薯片

1. 真空冷冻干燥的原理

真空冷冻干燥技术是将新鲜食品如蔬菜、肉食、水产品、中药材等快速冷冻至-18℃以下，使物品冷冻后，在保持冰冻状态下，再送入真空容器中，利用真空而使冰直接升华成蒸汽并排出，从而脱去物品中的多余水分，即真空冷冻干燥。

水的气态、液态和固态三相共存点，称为三相点。水的三相点压力为 610. 5Pa，温度为 0. 0098℃。在三相点以上冰需要转化为水，水再转化为气，这个过程称为蒸发。只有在三相点压力以下，冰才能由固相直接转变为气相，这个过程称为升华，因此，若想得到冻干食品，需要使用升华干燥方法，否则得到的则是蒸发干燥食品。

2. 生产工艺

原料验收→清洗→去皮→护色→切分→热烫→硫处理→预冷→沥水→速冻→真空干燥→分检计量→包装→成品。

3. 操作要点

（1）原料验收

严格去除发芽、发绿的马铃薯及腐烂、病变的薯块；要求马铃薯块茎要大，形状整齐，大小均匀，表皮薄，芽眼浅而少，圆形或椭圆形，无疮痂和其他疣状物，肉色白或淡黄色。

（2）清洗

必须将原料表面黏附的尘土、泥沙、污物清洗干净，减少污染的微生物，保证产品清洁卫生。

（3）去皮

将马铃薯放在浓度 15%～30%、温度 70℃以上的强碱溶液中处理一定时间，软化和松弛马铃薯的表皮和芽眼，然后用高压冷水喷射冷却和去皮。

（4）护色

去皮后的马铃薯在空气中易变色，故必须浸在冷水里（不得超过 2h），或放在 2%的食盐溶液中。

(5) 切分

将去皮后的马铃薯用切片机切片，要求厚薄均匀，切成1.7mm的薄片，切面要光滑，减少淀粉粒的产生。

(6) 烫漂

烫漂是决定获得质量优良的干制成品的重要工艺操作之一。热烫时将马铃薯片倒入不锈钢网篮或镀锡的金属网篮里，在pH值为6.5~7.0的沸水中热烫2~3min。由薯片弹性的变化来确定热烫程度，用手指捏压时，不破裂，加以弯曲，可以折断，在触觉和口味上应有未熟透的感觉。

(7) 硫处理

目的是防止在干制过程中和干制品在储存期间发生褐变，还可以提高Vc的保存率，抑制薯片微生物活动，加快干燥速度。用0.3%~1.0%的亚硫酸氢钠或亚硫酸盐溶液来浸泡烫煮过的马铃薯片2~5min，处理后的马铃薯干制品的二氧化硫含量则宜保持在0.05%~0.08%。

(8) 预冷

将马铃薯片从亚硫酸氢钠或亚硫酸盐溶液中捞取出来，首先在流动水槽中用自来水进行冲洗，既可使薯片降温，又可把薯片表面的二氧化硫冲洗干净，然后在冷却槽中用0~5℃冷水中冷却，使物料温度最后达1~5℃。

(9) 沥水

采用中速离心机或振荡机沥去表面多余的水分，离心机转速2000r/ min，沥水时间10~15min。

(10) 速冻

将散体原料装入冻结盘或直接铺放在传送带上，采用液态氮快速冷冻，冻结温度为-25~-35℃，冻结原料厚度为5.0~7.5cm，冻结时间为10~30min。

(11) 真空干燥

打开真空干燥箱门，装入冻透的马铃薯片，原料厚度为5mm，关上仓门，启动真空机组进行抽空，当真空度达60Pa时开始加热。加热过程中要保证稳定的真空度，而且保证物品的最高温度不超过50℃，干燥时间8h。

(12) 分检计量

冷冻干燥后的产品应立即分检，剔除杂质、变色的马铃薯片及等外品，并按包装要求准确称量，入袋待封口。

(13) 包装

包装应在相对湿度25%~30%、室温25℃下进行。为保持干燥食品的含水量在5%以下，包装袋内应放入人工干燥剂以吸附微量的水分，装料后做真空处理，再充入惰性气体密封。密封包装后的产品，不需冷藏设备，常温下长期储存、运输和销售，3~5年内不变质。

4. 产品质量标准

(1) 感官指标

①色泽：淡黄色（白皮马铃薯）或乳白色（红皮马铃薯）。

②风味及气味：具有马铃薯应有的滋味和气味，无异味，口感酥脆。

③组织形态：马铃薯片组织疏松，大小均匀，碎片不得超过 3%。

（2）理化指标

黄曲霉毒素 B≤5μg/kg，Pb≤1mg/kg，As≤0.5mg/kg，食品添加剂按 GB 2760—1986 执行。

（3）微生物指标

大肠菌群≤100cfu/g，致病菌不得检出。

5. 注意事项

（1）在脱水情况下，马铃薯中的氨基与糖可能发生美拉德反应，引起褐变。因此，选料要选用蛋白质含量高、淀粉含量少的食用型品种。

（2）切片厚度要均匀，在速冻和干燥时才能保证冻干制品质量统一。

（3）为使热烫和干燥顺利进行，切分好的马铃薯片立即放入冷水中，以洗去切面上的淀粉。

（4）热烫时要不断搅动，防止热烫过度或不足，并且热烫后将马铃薯片取出立即投入冷水中，减少余热效应对原料品质和营养的破坏，防止干制品在储藏过程中变色、变味，质量下降，并使储藏期缩短。

（5）原料在速冻时，在冻结盘或输送带上的摆放不能太厚，这样才能在短时间内达到迅速而均匀冻结的目的。

（6）原料在干燥时，装料厚度不能太厚，并且保持稳定的真空度，才能得到品质良好的冻干产品。

（7）因冻干制品表面积比原料增大 100~150 倍，与氧的接触面积增大，在包装时，必须充入惰性气体包装，采用透气性差、防潮性好的避光包装材料。

11.2　冷冻马铃薯条

在马铃薯食品加工工业中发展速度最快的是速冻马铃薯食品，而其中产量最大的是速冻薯条。冷冻薯条加工质量的好坏主要取决于马铃薯品种，用多个品种马铃薯进行试验，结果发现，在马铃薯品质特性中，相对密度大是首要因素，如 Russet、Kennebec、Shepardy，这些品种在薯条加工业中广泛使用；其次是马铃薯的形状，薯形大而细长的马铃薯适合切条、去皮损失率低，薯条长，具有较高的市场价格。冷冻薯条的加工方法较多，每个企业在某些关键的生产环节上都有自己独特的技术。

1. 生产工艺

原料预处理→切条和清洗→挑选→沥水→一次烫漂→冷却→二次烫漂→冷却→沥水→冷冻→包装。

2. 操作要点

（1）切条和清洗

采用带水枪的不锈钢刀切薯条，可以避免切条过程中薯条与空气、金属元素接触发生氧化反应，薯条变色。

（2）挑选

生产线中安装有电子眼，专门识别产品中断条、变色、黑斑和其他缺陷的薯条，并有专门人员加以挑选。

（3）沥水

清洗和挑选后的薯条，经过一系列振荡器把薯条上的水分甩干。

（4）一次烫漂

烫漂的作用是抑制酶的活力和改善薯条的质地，可以稳定薯条的颜色和保持质地。由于烫漂过程中薯条表面淀粉的凝胶化作用，使得薯条的吸收油脂的能力降低。烫漂可以将还原糖从薯条中抽提出来，降低了薯条中还原糖的含量。烫漂过程的热处理使薯条部分熟化，因此还可以降低薯条的油炸时间。一次烫漂的温度较低，一般在75℃。

（5）二次烫漂

如果薯条中还原糖的含量高，一次烫漂温度较低，只能抽提出部分的还原糖。二次烫漂采用95℃的热水烫漂，可以有效地降低薯条中还原糖的含量。两次烫漂之间，薯条要用冷水冷却，这样才能保证最终产品的质地。烫漂时间和温度还要取决于是否使酶完全失活，烫漂后的薯条用过氧化酶试验判断酶的活力大小。

（6）冷却和沥水

二次烫漂后的薯条要立即冷却，并通过振荡器甩干表面的水分，如果薯条直接用于油炸，表面必须相当干燥。

（7）冷冻

薯条送入冷冻隧道中速冻，冷冻时间和温度取决于所采用的设备性能。

（8）包装

根据用户的需要可以采用多种包装形式，包装材料以塑料袋最为常见。

近年，有些厂家在薯条中使用一种淀粉基添加剂，该添加剂可以用于涂薯条表面，形成薄薄的涂层，可以明显改善薯条的质地、风味和油炸品的外观。

11.3 速冻油炸马铃薯条（片）

1. 生产工艺

鲜薯检选→清洗→去皮→切条（片）→漂烫→干燥→油炸→预冷→速冻→包装→冷冻。

2. 操作要点

（1）鲜薯检选

选择外观无霉烂、无虫眼、无变质、芽眼浅、表面光滑的土豆，剔除绿色生芽、表皮干缩的马铃薯。

生产前应进行理化指标的检测，理化指标的好坏直接影响到成品的色泽。还原糖含量应小于0.3%，若还原糖含量过高，则应将其置于15~18℃的环境中，进行2~4周的调整。

（2）清洗

借助水力及螺旋机械的作用，将土豆清洗干净。

（3）去皮

为了提高生产能力、保证产品质量，宜采用机械去皮或化学去皮，去皮时应防止去皮过度，增加原料消耗，影响产品产量。

（4）切条（片）

去皮后的土豆用水冲淋，洗去表面黏附的土豆皮及残渣，然后用输送带送入切片机切成条或片，产品的厚度应符合质量要求。一般为 3mm 左右。

（5）漂洗和热烫

漂洗的目的是洗去表面的淀粉，以免油炸过程中出现产品的黏结现象或造成油污染。热烫的目的是使土豆条（片）中的酶失活，防止酶促褐变产生而影响产品品质。采用的方法有化学方法和物理方法，化学方法采用化学溶液浸泡；物理方法采用 85~90℃ 的热水进行漂烫。

（6）干燥

干燥的目的是除去薯条表面多余的水分，从而在油炸的过程中减少油的损耗和分解，同时使漂烫过的薯条保持一定的脆性。但应注意避免干燥过度而造成粘片，通常采用压缩空气进行干燥。

（7）油炸

干燥后的薯条由输送带送入油炸设备进行油炸，油温控制在 170~180℃，油炸时间为 1min 左右。

（8）速冻

油炸后的产品经预冷后送入速冻机速冻，速冻温度控制在-36℃ 以下，保证薯条产品的中心温度在 18min 内降至-18℃ 以下。

（9）冷藏

速冻后的薯条成品应迅速装袋、装箱，然后在-18℃ 以下的冷冻库内保存。

3. 关键技术

（1）原料品种与储藏工艺

马铃薯原料的品质对薯条产品质量影响很大。适合加工的是淀粉含量适中、干物质含量较高、还原糖含量低的品种，并且以薯形为长柱或长椭圆形、芽眼少而浅，或者外突、表皮光滑、白皮白肉最为理想。对马铃薯进行长期有效的储藏是延长加工期、提高生产力的重要措施。由于薯条加工对原料成分要求较严，因此对储藏技术要求也较高。经过长期储藏的原料应做到不变绿、不发芽、不腐烂、失水率低、薯茎内成分变化小以及符合加工质量要求。因此，加工企业一般均应配置一定吨位的通风保鲜原料库，要求该库能对库内温度、湿度和空气成分进行有效的调控，满足储藏工艺的要求。

（2）薯条加工工艺

生产线的工艺配置是薯条加工技术的核心部分。生产线应从物料流向、质量控制、设备配置、状态调整、节约成本和减小能耗等方面着手精心设计、合理调配，达到安全、平稳、连续和高效的生产目标。

11.4　其他冷冻马铃薯制品

1. 马铃薯丸子

马铃薯预处理→烫漂→沥水→冷却→切丝→混合（面粉，调味料）→成型→检查→包装→冷冻。

2. 马铃薯糊或搅打马铃薯糊

马铃薯预处理→煮熟→混合（奶粉、盐）→捣碎成糊状→（马铃薯糊）→搅打→冷却→检查→包装→冷冻。

3. 速冻马铃薯丁

马铃薯预处理→切丁→烫漂→沥水→冷却→检查→冷冻→包装。

第 12 章　马铃薯粉丝、粉条和粉皮加工

12.1　马铃薯粉丝、粉条和粉皮加工工艺

马铃薯淀粉和马铃薯全粉是两种截然不同的制品，二者的根本区别在于：全粉加工没有破坏植物细胞，虽经干燥脱水，但只要用适当比例的水复水，即可重新获得新鲜的马铃薯泥，制品仍然保持了马铃薯天然的风味及固有的营养价值；而淀粉却是经加工破坏了马铃薯的植物细胞后提取出来的，其制品不再具有马铃薯的风味和其固有的营养价值。

12.1.1　马铃薯粉条

以马铃薯淀粉为原料制作粉条，工艺简单，投资不大，设备不复杂，适合乡镇企业、农村作坊和加工专业户生产。

1. 原料配方

马铃薯淀粉 60%，明矾 0.3% ~ 0.6%，其余为水，冲芡淀粉 : 温水 : 沸水 = 1 : 1 : 1.8。

2. 生产工艺

淀粉→冲芡→揉面→漏粉→冷却清洗→阴晾、冷冻→疏粉、晾晒→成品。

3. 操作要点

（1）冲芡

选用含水量 40% 以下、质量较好、洁白、干净、呈粉末状的马铃薯淀粉作为原料，加温水搅拌。在容器（盆或钵即可）中搅拌成糨糊状，然后将沸水猛冲入糨糊中（否则会产生疙瘩），同时用木棒顺着一个方向迅速搅拌，以增加糊化度，使之凝固成团状并有很大黏性为止。

芡的作用是在和面时把淀粉粘连起来，至于芡的多少，应根据淀粉的含量、外界温度的高低和水质的软硬程度来决定。

（2）和面

和面通常在搅拌机或简易和面机上进行。为了增加淀粉的韧性，便于粉条清洗，可将明矾、芡和淀粉三者均匀混合，调至面团柔软发光。和好的面团中含水量为 48% ~ 50%，温度在 40℃左右，不得低于 25℃。

（3）揉面

和好的面团中含有较多的气泡，通过人工揉面排除其中的气泡，使面团黏性均匀，也可用抽气泵抽去面团中的气体。

（4）漏粉

将揉好的面团装入漏粉机的漏瓢内，机器安装在锅台上。锅中水温98℃，水面与出粉口平行，即可开机漏粉。粉条的粗细由漏粉机孔径的大小、漏瓢底部至水面之间的高度决定，可根据生产需要进行调整。

（5）冷却和清洗

粉条在锅中浮出水面后立即捞出投入到冷水中进行冷却、清洗，使粉条骤冷收缩，增加强度。冷浴水温不可超过15℃，冷却15min左右即可。

（6）阴晾和冷冻

捞出来的粉条先在3～10℃环境下阴晾1～2h，以增加粉条的韧性，然后在-5℃的冷藏室内冷冻一夜，目的是防止粉条之间相互粘连，降低断粉率，同时可用硫黄熏粉，使粉条增加白度。

（7）疏粉、晾晒

将冻结成冰状的粉条放入20～25℃的水中，待冰融后轻轻揉搓，使粉条成单条散开后捞出，放在架上晾晒，气温以15～20℃为最佳，气温若低于15℃，则最好无风或微风。待粉条含水量降到20%以下便可收存，自然干燥至含水量16%以下即可作为成品进行包装。

4. 成品质量标准

粉条粗细均匀，有透明感、不白心、不黏条、长短均匀。

12.1.2 无冷冻马铃薯粉丝

1. 生产工艺

淀粉→打芡→和面→漏粉→冷漂→晾晒→包装→成品。

2. 操作要点

（1）打芡

将少量马铃薯湿淀粉用热水（50℃）调成稀糊状（淀粉和水的比例为1：2），再加入少量沸水使其升温，然后用大量沸水猛冲，并用木棍或竹竿等不断搅拌，如果利用机械可开动搅拌器进行搅拌。约10min后，粉糊即被搅拌成透明的糊状体，即为粉芡。

（2）和面

待粉芡稍冷后，加入0.5%的明矾（配成水溶液）和其余的马铃薯淀粉，利用和面机进行搅拌，将其揉成均匀细腻、无疙瘩、不粘手、能拉成丝状的软面团。粉芡的用量占和面的比例：冬季为5%，春、夏、秋季为4%左右，和面温度以30℃左右为宜，和成的面团含水量在48%～50%。

（3）漏粉

将水入锅加热至97～98℃后，将和好的面团放入漏粉机的漏瓢内，漏瓢距离水面55～65cm，开动漏粉机，借助于机械的挤压装置使面团通过漏瓢的孔眼不间断地被拉成粉丝落入锅内凝固，待粉丝浮出水面时，随即捞入冷漂缸内进行冷却。漏粉过程中应勤加面团，使面团始终占据漏瓢容积的2/3以上，以确保粉丝粗细均匀，粗细均匀的粉丝不仅外观好，而且利于食用。

（4）冷漂

将粉丝从锅中捞出，放入冷水缸内进行冷却，以增加粉丝的弹性。粉丝冷却后用小竹竿卷成捆，放入加有 5%~10%酸浆的清水中浸泡 3~4min，捞起晾透，再用清水浸漂一次（最好能放在浆水中浸 10min，搓开相互黏结的粉丝）。酸浆的作用是漂去粉丝上的色素和黏性，增加粉丝的光滑感。

（5）晾晒

将浸漂好的粉丝，运到晒场挂晒绳或晒杆上晾晒，随晒随抖开，当粉丝晾晒到快干而又未干时（含水量为 13%~15%），即可入库包装，然后继续干燥后为成品。

12.1.3　精白粉丝、粉条

粉丝、粉条是我国传统的淀粉制品，配做汤、菜均可，其风味独特、烹调简便、成品价格低廉。以马铃薯为原料加工粉丝的工艺是近几年才发展起来的。

1. 生产工艺

精淀粉
↓
精淀粉→清洗→过滤→精制→打芡→调粉→漏粉→冷却→漂白→干燥→成品。

2. 操作要点

（1）淀粉清洗

将淀粉放在水池里，加注清水，用搅拌机搅成淀粉乳液，让其自然沉淀后，放掉上面的废水及杂质，把淀粉铲到另一个池子里，清除底部泥沙。

（2）过滤

把淀粉完全搅起，徐徐加入澄清好的石灰水，其作用是使淀粉中部分蛋白质凝聚，保持色素物质悬浮于溶液中，易于分离，同时石灰水的钙离子可降低果胶之类胶体的黏性，使薯渣易于过筛。把淀粉乳液搅拌均匀，再用 120 目的筛网过滤到另一个池子里沉淀。

（3）精制

放掉池子上面的废液，加注清水，把淀粉完全搅起，使淀粉乳液成中性，然后用亚硫酸溶液漂白。漂白后用碱中和，中和处理时残留的碱性可以抑制褐变反应活性成分。在处理过程中，通过几次搅拌沉淀，可以把浮在上层的渣和沉在底层的泥沙除去。经过脱色漂白后的淀粉洁白如玉、无杂质，然后置于贮粉池内，上层加盖清水储存待用。

（4）打芡

先将淀粉总量的 3%~4%用热水调成稀糊状，再用沸水向调好的稀糊猛冲，快速搅拌约 10min，调至粉糊透明均匀即为粉芡。为增加粉丝的洁白度、透明度和韧性，可加入绿豆粉、蚕豆粉或魔芋精粉打芡。

（5）调粉

首先在粉芡内加入 0.5%的明矾，充分混合均匀后再将剩余 96%~97%的湿淀粉和粉芡混合，搅拌好并揉至无疙瘩、不黏手、成能拉的软面团即可。初做者可先试一下，以漏下的粉丝不粗、不细、不断为正好。若下条快并断条，则表示芡大（太稀）；若条下不来或太慢，粗细不匀，则表示芡小（太干）。芡大可加粉，芡小可加水，但以一次调好为宜。为增加粉丝的光洁度和韧性，可在调粉时加入 0.2%~0.5%的羧甲基纤维素、羧甲基淀粉或琼脂，也可加少量的食盐和植物油。

（6）漏粉

将面团放在带小孔的漏瓢中，漏瓢挂在开水锅上方，在粉团上均匀加压力（或振动压力）后，透过小孔，粉团即漏下成粉丝或粉条。把它浸入沸水中，遇热凝固成丝或条。此时应经常搅动，或使锅中水缓慢向一个方向流动，以防丝条黏着锅底。漏瓢距水面的高度依粉丝的细度而定，一般为55～65cm，高则条细，低则条粗。如果在漏粉之前将粉团抽真空处理，加工成的粉丝表面光亮，内部无气泡，透明度高、韧性好。粉条和粉丝制作工艺的区别还在于制粉丝用芡量比粉条多，即面团稍稀。所用的漏瓢筛眼也不同，粉丝用圆形筛眼，较小；制粉条的瓢眼为长方形筛眼，较大。

(7) 冷却、漂白

粉丝（条）落到沸水锅中，在其将要浮起时，用小杆（一般用竹制的）挑起，拉到冷水缸中冷却，增加粉丝（条）的弹性。冷却后，再用竹竿绕成捆，放入酸浆中浸3～4min，捞起凉透，再用清水漂过。最好是放在浆水中浸10min，搓开相互黏着的粉丝(条)。酸浆的作用是可漂去粉丝（条）上的色素或其他黏性物质，增加粉丝的光滑度。为了使粉丝（条）色泽洁白，还可用二氧化硫熏蒸漂白。二氧化硫可通过点燃硫黄块制得，熏蒸可在一专用的房间中进行。

(8) 干燥

浸好的粉丝、粉条可运往晒场，挂在绳上，随晒随抖散，使其干燥均匀。冬季晒粉采用冷干法。粉丝、粉条经干燥后，可取下捆扎成把，即得成品，包装备用。

在以马铃薯淀粉为原料制作粉丝、粉条的过程中，不同工艺过程生产出的产品质量有很大差异，这是由淀粉糊的凝沉特点所决定的。马铃薯淀粉糊的凝沉性受冷却速度的影响(特别是高浓度的淀粉糊)。若冷却、干燥速度太快，淀粉中直链淀粉来不及结成束状结构，易结合成凝胶体的结构；若凝沉，则淀粉糊中直链淀粉成分排列成束状结构。采用流漏法生产的粉丝较挤压法生产的好，表现为粉丝韧性好、耐煮、不易断条。挤压法生产的产品虽然外观挺直，但吃起来口感较差，发“倔”。流漏法工艺漏粉时的淀粉糊含水量高于挤压法，流漏出的粉丝进入沸水中又一次浸水，充分糊化，含水量进一步提高。挤压法使用的淀粉糊含水量较低，挤压成型后不用浸水，直接挂起晾晒，因而挤压法成品干燥速度较流漏法快，这样不利于直链淀粉形成束状结构，影响了产品的质量。

3. 成品质量标准

粉丝和粉条均要求色泽洁白，无可见杂质，丝条干脆，水分不超过12%，无异味，烹调加工后有较好的韧性，丝条不易断，具有粉丝、粉条特有的风味，无生淀粉及原料气味，符合食品卫生要求。

12.1.4 瓢漏式普通粉条生产

瓢漏式粉条加工在我国已有数十年的历史。传统的手工粉条加工使用的漏粉工具是刻上漏眼的大葫芦瓢，以后逐步演变成铁制、铝制、铜制和不锈钢制的金属漏瓢。自20世纪90年代起，各地开始将瓢漏式粉条加工的手工和面改为机械和面，将手工打瓢工艺改为机械打瓢，节省了人力，提高了工作效率。

1. 生产工艺

淀粉→打芡→和面→漏粉→糊化成型→冷却→盘粉上杆→老化→晾晒。

2. 操作要点

(1) 原料选择与处理

选用优质马铃薯淀粉是生产优质粉条的基本保证。粉条生产对原料的要求是：淀粉色泽白而鲜艳，最好白度在80%以上，无泥沙、无细渣、无其他杂质、无霉变、无异味。对于自然干燥颗粒大而且较硬的淀粉，用粮食粉碎机粉碎后再加工。如果淀粉里面混有少量较大的植物残叶等杂质，应提前拣出。对自然保存的湿粉坨，加工粉条前要认真检查，发现局部有霉变现象，应用刀刮去霉层；表层及里层均有霉变现象，应放弃使用；表层落有灰尘时，应予拂净。湿粉坨使用前，先破碎成小块，再用锨拍碎，必要时用手搓匀或用机器搅碎。从市场上购买的粗制淀粉，一般都需要净化。不同档次的粉条生产，对原料净化的要求有所不同。生产低档和中档偏下的粉条时，原料一般不需净化；生产中档及中档偏上的粉条时，对淀粉应简易净化；生产高档粉条时，应对淀粉进行精细净化。简易净化是指用简单的设备和简易的工序，将粗制淀粉中大量杂质去掉的过程。具体办法是将粗制淀粉置于大缸或池中，兑3倍左右的清水溶成乳液，过120目网筛去掉粗纤维，再加入酸浆调至pH值为5.6~6.2，按酸浆法工艺脱色、去杂，通过静置沉淀分离出泥沙及蛋白质等杂质，吊滤后直接加工成粉条。颜色较暗的淀粉，有的是加工过程中黄粉等杂质未分离彻底而导致的。用此类淀粉加工的粉条，色泽呈暗褐色。由于黄粉中的主要成分是蛋白质，淀粉中的蛋白质在淀粉加工中是杂质，但在食品工业上是食品添加剂，在粉条里能起增筋作用。故有不少地方的农民喜欢食用颜色较暗的粉条。颜色发暗的淀粉里除了含有蛋白质外，还含有细渣和细沙甚至含有灰尘等杂质，因此加工时应尽量选用色泽白、杂质少的淀粉做原料。

(2) 打芡

打芡是和面的前工序。芡的作用是黏结淀粉，使淀粉团成为适宜的流体状，通过漏瓢而流入锅内煮熟即成粉条。芡质量的好坏及适应性，对和面质量及漏粉效果影响很大。芡过稠，和成的面筋力过大，面团流漏性差，漏粉不畅；芡过稀，和成的面胶性差、筋力小、易断条。打芡稀稠的原则是：优质淀粉宜稀，劣质淀粉宜稠；干淀粉宜稀，湿淀粉宜稠；细粉宜稀，粗粉宜稠。制芡时先取少量生淀粉加温水调成淀粉乳，再加沸开水打成淀粉熟糊。如果用含水量38%~40%的湿淀粉和面，先取其中6%的湿淀粉，兑入重量为湿淀粉重1/2的温水调成糊状，再兑沸开水（重量为湿淀粉重的1~1.5倍），边加边搅拌成糊状。如果用含水量14%~16%的干淀粉和面，一般每100kg干淀粉取3.0~4.0kg的淀粉做芡粉（细粉取低值、粗粉取高值），加入1.5倍55℃温水先调成淀粉乳。打芡前，将芡盆用热水预热至60℃，再加入沸水50~60kg（细粉取高值、粗粉取低值），用木棒或搅拌机迅速顺着一个方向搅拌，先低速搅拌，后逐渐提高搅拌速度，直至均匀晶莹透亮、熟化、劲大、丝长、黏度大的熟糊，以防粉条过脆易断。若用碎粉条代芡，务必将碎粉条经手选→风选→水选→去杂→洗净→除沙→泡好后，煮15~20min煮透再用。每50kg干淀粉加4.5~5.0kg干碎粉条煮烂的粉条。

目前，生产粉条打芡时，仍加入0.3%~0.4%的明矾，如果人们长时间食用含铝过多的食品，对身体健康产生不良影响。为此，粉条加工应尽量采用无明矾生产工艺。方法是在和面时，将芡（待温度降到70℃左右时）倒入和面机中，再加入占干淀粉重量0.05%~0.1%的食用油（增加粉条的光亮度）、0.1%~0.3%的食用碱（起膨松与中和淀粉酸性作用)、0.5%~0.8%的食用精盐（增加粉条持水性、韧性、耐煮度，用前需经粉碎，用时稍加水溶解）和0.15%~0.2%的瓜尔豆胶（天然植物胶无毒，根据生产需要量添加，达到增筋效果）或0.2%~0.3%的羧甲基纤维素或羧甲基淀粉或琼脂或加1%~3%的魔芋精粉。将和面容器中起预热作用的热水倒出，把制芡的淀粉置于里面，用1.5倍的30~40℃温水将明矾粉化开后与淀粉调成粉乳，再加入50~60kg沸水，边倒边用木棒朝一个方向快速搅拌，直至均匀透明为止。注意上述用量是100kg干淀粉和面所需的量，如果每次和面用干淀粉50kg，则对上述各种料量减半。若用和面机制芡，可省去人工搅拌的劳动量，而且制芡快、搅拌均匀。但应注意机器转速不能过快，搅拌时间不能过长，以免使淀粉糊的黏性降低，并在打糊容器外装保温设施。制好的芡应是熟化、透明、劲大、丝长、黏度大的。芡打好后装入大盆或小缸备用。

(3) 和面

和面实质上是用芡的黏性把淀粉黏结成团，并通过搅揉，把面团和成具有一定的固态，还有一定的流动性和较好的延展性的过程。和面的方法有手工和面与机械和面两种。

①芡同淀粉的比例。瓢漏式粉条加工，无论是人工和面还是机械和面，面团的含水率都要达到45%~48%。用芡的比例根据淀粉干湿而定。用干淀粉和面时，每65kg干淀粉加芡35kg左右即可；若用含水率38%~40%的湿粉和面，其含水率已达到和面水分要求的量，无法再加芡和面，因此必须加入一定量的干淀粉再对芡和面。以每批和面的面团总重100kg为例，不同干湿淀粉加芡比例为：当干湿淀粉经例为1∶1，即干湿淀粉各为40kg时，加芡量为20kg左右；当干湿淀粉比例为4∶6，即干淀粉35kg、湿淀粉50kg时，加芡量为15kg左右；当干湿淀粉比例为3∶7，即干淀粉27kg、湿淀粉63kg时，加芡量为10kg。

随着芡用量的减少，芡液的浓度也应随之提高，以保证有足够的黏结淀粉的能力。此外，加芡的比例还应根据不同批次淀粉具体的含水率及淀粉质量而定。例如干淀粉的含水率有的在12%，有的在15%左右；湿淀粉含水率在38%~42%；有的淀粉可黏结性好，有的淀粉可黏结性差。因此，和面加芡时要因粉而宜，不能用统一的加芡比例。对含水率高的淀粉应少用芡，用稠芡；对含水率低的淀粉应多用芡，用稀芡；对优质淀粉用芡量可适当减少，并以稀芡为主；对劣质淀粉用芡量可适当增加并以稠芡为主。加工粉条的种类不同，加芡的比例也不同。一般来说，加芡量由多到少的顺序是：细粉>粗粉>宽粉（片粉）>粉带；用芡的浓度与芡量相反，其由大到小的顺序是：粉带>宽粉>粗粉>细粉。

②人工和面：

a. 预热及保温和面容器。粉条加工的主要季节在冬季，和面容器如果温度过低，会使面团温度下降过快，影响和面质量和漏粉质量。人工和面及手工漏粉所需的时间长，面团更容易降温。因此，在和面时必须对和面容器采取预热及保温措施。

b. 预热陶瓷缸或盆。用陶瓷缸或陶瓷盆和面保温性相对较好。在和面前将开水倒入缸（盆）里预热5~10min，开水的量不少于容器容量的1/3。预热期间，用热水向缸内壁上中部冲淋数次，使缸体受热均匀。缸热后，将热水倒出再进行和面。和面缸不宜过深，一般以70cm左右为宜。打芡缸（盆）趁热和面也起预热作用。

c. 热水夹层。将和面容器置于大于该容器的另一个容器中，使两容器之间有3~5cm的夹层，和面时在夹层里注入60℃左右的热水进行保温。水温下降到30℃时，应予更换。

此种方法保温效果较好。特制的夹层和面缸（盆）有注水孔和排水孔，使用更为方便。此外，在冬季还可以采取在和面缸（盆）外网套上棉被、塑料薄膜，或提高室温等措施，以减慢面温下降速度。

③和面方法。将淀粉置于和面缸（盆）中，一个人执木棍搅拌，另一个人将热芡往里面倒，边倒边拌，拌匀时，用手将面揉光滑。若用缸和面，则由两三个人轮流用双手翻揉，基本均匀时，再用手由面团四周从上到下揣揉，使面团不断向中间翻起来，以减少面团中的气泡。在南方用大木盆和面时，一般是四五个人旋转揣和，有节奏地进行，左手同时沿盆壁向下按去，右手拔起，接着左手拔起，右手向下按去，如此交替进行，并绕盆移位转动。一般左手按下，左脚着地，右手按下，右脚着地，手力、臂力、体力结合使用。面团在盆中运动的规律是从盆的四周被按下去，经盆底从中间向上突起来。为防止盆底面团未充分和匀，应间断性地将盆底面团向上翻一翻。经 10~20min 的揉和，面团不断从中间突起来，向四周分散。面中的小气泡不断被挤破，使面团的密度不断增大，粉条的韧性也随之增强。

④机械和面。用机械和面省工、省力、效率高。和面机械可分为搅拌式和面机及绞龙揉面式和面机。搅拌式和面机是在搅杠一端焊接有不同类型的铁爪，由铁爪转动搅动面团进行运动。绞龙揉面式和面机有立式型和卧式型。绞龙是由宽叶螺旋组成，工作时绞龙转动，同时螺旋叶片与面团摩擦生热，因此，在和面时要控制速度。此类机械和面还带有揉面的性质，和出的面相对质量较高，还可保持一定的面温。先用普通和面机和好，再经过真空抽气机（见图 12-1）抽空的面团密度大，增强了粉条的拉力和韧性，而且粉条光泽度好、透明。有的粉条厂家看到手工粉条好卖，就在和面之后，不抽真空，而是用模拟人工揉糊和面机进行揉面，来保证面团有良好的柔软性和延展性，这种模拟人工揉糊和面机生产的粉条口感柔软滑嫩。

根据机械和面用芡的种类不同，分为用常规芡和面和以碎粉代芡和面。用常规芡和面时，常规芡就是平常和面所用的熟淀粉糊芡。和面时，开动和面机，边搅动边加淀粉边加芡，一般 8~10min 可和成。以碎粉代芡和面时，碎粉代芡是将盘粉、晒粉及切割过程中剩下来的碎粉煮烂代替芡和面，可取得与芡相同的效果。其原理是利用了薯类淀粉中支链淀粉多、直链淀粉少，老化后遇高温仍可煮烂发黏的特性。

碎粉代芡的主要优点：一是可充分利用粉条加工过程中掉下的碎粉，通过代芡使碎粉“回炉”变成长粉，提高成品率；二是技术简单，易于推广。此项技术在河南、河北、山东等省的一些加工区使用较为普遍。

碎粉代芡和面的方法：首先将碎粉拣净，通过风选、手选、水选去掉碎粉中的泥沙、植物碎片。在和面前将碎粉在锅里煮 15~20min，以充分煮烂为宜。煮后将碎粉捞于铝盆、木盆或塑料盆中。煮粉时加水量以煮烂后水分刚好吸完为宜。用碎粉的比例一般以每 50kg 淀粉，加 2. 2~2. 5kg 干碎粉煮烂后的碎粉。和面时将煮过的 60℃ 的碎粉放到和面机容器里，再加入前述的无明矾粉条配方中的添加剂，搅拌器转动数十圈后倒入淀粉搅拌和面。煮好的碎粉，不要全部加入，留出少量在和面过程进行调剂。一般 8~10min 即可把面和成。

以碎粉代芡和面应注意以下几点：一是切记碎粉中不能带杂质，以防污染粉条；二是煮粉后要立即倒入非铁质容器，以免碎粉变青，影响粉条色泽；三是湿碎粉在天热时不可

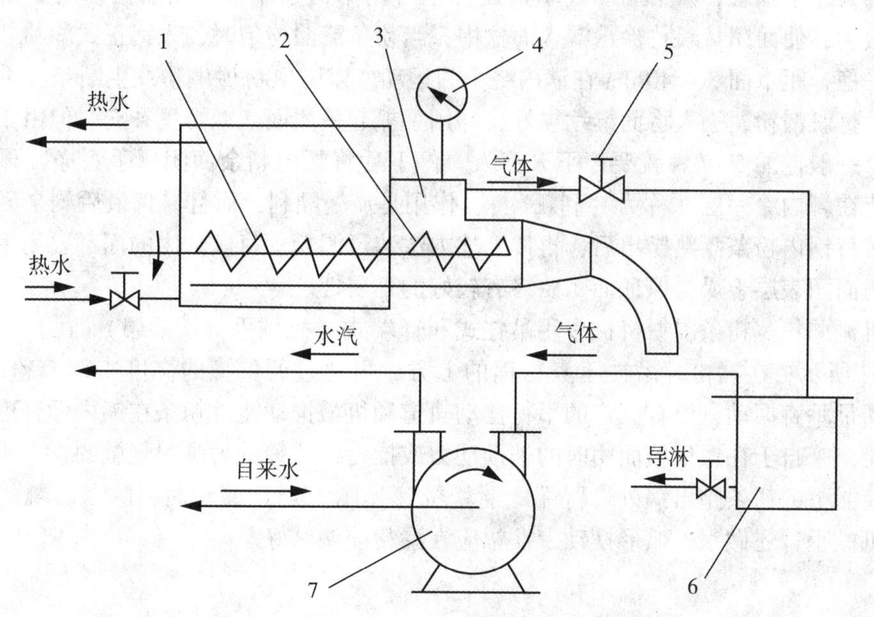

1—一级绞龙；2—二级绞龙；3—真空室；4—真空表；5—真空室阀门；6—缓冲器；7—真空泵

图 12-1　ZHJ-20（40）型真空和面机工作流程图

放置时间过长，防止酸败，一旦发现要停止使用，以免影响粉条卫生质量。

⑤和面质量要求。瓢漏式粉条加工，无论采用哪种方法和面，最终要求的和面质量是一致的。和好的面团表面光滑柔软，不结块、无粉粒、不粘手，含水量在 48%～50%，面温控制在 45～50℃。用手指在上面划沟，裂缝不会很快合上。将手伸入面团中慢慢拉出，整手被面粘满，如将手急速从面中拔出则不会黏手。用双手捧起一团面，就会从指缝中柔滑地流下，形成细长丝状而不断。流下的面丝重叠在一起，所留痕迹经 3min 左右才能消失。双手抓起一团面，急速在手掌中翻转，不粘手，也不能流下。在检验和面质量时，如果发现抓起面团从指缝流得太快或几乎抓不起团时，说明面和得偏软，应加干淀粉继续和面；如果发现抓起面团从指缝流动困难，不成丝状，间断流下，说明面和得偏硬，应加芡和软。当然不同淀粉制品和不同漏粉机械，对和面软硬要求也不完全一样，基本原则是粉丝宜软（面团中含水率宜高），粉条适中，宽粉及粉带面团宜硬（面团含水率偏低）。

3. 漏粉和煮粉

（1）漏粉

漏粉是将和好的面团装入漏瓢，以粉条状漏入煮粉锅的过程。漏粉亦分为手工漏粉和机械漏粉。漏瓢距水面的高度依粉条的细度而定，一般为 55～65cm，高则条细，低则条粗。

①手工漏粉。手丁漏粉工具有两种：一种是非金属漏瓢，它是由葫芦瓢制成的；另一种是金属漏瓢，主要由铝、白铁、铜、不锈钢等金属制成，底部多为平底，上面刻有许多孔。金属瓢上多焊有插木柄的把，使用时比非金属漏瓢更方便。漏粉前先将面盆置于煮粉锅前，当细粉条要求水温达到 95℃左右、粗粉条要求水温达到 98℃左右时，将面团装入

漏瓢。一人左手执瓢，右手用拳或掌根处（也可用木槌）不停地击瓢沿，由于粉瓢不停地均匀振动，使面团从瓢孔徐徐漏入面盆中，当粉条流漏均匀时，入锅正式漏粉。漏粉时走瓢要平稳，距水面 30~40 cm 在锅内绕小圈运动，以防熟粉顶生粉发生断条。手工漏粉时，一人打瓢漏粉，一人将面继续揉好，并用手抓起一团面往漏瓢里补充。但由于人的臂力有限，一般连漏 5~7 瓢就要停下来换人。停下后将瓢内剩余面团用手去净，再用手蘸少许稀芡在瓢内涂一层（称为“利瓢”），作用是流漏顺利，而且易将最后剩余面团能顺利去掉。待锅内粉条煮熟捞出后，再按上述方法装瓢漏粉。每次缸内的面都要用手重新揉好，以防面团表层干燥，保证面团始终有较好的延展性。

②机械漏粉。粉条漏粉机械多用吊挂式和臂端式（机械手臂端漏瓢）。吊挂式漏粉机如图 12-2 所示，在漏粉时吊挂于煮粉锅的上方，可通过调整瓢的高度来调节粉的粗细。瓢的振动是垂直振动，没有固定的平行摆动轨道和机械推动能。粉条在锅内做轻度来回运动的动能，来自于往瓢里填面团时的辅助动力或推力，这种推力是很轻微的，否则摆幅过大，会使漏下的粉条跑出锅外。臂端式漏粉机（见图 12-3）漏粉时，除了漏瓢的垂直振动外，机械手臂还做水平弧形摆动，摆幅应在漏粉前调试好。

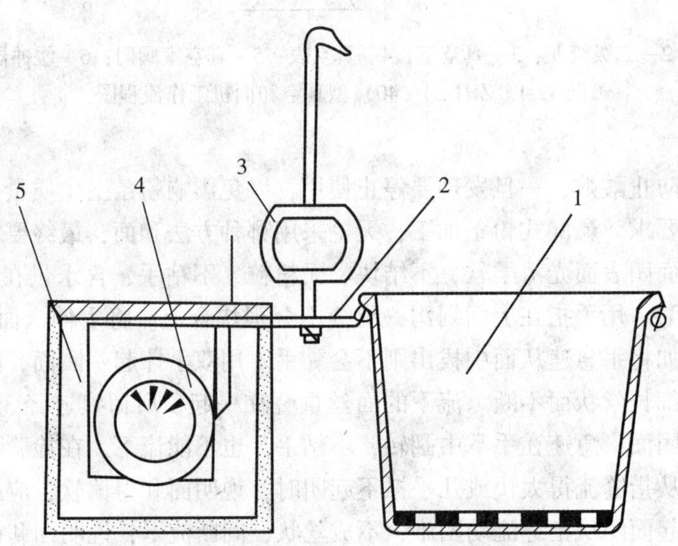

1—粉瓢；2—连接架；3—吊环；4—微型电动机；5—电动机护箱

图 12-2　8PZF-100 型吊挂式漏粉机示意图

机械漏粉最大的优点是可以不间断地往瓢里填面，连续漏粉。在水温和其他条件都能满足时，每 50kg 干淀粉和的面团，在 15min 左右即可漏完。在加工扁粉及粉带时，由于面团含水率偏小，筋力大，用吊挂式和普通臂端式非加压型的漏粉机漏粉已显困难。因此，必须使用木槌加压型的漏粉机，工作时，木槌不停地捶打漏瓢内的面团，并产生振动使粉漏出。无论手工漏粉还是机械漏粉，在漏粉过程中，要注意防止淀粉面温下降过快及面团表层干燥。预防措施除了对面盆和面进行保温外，还要对剩余面团不停地揉和，以防漏出的粉条出现大量的“粉珠”。

（2）煮粉

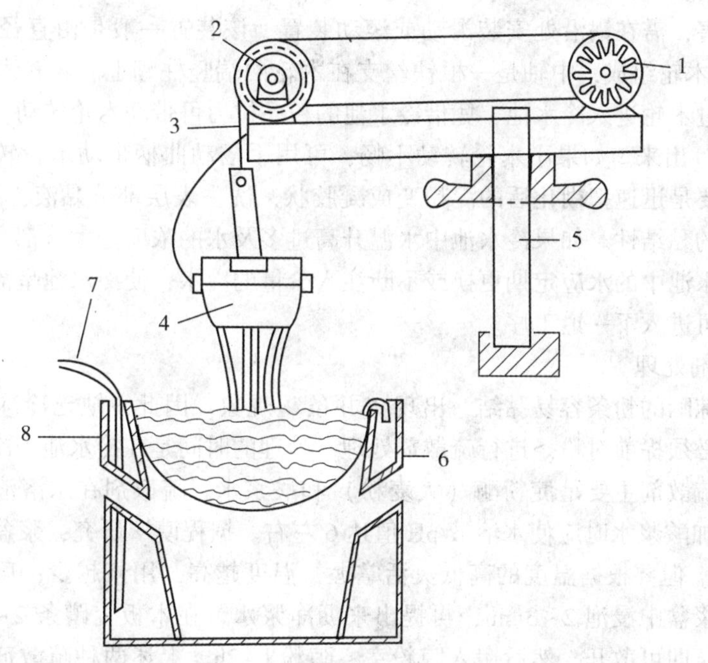

1—电机；2—导轮；3—曲柄；4—漏瓢；5—机架；6—煮锅；7—进水管；8—套锅

图 12-3 臂端式漏粉机示意图

煮粉是指漏出的粉条在锅内糊化的过程。在锅内煮的时间与粉条粗细有关，一般在沸水锅中煮 30~40s 就熟化了（细粉取低值，粗粉取中值，扁粉取高值）。煮粉时扁粉、粉带重量大，在锅内停留时间长，容易使水温下降，因此应使炉火烧旺，以利充分熟化。细粉条很容易熟化，水温不宜过高，煮粉时间也不宜过长，否则容易在锅内断条。煮粉时要保持锅内热水的深度，一般要使水面与锅沿始终保持在 1~2cm，便于粉从锅沿拉入冷水池，漏粉时间长，锅内水分蒸发损耗多时，应随时补充开水。如果漏粉时间长锅内泡沫过多时，会从棚架漏下生粉条，影响粉条的熟化和质量。粉条在锅内熟化的标志是漏入锅中的粉条由锅底再浮上来。如果强行把粉条从锅底拉出或捞出，会因糊化不彻底而降低粉条的韧性，一定要使粉条煮熟。但如果粉条浮起时间长而不出锅，则使粉条易煮断。

4. 捞粉、冷却和疏散剂处理

（1）捞粉冷却

当粉条由锅底浮出水面时即为熟化，可以捞出冷却。手工漏粉的捞粉分为分批捞粉和连续捞粉。分批捞粉是当一瓢粉漏完后停下来，等锅内粉条全部浮上来后，用竹篮伸入锅内水中，用细棍将粉条拨入篮中捞出，倒入冷水池冷却，每瓢漏的粉盘一杆。连续捞粉是一人站于锅边，等粉条浮上后不停地用拨粉棍将粉条捞入锅边的冷水池。机械漏粉是连续性的，因此捞粉多采用自流式的捞粉方法，即当粉头浮出水面后，用拨粉棍将粉头拉出锅沿进入冷水池，以后凭借盘粉时对粉条的拉力，使粉条不断地从锅内拉入冷水，冷水池的温度控制在 20℃以下，并及时补充冷水。漏粉的速度、煮熟浮起的速度，与进入冷水池及盘粉的速度必须是一致的，如果其中任何一道工序不协调，就会造成整个系统的紊乱，不是影响粉条的质量就是影响加工的效率。在粉条从锅内流入冷水池的过程中，为了防止粉条被锅沿伤害，需在锅沿处安装滑动或滚动装置。该装置一般是由直径 10~15cm、长 20cm 左右的小木轮组成，中轴是一根铁丝支在木轮两端竖柱蝴上。轻触木轮就会使其转动，让粉条通过木轮进入冷水池，凭借冷水池的粉条拉力可带动木轮转动，使粉条能够顺利从锅中“滑”出来。如果小木轮转动不畅，可用手摇动曲柄带动木轮转动。在冷水中冷却的目的主要是迅速把糊化后的淀粉变成凝胶状，洗去表层部分黏液，降低粉条黏性，减少粉条之间的黏结性。如果冷水池中水温升高过多及水的浓度增大，都会降低冷却的效果。因此，冷水池中的水应定期更换或不断注入少量的冷水，使冷水池呈流水状。在冷水池中降温后，可进入下一道工序。

（2）疏散剂处理

不经冷冻晾晒的粉条容易黏结，出现“并条”现象。因此，缺乏冷冻条件或冷冻条件不充分时，必须提前对粉条进行疏散剂处理。处理的时间是在冷水池中冷却之后和上杆前后。常用的疏散剂主要是淀粉酶（大麦粉）和酸浆水。疏散剂在水溶液中的浓度：麦芽粉 0.05%，加酸浆水时应使水溶液 pH 值达 6 左右。据程谟翠研究，浆盆中浆与水的比例一般为 1∶9。但要根据温度的高低灵活掌握，温度越高，用浆越少，反之用浆量适当增加，粉条在浆盆中浸泡 2~3min，再提出来沥净浆水。在木板上蹲条 2~3min，用手一提，大部分黏条即可散开，然后搬入晾粉室，晾粉 1~2h。上述两种疏散剂均有防止粉条黏结，起到疏散的作用。其中酸浆水不仅能疏散，而且还能起到漂白作用。但应注意疏散剂：一是不能超过适用量，二是不能处理时间过长，否则会使粉条筋力减退，晒干后容易脆断。

5. 冷冻与老化

粉条的熟化称为 α 化（糊化）。熟化后的粉条，需要在低温静置条件下，逐渐转变为不溶性的凝胶状，使粉具有耐煮性，这个过程称为粉条的 β 化（即老化）。从粉条上竿后的静置及冷冻到干燥前都是粉条的 β 化过程。老化就是要创造条件，促进 α 化向 β 化的转变。粉条老化的措施主要是冷冻老化和常温老化。

（1）冷冻老化

冷冻是加速粉条老化最有效的措施，是国内外最常用的老化技术。通过冷冻，粉条中分子运动减弱，直链淀粉和支链淀粉的分子都趋向于平行排列，通过氢键重新结合成微晶束，形成有较强筋力的硬性结构。冷冻的第二个目的是防止粉条粘连，起到疏散作用。粉条沥水后通过静置，粉条外部的浓度较内部低，在冷冻时外部先结冰，进而内部结冰。在结冰时粉条脱水阻止了条间粘连，故通过冷冻的粉条疏散性很好，因此在冷冻前一般不用疏散剂处理。冷冻的第三个目的是促进条直。由于粉条结冰的过程也是粉条脱水的过程，冰融后粉条内部水分大大减少，晾晒时干燥速度加快，加之粉条是在垂直状态下老化而定型的，粉条晒干后也易保持顺直的形态。为了提高粉条质量，采用冷库代替自然冰冻，在 -9~-5℃条件下，缓慢冷冻 12~18h，冻透为宜。

（2）天然冷冻

利用冬季大气温度低于-2℃的条件，进行粉条冷冻称为天然冷冻。天然冷冻的方法：在晚上温度降到 0℃时，将晾好的粉条挂放在自然冷冻室内的木架上，冷冻室上面与周围用塑料薄膜挡严，以防止粉条被风吹干，冷冻过程中翻 1~2 次。在自然冷冻的前期常温置放，在后期的冷冻过程中，粉条失水不宜过快，要保持一定的含水量。在水分含量高的情况下，分子间碰撞机会多，有利于老化；水分不足时则影响老化。因此，在自然冷冻时，定期往粉条上喷些水，待粉条被冰包严后就不会再把粉条冻得发白。在冬季气温偏高地区，白天要把粉条架在室内，或上面盖上席，四周围上塑料薄膜，若白天太阳出来时可防晒、保湿，晚上天冷时可缓慢冷冻，使冻粉均匀。如果没有冷冻条件，为了常年生产，解决粘连问题，把漏好的粉条放入含0.05%麦芽粉的水池中浸泡一段时间，取出沥水后，粉条在平台上蘸些食用油，并揉搓一下，使粉条蘸油均匀，并在15℃以下的晾粉室内，晾放20~24h，或12~14℃晾放10~12h，或6~10℃晾放4~8h，温度越低晾放时间越短。因此，晾粉室应设在地下室或半地下室，以便控制高温。晾粉后再用清水浸泡一段时间，以便洗开后进行晾晒。

6. 干燥

冷冻后的粉条要脱冰融化。冷冻后，先把冷冻粉条浸泡在冷水中一段时间，经浸泡揉搓散条，然后可进行干燥。经过干燥，水分降低到安全的含量，有利于储藏和运输。

(1) 粉条水分及其散失

粉条中的水分主要分为自由水和结合水。自由水包括粉条表面的润湿水分及分子间隙水分，这种水分属于机械结合方式，在冷冻条件下容易结冰，在脱冰和干燥过程中容易去掉；结合水包括与蛋白质、淀粉、果胶质等紧密结合的化学结合水和物理结合水，这种水分有一部分不易去除。粉条表层自由水的散失，必须是粉条表层水蒸气压大于周围空气的水蒸气压，具有分压差。粉条和介质（空气）两者温差越大，分压差越大，水分散失得越快。粉条与介质（空气）两者湿度差越大，空气流动速度越快，越容易带走粉条表层汽化的水分。在粉条干燥过程中，由于表面水分的汽化，中心部分的水分含量要比表面部分的高，形成了湿度梯度。由于这种湿度差的存在，水分就会由于毛细管力和扩散渗透力的作用，从水分含量高的地方向含量低的地方移动。当移动到粉条表面后又不断被汽化，最终实现了干燥。

(2) 干燥的方法

根据干燥设备的不同种类，干燥方法分为自然干燥、烘干房干燥和隧道风干。

①自然干燥。利用太阳辐射能对粉条进行露天干燥，是多年来我国粉条干燥的主要形式。自然干燥的优点是不需要消耗燃料，可降低生产成本。但受天气制约较大，影响连续生产，而且干燥过程中易受粉尘污染。晒粉应在硬化的干净场地上进行。室外气温在22~25℃，风力3~4级的晴天或晴间多云天气，是晒粉条最适宜的天气。晒粉条前，应对粉条进行预处理。经冷冻处理的粉条，可放入温水中融冰，也可应先用木棒捶粉脱冰，残余冰在温水中融去，然后挂在晒粉架上晾晒。若是常温置放老化的粉条，粉条粘连严重时可放入水中先浸泡，并在水中将粉条粘连处全部搓开后再晾晒。在有风天气，1h左右翻1次（即将粉条带粉竿做180°扭转），使其受风均匀；2h左右松条（方法是取下两竿粉合并起来，两手握两竿粉的粉竿两端使粉条在席上做礅、抖、绕运动，使粘连处自动散开）。然后对不能完全散开的挂起，用手梳理揉搓使其充分散条。散条后将粉条连杆叠放起来，每10~15杆1垛，整齐码好，盖上单子或塑料薄膜，使粉条匀湿。经30~40min粉条中的水分由湿的部位，向干的部位转移，使粉条上下、内外干湿一致，粉条由弯变直。然后将粉条挂起来继续晾晒20min左右，再翻转1次。粉条不宜晒得过干。粉条晒得过干

易酥脆，粉条含水率达到 15%左右为宜。如果风力过大，要将粉条下端折起搭到绳上，30min 以后，再放下晒，以免粉条下端过干变酥脆。

②烘干房干燥。烘干房以煤、电、蒸气加热进行烘干，可避免不良天气影响，而保证生产的连续性。烘房有简易烘房和现代化风干流水线。土烘房类似于烟炕，用煤加热火龙(火道)，在龙下设置鼓风设备，室内架设粉架挂粉条，烘房上方设置排湿口。在烘房内制造出 3~4 级的风力条件。以热风带走粉条中的水分，达到烘干的目的。烘房内温度一般不能超过 60℃，温度过高，粉条容易粘连，同时表面和中间失水速度不一，会造成表面光滑度下降。室内干湿差应高于 4~5℃。粉条干燥需经过 3 个阶段：第一阶段为快速排湿段，室温保持 25~35℃，加大风量，粉条中的水分散失 20%左右时，将粘连的粉条理开。第二阶段为保形散失段，室内气温保持 35~50℃，风量中等。如果温度过高，粉条表面失水过快，为保持粉条均衡失水，室内应保持一定的湿度，使粉条直而不弯。如果发现有严重弯曲趋势时，应将粉条取下堆压理直，然后再烘，此段水分再散失 20%~30%。第三阶段为干燥成品段，室温应保持 25~35℃，低温大风、少排湿，使粉条干燥至含水量 14%时即可。以上 3 个阶段可在同一室内进行也可分室进行。现代化干燥房已将烘干工序制成风干流水线，湿粉条缓慢经风干隧道，温度控制在 20~30℃，调节适量的风速，经风干 40~60min 即成干品。如图 12-4 所示为固定式烘干房示意图。

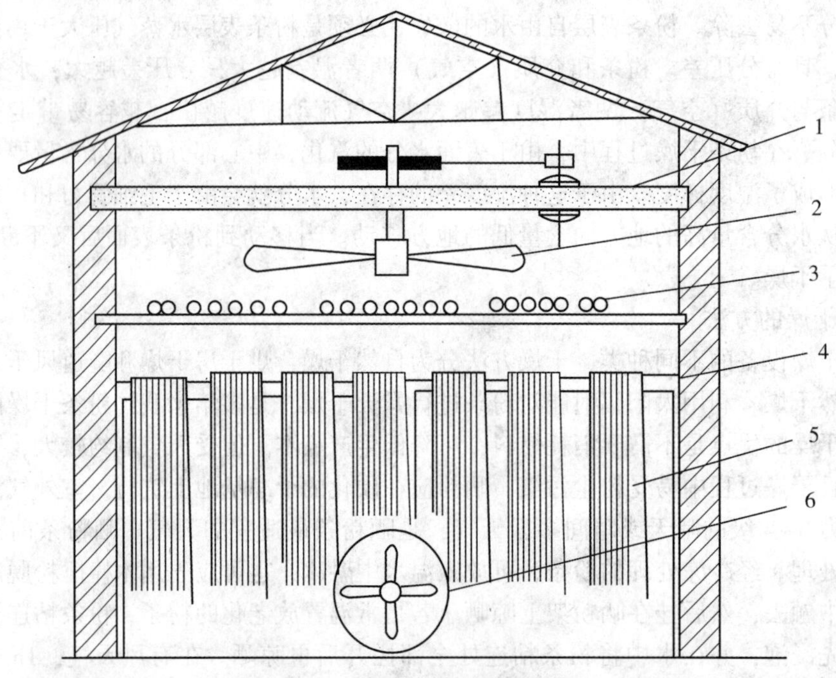

1—电动机；2—压风吊扇；3—散热管；4—粉条支架；5—粉条；6—排潮风扇

图 12-4　固定式烘干房示意图

③隧道风干。隧道风干以煤、电、蒸汽或下粉余热加热进行烘干，可避免不良天气影响，而保证生产的连续性。在隧道内制造出 3~4 级的风力条件，以热风带走粉条中的水分，达到烘干的目的。隧道内温度一般不能超过 40℃，温度过高，粉条容易粘连，同时

表面和中间失水速度不一，会造成表面光滑度下降。室内干湿差应高于4~5℃。粉条干燥需经过3个阶段：第一阶段为快速排湿段，室温保持在25~35℃，粉条中的水分散失20%左右时，将粘连的粉条理开。第二阶段为保形散失段，室内气温保持在35~40℃。如果温度过高，粉条表面失水过快，为保持粉条均衡失水，隧道内应保持一定的风力、湿度，使粉条直而不弯。湿粉条缓慢经风干隧道，温度控制在30~40℃，调节适量的风速，经风干40~60min即成干品。

7. 包装

刚晒干的粉条（丝）不能直接包装，最好在室内摊放1~2h，让其适当吸潮，以防脆断。然后按产品品质的不同等级分别归类，送到包装车间进行包装。粉条包装分为大件包装、纸箱包装和袋装。

（1）大件包装

大件包装粉条重量为5~10kg，粉条头尾分层交叉叠放，用细绳捆紧，装入加压内衬薄膜的编织袋中。包装袋按要求填写商品标签，如品名、生产厂家、重量、生产日期、保质期等。10kg粉条的包装袋用细红塑料绳或塑料带捆两道，然后装入加压内衬膜的塑料编织袋中。这类包装适用于长途运输或在以农村为主的农贸市场销售，粉条多以中低档为主。

（2）纸箱包装

用纸箱包装的粉条每箱重5kg。纸箱有彩色和单色两种，以彩色的包装效果较好。纸箱大小以长×宽×高为40cm×25cm×20cm为好，纸箱内加衬塑料薄膜。包装时用切割机或铡刀按要求长度进行切割。秦皇岛市一些中外合资企业，对于出口装箱的粉条，生产时粉条的长度是根据纸箱的长度而定的，因此干燥后不需切割。该经验值得国内箱装粉条生产企业借鉴。不论采用哪种纸箱包装，最好在箱内放上产品说明，在箱面上要印上彩色或单色图案、商标、生产日期、重量等。

8. 检验

成品主要检测卫生指标、理化指标，按国家相应的食品标准执行，检验合格后即可入市销售。粉丝和粉条均要求色泽洁白，无可见杂质，丝条干脆，水分不超过12%，无异味，烹调加工后有较好的韧性，丝条不易断，具有粉丝、粉条特有的风味，无生淀粉及原料气味，符合食品卫生要求。

12.1.5 挤压式普通粉条（丝）生产技术

我国马铃薯挤压式粉条的生产主要是从20世纪90年代初开始的，在此之前挤压式粉条生产多用于玉米粉丝和米线的生产。在20世纪末的后几年，马铃薯挤压式粉条的生产发展较快。机械性能也有了较大的改进，单机加工量由原来的30~60kg/h发展到150kg/h以上。挤压式粉条（丝）生产的最大优点是：占地面积小，一般15~20m^{2}即可生产；节省劳力，2~3人即可；操作简便；一机多用，不仅可生产粉丝（条），还可以生产粉带、片粉、凉面、米线，能提高机械利用率；粉条较瓢漏式加工的透明度高。生产中需要解决两大问题：一是粉条粘连，二是不耐煮。只要技术应用得当，合理使用添加剂，也能生产出质量较好的粉条。挤压式粉条机生产，适合于广大农户经营。

1. 生产工艺

配料→打芡→机器和面

↓

粉条机清理→预热碎→开机投料→漏粉→鼓风散热→粉条剪切→冷却→揉搓散条→干燥→包装入库。

2. 操作要点

（1）原料要求

用于粉条加工的淀粉应是色泽鲜而白，无泥沙、无细渣和其他杂质，无霉变、无异味。湿淀粉加工的粉条优于干淀粉。干淀粉中往往有许多硬块，在自然晾晒中除了落入灰尘外，还容易落入叶屑等植物残体。对于杂质含量多的淀粉要先经过净化，即加水分离沉淀，去杂、除沙，吊滤后再加工粉条。若加工细度高的粉条，要求芡粉必须洁净无杂质。对色度差的淀粉结合去杂进行脱色。利用吊滤的湿淀粉加工粉条时，淀粉的含水量应低于40%，先要破碎成小碎块再用。

（2）挤压式粉条添加剂配方

挤压式粉条入机加工前，粉团含水率较瓢漏式面团含水率高，而且经糊化后黏度较大，粉条间距很近，容易粘连。为了减少粘连，改善粉条品质，需要在和面时加入一些添加剂。提倡使用无明矾配料，根据淀粉纯净度、黏度可适当加入食用碱 0.05%～0.1%，可中和淀粉的酸性，中性条件有利于粉条老化；在和面时按干淀粉重加入 0.8%～1.0%的食盐，使粉条在干燥后自然吸潮，保持一定的韧性；加入天然增筋剂，如 0.15%～0.20%的瓜尔胶或 0.2%～0.5%的魔芋精粉。为了便于开粉，再加入 0.5%～0.8%的食用油（花生油、豆油或棕榈油等）。

（3）打芡

在制粉条和面时，需要提前用少量淀粉、添加剂和热水制成黏度很高的流体胶状淀粉糊，制取和淀粉面团所用淀粉稀糊的过程被称为打芡。打芡方法有手工打芡和机械打芡。打芡的基本程序是先取少量淀粉调成乳，再加入添加剂，加开水边冲边搅，熟化为止。

①配料及调粉乳。先取该批淀粉生产量 3%～4%的淀粉，加入少量温水调成浓粉乳，加水量为干淀粉的 1 倍。若用湿淀粉制芡，加水量应为湿粉重的 50%，水温以 55～60℃为好。因为 52℃时，淀粉开始吸水膨胀，60℃时开始糊化。用 60℃温水调乳，如果调粉乳用水温度超过 60℃，过早引起糊化，将会使再加热水糊化成芡的过程受到影响。调粉乳所用容器应和芡的糊化是同一容器，一般用和面盆或和面缸。制芡前应先将开水倒入和面容器内预热 5～10min，倒掉热水，再调淀粉乳，以免在下道工序时温度下降过快，影响糊化。在调淀粉乳时，将明矾提前研细，用开水化开，晾至 60℃时再加入制芡所需的淀粉。调淀粉乳的目的是让制芡的淀粉大颗粒提前吸水散开，为均匀制芡打好基础。

②加开水糊化。若制 100kg 芡，需开水 90～95kg，加入 5～10kg 淀粉。实际操作时，总加水量应包括调粉乳时的用水，也就是在加开水时，应减去调粉乳的用水量。人工制芡时，一人执干净木棒，在盛有上述调好的淀粉乳的容器里，不停地朝同一方向搅动，另一人持盆或桶从沸水锅里起水，迅速倒入容器内，直到加水量达到要求为止。搅芡时手要稳，转速要快，使粉乳稀释与受热均匀，迅速糊化。机械制芡时，先将调好的淀粉乳置于容器内，再开动机器，带动搅杠转动，将开水慢慢加入。无论人工制芡或机械制芡都要小

心操作，防止芡溅出。

③打芡质量要求。打好的芡，晶莹透明，劲大丝长，如用手指挑起，向空中一甩，可甩出1m多长的黏条而又不断。如果水温低，则芡糊化差，黏度降低；如果加水过多，则芡稀，黏性也差；如果加水少，芡流动性差，团聚淀粉能力也下降。芡制好后，盛入专用的盆内或缸内备用。

(4) 和面

粉条加工和面过程，实际上是用制成的芡，将淀粉黏结在一起，并揉搓均匀成面团的过程。和面的方法分人工和面和机械和面。

①芡同淀粉和加水的比例。用干淀粉和面时，每100kg干淀粉加芡量应为20~25kg，加水量为60~65kg；若用湿淀粉（含水量35%~38%）和面，加芡量为10~15kg，加水量为15~20kg。不论用人工还是机械和面，用湿粉或干粉和面，和好的面团含水率应为52%~55%。有些挤压式粉条加工，不打芡，把添加剂和温水溶在一起，直接和面，不过没有经用芡和面后加工的粉条质量好。不论哪种和面方法，各种添加剂都应在加水溶解后加入，但食用油是在和面时加入。

②和面方法。人工和面容器一般为大盆，先把淀粉置于盆内，再将芡倒入，用木棍搅动，边搅边加芡，芡量达到要求后，再搅一阵，用手反复翻搅、搓揉，直至和匀为止。机械和面的容器为和面盆或矮缸，开动机器将淀粉缓慢倒入盆内或缸内，并且不断往里面加芡加淀粉，直到淀粉量和芡量达到要求为止。机械搅拌时，应将面团做圆周运动和上下翻搅运动，使面团充分和透、和软、和匀。

③和面的质量要求。挤压式制粉条要求淀粉乳团表面柔软光滑，无结块，无淀粉硬粒，含水量控制在53%~55%。和好的面呈半固体半流体，有一定黏性，用手猛抓不粘手，手抓一把流线不断，粗细均匀。流速较快，垂直流速为2m/s。如果流速过快，说明加水过多；如果流速过慢，则表明加水太少。和面时，制成粉乳温度不超过40℃。

(5) 挤压成型

电加热型挤压式粉条自熟机（见图12-5）工作时，先将水浴夹层加满水，接通电源，预热约20min，拆下粉条机头上的筛板（又称粉镜），关闭节流阀，启动机器，从进料斗逐步加入浸湿了的废料（以前加工，余在机内的熟料）或湿粉条；如果无废料，则用1~2kg干淀粉加水30%，待机内发出微弱的鞭炮声，即预热完毕。待用来预热机器的粉料完全排出后，用少量食用油擦一下粉条机螺旋轴，装上筛板。再开动粉条机，从进料斗倒入和好的淀粉乳团，关闭出粉闸门1min左右，让粉团充分熟化，再打开闸门，让熟粉团在螺旋轴的推力下，从钢制粉条筛板挤出成型。生产时要控制节流阀，始终保持粉丝既能熟化，又不夹生，使水处于沸腾的状态。

用煤炉加热的，先将浴锅外壳置炉上，水浴夹层内加热水，再按上述方法生产。在生产过程中，要始终保持水浴夹层的水呈微沸状态，手随时补充蒸发的水。机械摩擦自然升温的粉条机，先开机，待机械工作室发热后再将淀粉乳倒入料斗内。这类粉条机不需打芡，将吊滤后的粉团（含水量40%~45%）捣碎掺入添加剂后直接投入机内即可出粉条。还可将熟化后的粉头马上回炉做成粉条，减少浪费，提高成品率。

(6) 散热与剪切

粉条从筛板中挤出来后，温度和黏度仍然很高，粉条会很快叠压黏结在一起，不利于

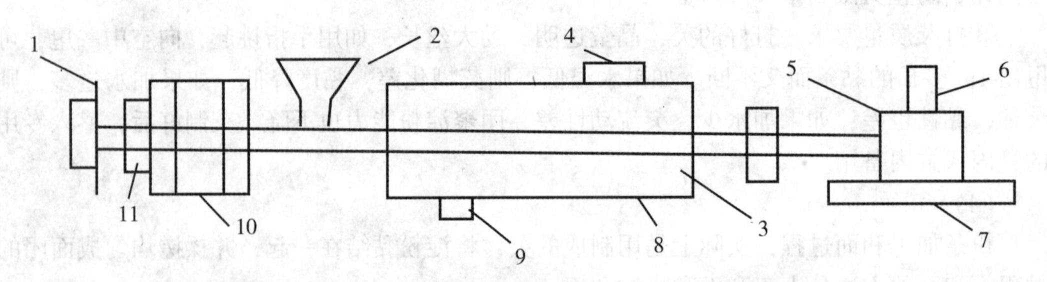

1—螺旋轴；2—进料口；3—电热器；4—加水口；5—三通；6—调节螺杆；
7—筛底；8—水箱；9—放水闸；10—轴承支架；11—皮带轮

图 12-5　6FT-150 型粉条机结构示意图（不带机架）

散条。因此，在筛板下端应设置一个小型吹风机（也可用电风扇代替），使挤出的热粉条在风机的作用下迅速降温，散失热气，降低黏性。随着机械不停地工作，粉丝的长度不断增加，当达到一定长度时，要用剪子迅速剪断放在竹箔上。由于此时粉条还没有完全冷却，粉条之间还容易粘连，因此在剪切时不能用手紧握，应一手轻托粉条，另一手用刃薄而锋利的长刃剪刀剪断。亦可一人托粉，一人剪切。剪刀用前要蘸点水，切忌用手捏或提，避免粘连。注意切口要齐，每次剪取的长度要一致，有利于晒干后包装。剪好的粉条（丝）放在干净的竹席或竹架上冷却，千万不能放到塑料布上或放进水池内。一个竹箔摊满后，再用另一个竹箔。将摊满粉条的竹箔，转移到冷却室粉架上。

（7）冷却老化

初挤压出来的粉条在机内经过糊化后，淀粉还未凝沉，韧性较差，必须经过冷却和一定时间的放置，使分子运动减弱。直链淀粉和支链淀粉的分子都趋向平行排列，通过氢键结合重新结合成微晶束，才能形成不可逆的硬性结构，使粉条再经水煮时，不会因再糊化而引起断条。冷却老化有自然冷却和冷库冷却两种。

①自然冷却老化：将粉条置于常温下放置，使其慢慢冷却，逐渐老化。晾粉室的温度控制在 15℃以下，一般晾 8~12h。在自然冷却老化过程中，要避免其他物品挤压粉条或大量粉条叠压，以免粉条相互黏结。同时，要避免风吹日晒，以免表层粉条因失水过快而干结、揉搓时断条过多。粉条老化时间长，淀粉凝沉彻底，粉条耐煮，故一般应不低于 8h。温度低时老化速度快，时间可短些；温度高时，老化速度慢，时间宜长些。

②冷库冷却老化：把老化后的粉条连同竹箔移入冷库，分层置放于架上，控制冷库温度为-10~-5℃，冷冻 8~10h。

（8）搓粉散条

老化好的粉条晒前应先进行解冻，当环境温度大于 10℃时，可进行自然解冻；当环境温度低于 10℃时，用 15~20℃的水进行喷水（淋水）解冻。把老化的粉条搭在粉竿上（也可在老化前搭在粉竿上），放入水中浸泡 10~20min，用两手提粉竿在席上左右旋转，使粉条散开。对于个别地方仍粘连不开的，将粉条重新放入水中，用力搓开直至每根粉条都不相互粘连为止。有些地方在浸泡水中加适量酸浆，以利于散条。散条后一些农户为使粉条增白防腐，将粉条挂入硫熏室内，用硫黄熏蒸，此法是不可取的。硫熏法的主要缺点：一是亚硫酸的脱色增白只作用于粉条表层，约 15d 后随时间推移，脱色效果会逐渐减退，直至现出原色；二是粉条中残留的有害物质SO_2严重超标（国家食品添加剂使用标准规定：1kg 粉条中，SO_2不能超过 30mg）。据粉条市场上抽查结果，受SO_2严重污染的粉条，1kg 粉条中，二氧化硫含量高达 100mg 以上。如果人们食用这种粉条多了，则会引起呼吸道方面的疾病。在原料选择时，如果选用的就是精白淀粉或对原料淀粉进行净化，则这时根本不需再用硫熏，以尽量减少对粉条不必要的污染。

（9）干燥

粉条干燥有自然干燥、烘房干燥和隧道风干 3 种。当前我国大多数加工厂家和绝大多数加工农户采用的是自然干燥。

①自然干燥：

a. 晒粉场地。要选在空气流通、地面干净、四周无污染源的地方。专业生产厂晒场地面应用水泥硬化。普通加工农户晒场地要清扫干净，下面铺席或塑料薄膜，以免掉下的碎粉遭受泥土污染。切忌在公路附近、烟尘多的地方晒粉。

b. 晒粉天气。根据各地晒粉经验，晒粉的最佳天气总结为：晴天见多云、风力三四级、气温 20℃左右、大气无灰尘。原因是：晴而无风，粉弯成弓；多云小风，粉直理顺；天阴气湿，晒粉无功；风大尘扬，粉污质降。

c. 搭架。根据当地当时风向，采用不同的方式确定搭架的方向。挂晾粉竿的方向应与风的方向垂直。

铁丝粉架：在晒场两边打矮木桩，两桩间连接铁丝，中间用若干组交叉木棍将铁丝顶起撑紧，在铁丝上套直径 5~10cm 的细绳环，粉竿两端分别套入绳环，使粉条吊在铁丝下边；铁丝架的另一种搭架方法是，可将两端的木桩增高至 2.5m 以上，两木桩上端用铁丝连接固定，两桩间距离过长时中间可增加若干木桩。

木架：用 4 根粗木桩呈长方形分别固定于晒场上，用 2 根长木杆分别固定在 2 个桩上端（离地面 1.8m 处），再于 2 根长木杆上按 60cm 间距固定竹竿或木杆，将 80cm 长的粉竿直接架在竹竿上，粉竿间距应保持 20cm 以上。在实际操作中，木桩及木杆、竹竿均可用钢管代替，铁丝也可用绳代替。总之，粉架竖桩要坚固，上面的绳、丝要结实，能经受住湿粉条的压力。

d. 晾晒方法。初挂上粉架的粉条以控水散湿为主，不要轻易乱动，因为此时粉条韧性最差，容易折断，避免碎粉过多。20min 后，轻轻将粉条摊开，占满粉竿空余位置，便于粉条间通风。晾至四五成干时，将并条粉和下面的粉条结轻轻揉搓松动使其分离散开；晾至七成干时，将粉竿取下换方向，使原来的背风面换成迎风面，直至粉条中含水 14%时为止。

②烘干房干燥和隧道风干

这两种干燥方法在普通瓢漏式粉条生产干燥中有介绍。

12.1.6 马铃薯粉丝新制法

一般制作粉丝时是先将少量淀粉糊化；然后将糊化淀粉同适量热水和凉水一起与剩下的大量干淀粉混合，制成流动性的粉丝生面，再用挤压的方法将淀粉制成粉丝或面条状，经冷却除水、冷冻干燥制成干燥粉丝。现介绍一种不需要进行淀粉糊化即可制成粉丝的新方法。

在 100 份的淀粉中添加 2~5 份（质量分数）的 α 化淀粉，添加时是与温水一同添加，边添加边搅拌，直至淀粉成奶油状即可使用。

实例：将 87.5kg 马铃薯淀粉、87.5kg 甘薯淀粉与 6kg 的 α 化淀粉混合，混合是用 100L60℃的温水进行的。用混合机处理 20min 即得到奶油状淀粉。再用 9mm 的有孔桥挤压装置将上述淀粉压成粉丝，出来的粉丝需通过 100℃的热水槽，时间为 30s，这样就得到了糊化的粉丝。粉丝用凉水冷却，再经冷却干燥即得成品。这样得到的粉丝外观均一且有韧性。

12.1.7　马铃薯-西红柿粉条

本产品是以马铃薯淀粉和西红柿为主要原料生产的，所得的产品颜色呈淡红色、口感好、有西红柿特有的香气。此产品制作工艺简单、生产难度不大，适合于乡镇企业、农村作坊以及加工专业户选用。

1. 原料配方

马铃薯淀粉 60%，西红柿浆 3%，明矾 0.3%~0.6%，食盐 0.01%~0.02%，其余为水。

2. 生产工艺

西红柿→打浆→均质
↓
马铃薯淀粉→冲芡→和面→揉面→漏粉→冷却、清洗→阴晾、冷冻和疏粉、晾晒→成品。

3. 操作要点

（1）西红柿选择

所选用的西红柿一定要饱满、成熟度适中、香气浓厚、色泽鲜红。

（2）打浆

将利用清水清洗干净的西红柿切成小块，放入打浆机中初步打碎。

（3）均质

将初步打碎的西红柿浆倒入胶体磨中进行均质处理，得到西红柿浆液备用。

（4）冲芡

选用优质的马铃薯淀粉，加温水搅拌，在容器中搅拌成糨糊状，然后将沸水向调好的稀粉糊中猛冲，快速搅拌，时间约 10min，调至粉糊透明均匀即可。

（5）和面

通常在搅拌机或简单和面机上进行。将西红柿浆、明矾、干淀粉按配方规定的比例倒入粉芡中，并且一起混合均匀，调至面团柔软发光。和好的面团中要求含水量 48%左右，温度不得低于 25℃。

（6）漏粉

将揉好的面团放入漏粉机的漏瓢内，机器安装在锅台上。待锅中水温度为 98℃、水面与出粉口平行即可开机漏粉。若粉条下条过快并出现断条，说明粉团过稀；若下条太慢或粗细不均匀，说明粉团过干，这两种情况均可通过加粉或加水进行调整。粉条入水后应经常搅动，以免粘锅底，漏瓢距水面距离一般为 55~65cm。

(7) 冷却、清洗

粉条在锅中浮出水面后立即捞出投入到冷水缸中进行冷却、清洗，使粉条骤冷收缩，这样可以增加强度。冷水缸中温度不可超过15℃，冷却15min左右即可。

(8) 阴晾和冷冻

捞出来的粉条先在3~10℃环境下阴晾1~2h，以增加粉条的韧性，然后在-5°C的冷藏室内冷冻12h，目的是防止粉条之间相互粘连，以降低断粉率。

(9) 疏粉、晾粉

将冻结成冰状的粉条放入20~25℃的水中，待冰融后轻轻揉搓，使粉条成单条散开后捞出，放在架上晾晒，气温以15~20℃为最佳。自然干燥至粉条的含水量在16%以下时即可作为成品进行包装。

4. 成品质量标准

粉条粗细均匀，有淡红颜色，不黏条，长短均匀，口感好，有西红柿香气。

12.1.8 鱼粉丝

1. 材料设备

原料：鲢鱼或草鱼，马铃薯淀粉，明矾（食用级），食盐和食用油。

主要设备：胶体磨，粉丝成型机，制冷设备和烘箱。

2. 生产工艺

鱼的预处理→配料→熟化成型→冷冻开条→烘干→包装→成品。

3. 操作要点

(1) 原料要求

选用质量较好、洁白、干净、含水量40%以下的马铃薯淀粉；鲢鱼或草鱼要求鲜活，每尾重2kg左右，取自无污染水源。

(2) 鱼的预处理

先冲洗干净鱼的外表，剖去内脏、鳃、鳞。把鱼切成块状，连鱼皮、鱼骨一起破碎，再经胶体磨把鱼浆中的大颗粒磨碎，以便更好地与马铃薯淀粉混合均匀，使鱼粉丝不易断条。

(3) 配料

鱼浆用量为马铃薯淀粉的30%~40%，加入3%~5%的明矾、少许食盐和食用油，再加入与马铃薯淀粉等量的水混合调成糊状备用。

(4) 熟化成型

将调好的鱼淀粉糊加入粉丝成型机中，经机内熟化、成型后便得到鱼粉丝。用接粉板接着，放入晒垫中冷却至室温。

(5) 冷冻开条

将冷却至室温的鱼粉丝放入冷冻机中在-5℃下冷冻4~8h（若室外温度在-5℃以下可放在室外冷冻一夜），取出鱼粉丝放入冷水中解冻开条。

(6) 烘干

开条后的鱼粉丝放在40~60℃烘箱里热风干燥或在室外晒干至含水量15%。注意干燥不能过快，以免鱼粉丝外表蒸发干硬而内部水分还没有蒸发掉，造成产品易断条。

(7) 包装

把干燥后的鱼粉丝放在地上或晒垫上让其回湿几小时后再打扎，以免太干造成断条。打扎时以每根鱼粉丝长 60cm、粗 0.1cm 为最佳，规格为 100g 一扎，400g 一包。用塑料袋装好即为成品。

4. 工艺特点

第一，本工艺采用破碎、磨碎的方法使鱼肉与鱼皮、鱼骨都得到充分磨碎，使其颗粒度较小，从而使鱼与淀粉得到充分混合。鱼皮、鱼骨的存在使产品含矿物质多，粉丝营养更加丰富；同时由于胶质的增加，粉丝质量更佳，不易断条，降低了成本，提高了鱼的利用率。

第二，在熟化成型等工艺中采用内熟化式粉丝成型机，把传统的手工操作外熟法改为机械的内熟法，提高了生产率，降低了劳动强度，使质量容易控制，产品质量优于传统的漏粉工艺。

第三，传统的解冻过程是根据冷热来进行，解条时断条比较多，出粉率低。本工艺采用了人工冷冻方法，耗能并不高，不受天气影响，四季都可以生产，人工冷冻容易掌握，而且鱼粉丝有质量高、卫生、断条少、出粉率高的优点。

12.1.9　包装粉丝

粉丝的一般制法是将淀粉调制成面团，通过细孔压出粉丝，落入 90~95℃的热水中糊化，冷却后切成 1~1.5m 长，用杆子悬挂冷冻，然后解冻、干燥。装袋前将粉丝切成 20~25cm 长，经手工计量、包装，制成产品。这种加工方法是先将糊化粉丝冷冻、解冻、干燥，最后切成所需长度，但由于在沸水中淀粉完全糊化，致使粉丝发脆，手工作业时损耗率很高。

为了降低粉丝的损耗率，曾采用过非完全糊化法，即将粉丝加热至 90~95℃。这种制法虽然降低了粉丝的损耗率，但由于粉丝未完全糊化，制品透明度差，影响了商品价值，而且烹饪时必须放入沸水中煮 5min 左右。

为了解决上述问题，科研工作者对粉丝制法进行了研究，即先将糊化粉丝冷却，按包装时所需长度切断，将切断的粉丝和水一起填充到计量斗中，然后冷冻、解冻、干燥。但是，在将冷却的糊化粉丝按包装所需长度切断时，由于未经过冷冻、解冻、干燥工序，致使粉丝未充分固化，不易切断。而且，在冷冻、解冻、干燥工序中，粉丝会结团，冷冻不均匀。

因此，经过研究发现，将糊化粉丝按以往方法加工，在冷却后切成 1~1.5m 长，悬挂冷冻、解冻，然后将切割的粉丝通过 40~80℃的热水槽，使其复水变软，可顺利地定量填充到计量斗中。具体方法为：先将淀粉与水充分混合，调制成面团，通过细孔挤压成粉丝，将粉丝通过 100℃的沸水使之完全糊化，成为透明的糊化粉丝。冷却后切割成 1~5m 长，悬挂冷冻，解冻后得到固化粉丝，切割成 25~30cm 长，装入料斗中，从 40~80℃的热水槽中通过，时间为 10~60s，使粉丝复水稍微变软。接着，送入分割机中。分割机的下部设有旋转式计量斗，可定量填充粉丝。然后将定量填充粉丝的计量斗放入干燥机内干燥，干燥后取出用袋包装。

用干燥机干燥时，可将定量填充粉丝的计量斗输送到干燥机中，也可将分割机下部的旋转式计量斗直接与干燥机相连，自动输送到干燥机中，这样可进一步提高效率。

利用本方法可使包装自动化，提高了生产效率，同时降低了因粉丝断头而产生的损耗，提高了出品率。加工的粉丝在食用时，只要放进热水中便可拆解，烹饪时也非常方便。

12.1.10 蘑菇马铃薯粉丝

1. 原料配方

精制马铃薯淀粉1.6kg，水800mL，羧甲基纤维素60g，精盐10g，白糖适量，蛋白适量，自制干蘑菇粉25g。

2. 生产工艺

蘑菇→清洗→干燥→粉碎→混合配料→成型→冷却→成品。

3. 操作要点

(1) 蘑菇处理

首先选用优质的蘑菇，用水洗净，晾干后把蘑菇粉碎、过筛，得到蘑菇粉。

(2) 粉丝生产

准确称取各种生产原、辅料，加水搅拌均匀，防止出现干的颗粒淀粉。然后将粉丝机通电加热，使水箱中的水温至95℃以上（自熟式粉丝机有带水箱和不带水箱两种，不带水箱的开机即可投料生产），把和好的淀粉倒入粉丝机的料斗中即可开机生产。从粉丝机口出来的热粉丝要让其达到一定长度，并经过出口风扇稍加吹凉后，再用剪刀剪断，平放在事先备好的竹席上，于阴凉处放置6~8h，然后稍洒些凉水或热水，略加揉搓，晾晒至干。

4. 注意事项

自熟式粉丝机在生产过程中，如果和粉温度与水箱温度不当，极易出现黏条现象。一旦出现这种情况，可马上在和好的淀粉中加入适量的粉丝专用疏松剂。

在配料过程中，可以加入适量粉丝增白剂与增筋剂，以改善粉丝色泽，提高粉丝筋力，制得高质量、风味独特的粉丝。

12.1.11 马铃薯无矾粉丝

一般的马铃薯粉丝中均要添加一定量的明矾，甘肃省陇西清吉马铃薯淀粉制品有限公司引进上海龙峰机械设备制造有限公司生产的新型粉丝机，对传统粉丝、粉皮加工技术进行了改进，取得了无矾粉丝生产新技术。

1. 生产工艺

马铃薯淀粉→打芡→和粉→上料→熟化→试粉→剪粉→摊晾→开粉→干燥→包装→成品粉丝。

2. 操作要点

(1) 加热

粉丝加工前先将加满水的水箱加热到设定温度，为减少水箱水垢和加热时间可加入预先烧开的热水，加工纯马铃薯淀粉时可将温度设定为85℃左右，当温度指针指向设定温度时按下加热按钮，指针复零，反复2次，指针指到设定温度时加热完成。

(2) 清洗

每次生产前在料斗内加入1小桶清水，启动预热的机器，将上次加工的剩料和残余物清洗干净。

(3) 和粉

将打好的稀芡糊加入和粉机，先加入适量的新鲜淀粉（干湿均可）和配好的添加剂，在和粉机搅拌的同时缓慢地加入清水。先加水后加粉在粉浆中容易结块，粉浆合好后用手抓起放开自动成线即可。

(4) 熟化

将和好的粉浆加入料斗，打开阀门后，按下启动按钮约5s后停止，使粉浆充满螺旋加热桶，约5min后粉浆充分熟化。

(5) 试粉

粉浆充分熟化后开动机器，调整调节阀开口，熟化的粉团从阀口挤出，呈扁平状、如手指般粗细时即可安装模板生产。模板安装前应先预热到60℃左右，并在模板表面涂适量的食用油。

(6) 散热

粉丝从模孔挤出30cm左右时打开散热鼓风机，使粉丝充分散热，用双手轻拍粉丝束，使整束粉丝成扁平状，以便于摊晾。

(7) 剪粉

当粉丝达到要求的长度时，用剪刀将粉丝从模板下50cm处剪断。剪粉时手不能捏得太紧，剪口要尽量整齐。

(8) 摊晾

将剪好的粉丝平摊在床上，摊床可用塑料布等铺在地上代替，整齐排放，热粉丝不得重叠，摊晾时间最少要在6h以上，使粉丝充分冷却老化。

(9) 开粉

将充分老化的粉丝用手从中间握住，放置于清水中轻轻摆动，粉丝束会自然分开成丝，剪口等粘连处可用手轻轻揉搓。

(10) 干燥

将分开成丝的粉丝放置在预先做好的架子或铁丝上自然晾干，也可进入烘房烘干。

(11) 包装

粉丝即将干燥时较柔软，可按要求包扎成小把，等完全干燥后即可包装入库。

3. 常见问题和解决办法

(1) 断条

①主要原因：粉丝从模板挤出后挂不住，容易断。出现这种现象的原因主要是粉浆太稀，加热温度不够或调节阀开口太大。

②解决办法：加稠粉浆，调节温度，调整调节阀开口使粉浆充分熟化。

(2) 粉丝从模板孔挤出后黏结，模板口出现气泡

①主要原因：加热温度过高。

②解决办法：调低温度，同时在水箱内加入冷水。

(3) 粉丝黏结

粉丝束在清水中浸泡揉搓仍然黏结。

①主要原因：冷凝时间不够或和粉时加入分离剂不够。

②解决办法：充分冷却老化，和粉时加入适量的分离剂，常用的分离剂有麦芽粉等。

(4) 粉丝易糊不耐煮

①主要原因：粉浆过熟、不熟或耐煮剂加入不够。

②解决办法：调整并确定加热温度，和粉时加入适量的耐煮剂，常用的耐煮剂有强面筋、速溶蓬灰。

4. 新技术生产粉丝的优点

(1) 生产的粉丝直径小

传统粉丝加工采用先成型后熟化的生产工艺。由于马铃薯淀粉熟化前的黏度较低，生产的粉丝最小直径一般在1~1.5mm之间，而新技术采用先熟化后成型的生产工艺，生产的粉丝最小直径可达0.5mm。

(2) 可生产无矾粉丝

传统粉丝加工时为了增强粉丝的耐煮性和强度，和粉时需加入一定量的明矾。医学研究表明，长期食用明矾可导致多种疾病。采用新技术加工时只需加入适量强面筋或速溶蓬灰，在保证粉丝筋强耐煮的同时，又满足了人们对食品健康安全的要求。

(3) 实现粉丝的四季生产

传统粉丝加工受气温限制，夏季开粉困难，新技术和粉时添加可食用的淀粉分离剂，克服了夏天开粉难的问题，使粉丝生产不受季节限制。

(4) 产品的质量和经济效益更高

采用新技术生产的粉丝精白透亮，可直接加工新鲜的湿淀粉，同时所需操作人员很少，降低了加工成本，提高了经济效益。

12.1.12 马铃薯方便粉丝

方便粉丝的生产基本上可沿用传统的粉丝加工工艺，但要求粉丝直径在1mm以下，并能抑制淀粉返生，使方便粉丝具有较好的复水性，满足方便食品的即食要求。

1. 生产工艺

马铃薯淀粉→打芡→和面→制粉→老化→松丝→干燥→分切→计量→包装。

2. 操作要点

(1) 打芡

传统的粉丝生产方法中，粉料在和面时要加入一定量的芡糊，以使粉料中的水分分布均匀，不出现浆、渣分离现象，而且打芡时要用沸水，操作难度较大。我们改用聚丙烯酸醇代替芡糊，效果相同。即在和面时加入原料淀粉重量0.1%的聚丙烯酸醇，既可增稠，使粉料均匀，又可增强粉丝筋力，久煮不断。

(2) 和面与制粉

在传统工艺中，原料淀粉加入芡糊后用手或低转速和面机搅拌和面。采用高转速(600r/min) 搅拌机，不用加芡糊或聚丙烯酸醇即可直接和面。方法是：分别按原料淀粉重的0.5%、0.5%和0.3%准备好食油、食盐和乳化剂（单甘酯类），并用乳化剂乳化食油；然后将原料淀粉及食盐装机后加盖、开机，再将经乳化后的食油、水从机体外的进水漏斗中加入，控制粉料中的含水量约为400g/kg。每次和面仅需10min，而且和好的面为半干半湿的块状，手握成团，落地不散。但采用此工艺和面须配合使用双筒自熟式粉丝机，不宜采用单筒自熟式粉丝机。

（3）老化与松丝

传统粉丝加工工艺中，粉丝从机头挤出后，需成束平摆在晾床上或用小棍对折挑挂于架上，静置老化12h以上，使粉丝充分凝沉、硬化，获得足够的韧性后再用水浸泡约30min后松丝。松丝通常先用脚将粉丝束踩散，再用手搓开粉丝，使其互不粘连。这种传统工艺制约了方便粉丝生产的连续化、机械化，也无法达到即食方便食品的卫生要求。此外，经水浸泡的粉丝，干燥时耗能大，晾晒或烘干时滑杆落粉严重，造成大量次品、废品。为此专门设计、定制了一套粉丝切断、吊挂、老化、松丝系统，当粉丝从机头挤出后由电风扇快速降温散热，下落至一定长度时，经回转式切刀切断，再由不锈钢棒自动对折挑起，悬挂于传送链条上，缓慢传送并进行适度老化，传至装有电风扇处由3台强力风扇在20min内将粉丝吹散、松丝。松丝后的粉丝只需在40℃的电热风干燥箱内吊挂烘干1h，便可将粉丝中的含水量降到110g/kg的安全线以下。

12.1.13　耐蒸煮鸡肉风味方便粉丝

耐蒸煮鸡肉风味方便粉丝是由北京博邦食品配料有限公司推出的，一方面让特色化方便食品鸡肉香味更明显且耐蒸煮，另一方面可以使特色方便食品的风味更稳定。下面介绍其生产工艺及调味包制作方法。

1. 生产工艺

原料→制浆→糊化→制丝→老化→浸泡→松丝→清洗→脱水→烘干成型→成品。

2. 操作要点

（1）原料的选用

可以选用大米、玉米、小米以及大米淀粉、马铃薯淀粉、甘薯淀粉、豌豆淀粉、木薯淀粉、绿豆淀粉、小麦淀粉和玉米淀粉等作为原料。根据所制作的方便食品的具体要求、用途、特性和淀粉原料的特性进行复配使用。如果选用相应的原料作为主要原料时，这样的原料加工出来的方便食品复水性好、不断条、不浑汤，同时口感滑润度较好，弹性很好。

（2）制浆

采用80℃的热水，边搅拌边加入适量的添加剂等辅料至完全溶解，在搅拌过程中加入“博邦”耐蒸煮肉粉，将其倒入淀粉原料中充分搅拌，就得到具有肉类风味的淀粉浆液。随着地区风味化的发展趋势，可以酌情增加其他肉粉，用以对其方便食品的特征风味进行改进，也可通过添加“博邦”9319或者“博邦”8311等产品，辅以特色的风味。该加工工艺弥补了原先的方便食品坯料没有风味的不足，在方便食品同行业中纯属首例。

（3）糊化、制丝

将具有鸡肉特征风味的淀粉浆液加入粉丝机中，进行加热糊化、制丝。产品的粗细通过粉丝机的筛板更换来加以调节，可以将其制成圆形、扁形、细丝以及空心等形状；然后将挤出的粉丝剪成38cm长的段。

（4）老化

通过摊晾的方式使坯料段老化，以至于淀粉不再返生。老化时间随温度的变化而不同，通常夏天为6~8h，冬季为8~12h。这一过程相当于淀粉由α型向β型转化的过程。

（5）浸泡

将坯料段放入40℃清水中浸泡25~35min，随后捞出进行搓开，清洗后即可得到一根一根的条状产品。坯条是否筋道与添加的食品添加剂有很大关系，可以通过调整添加剂的品种和用量来提高坯料的筋道和食用的滑润程度。

（6）脱水

通过离心机快速旋转对清洗后的坯条进行脱水，然后成型，可以将其做成圆形、方形、球形、柱形和条形等新型坯饼。经过特殊的加工方式可使其发出银亮的光泽，可谓晶莹透明。

（7）烘干

可以采用热风、微波、红外等方式进行烘干，干制后坯饼的含水量小于10%。方便食品饼经快速烘干后通常会出现返潮现象，可以通过对烘干的时间、水分的排除速度、热源供给状况等参数的调整来加以控制。一般厂家都是采用热风烘干方式加工。

3. 农家鸡汤风味调味包的制作

（1）农家鸡汤酱包配方

精炼棕榈油51%、鸡肉4%、湿香菇粒28%、海南白胡椒3%、鸡肉香膏8810香精2%、鲜姜4%、大葱4%、食盐4%。

（2）酱包的制作

①将植物油倒入锅中，加热到96℃；

②加入鸡肉（经煮制后，用绞肉机绞成粒径小于3.5mm的鸡肉粒），炸至有大量泡沫时，加入葱、姜粒（用绞肉机绞成粒径小于3.5mm），再炸至温度升到105℃；

③加入湿香菇粒（将干香菇发水，用绞肉机绞成粒径小于3.5mm的香菇小块）；

④炒至香菇色泽变深、发黑，温度达110℃；

⑤加入食盐和白胡椒，炒至均匀；

⑥炒开（105℃）后起锅，然后加入“博邦”8810香精，混合均匀，冷却到室温进行包装。

（3）农家鸡汤粉包配方

食盐56%、味精MSC（99%）20%、I+G 1%、白糖5.8%、“汉源”大红袍花椒1.2%、奶粉7%、麦芽糊精1%、鸡肉粉9319香精5%、香菇粉1%、姜粉2%。

建议用法和用量为：粉丝或其他方便食品坯饼68g、酱包20g、粉包8g，加90℃开水500mL，浸泡3~5min。

12.1.14 马铃薯粉皮

粉皮是淀粉制品的一种，其特点是薄而脆，烹调后有韧性，具有特殊风味，不但可配制酒宴凉菜，也可配菜做汤，物美价廉，食用方便。粉皮的加工方法较简单，适合于土法生产和机器加工。所采用的原料是淀粉、明矾及其他添加剂。

1. 圆形粉皮

圆形粉皮是我国历史流传下来作坊粉皮制品，加工工艺简单，劳动强度较高，工作环境较差。

(1) 生产工艺

淀粉→调糊→成型→冷却→漂白→干燥→包装→成品。

(2) 操作要点

①调糊。取含水量为 45%~50%的湿淀粉或小于 13%干淀粉，用约为干淀粉量 2.5~3.0 倍的冷水慢慢加入，并不断搅拌成稀糊，加入明矾水（明矾用量为每 100kg 淀粉加明矾 300g），搅拌均匀，调至无粒块为止。

②成型。取调好的粉糊 60g 左右放入旋盘内，旋盘为铜或白铁皮制的直径约 20cm 的浅圆盘，底部微外凸。将盘浮于锅中的开水上面，并拨动使之旋转，使粉糊在离心力的作用下由底盘中心向四周均匀地摊开，同时受热而按旋盘底部的形状和大小糊化成型。待粉糊中心没有白点时，即连盘取出，置于清水中，冷却片刻后再将成型的粉皮脱出放在清水中冷却。在成型操作时，调粉缸中的粉糊需要不时地搅动，使稀稠均匀。成型是加工粉皮的关键，必须动作敏捷、熟练，浇糊量稳定，旋转用力均匀，才能保证粉皮厚薄一致。

③冷却。粉皮成熟后，可取出放到冷水缸内，浮旋冷却，冷却后捞起，沥去浮水。

④漂白。将制成的湿粉皮，放入醋浆中漂白，也可放入含有二氧化硫的水中漂白（二氧化硫水溶液，即亚硫酸，其制备方法是把硫黄块燃烧，把产生的二氧化硫气体引入水中，水吸收即得）。漂白后捞出，再用清水漂洗干净。

⑤干燥。把漂白、洗净的粉皮摊到竹匾上，放到通风干燥处晾干或晒干。

⑥成品包装。待粉皮晾干后，用干净布擦去尘土，再略经回软后叠放到一起，即可包装上市。

(3) 成品质量标准

干燥后的粉皮，要求其水分含量不超过 12%，干燥，无湿块；不生、不烂、完整不碎；直径为 200~215mm。

2. 机制粉皮

机制粉皮是 20 世纪 90 年代中期研究开发的新产品，取代了手工作业，提高了生产效率，改善了劳动环境，加大了生产能力，改变了粉皮形态，提高了产品质量，实现了流水线作业，是淀粉制品的一次技术革命。

(1) 成套设备

粉皮机是一套连续作业的成套设备，它由几部分组成；调浆机、成型金属带、冷却箱、刮刀、金属网带干燥装置、切刀传动机构、蒸箱供热系统和烘箱供热系统等。

①调浆机：是不锈钢制作的两个浆料桶，口径 500cm，高为 700cm，桶内设置有电动搅拌器，不时保持搅拌，使淀粉糊不易沉淀，可直接在调浆机中配料，也可预先配好浆料后置入调浆机。

②成型金属带：采用铜带（或不锈钢），宽度为 480~500cm，采用铆钉连接，银焊条处理接头。

③蒸箱：箱体采用冷轧板制作，底部设置散热管（铜管或不锈钢管），箱体上设计有支撑辊轴，以承接金属带，上盖是采用双层内加珍珠岩的保温盖，呈“人”字形，盖中间有一凹形槽以使金属带从中间通过。蒸箱的加热原理是蒸汽或烟气通过进气口进入金属散热管，从出口排出，金属散热管将温度传递给蒸箱内的水，使水升温至开水，利用水蒸

气使金属带上的粉皮成型熟化。

④冷却箱：采用冷轧板制作而成，内设有2~3根均布的多孔管，以及支撑金属带的辊轴。多孔管将冷水喷射到金属带的下部，以使带上的粉皮冷却。

⑤刮刀：用冷板制成设计有支架和弹簧压紧装置，以保持刮刀刃面与金属带接触。

⑥金属网带干燥装置：箱体用冷板制作而成（1节2m，共10节，总长度20m左右），内装珍珠岩保温；金属网带是采用不锈钢网（450~500mm，网带数量3~4条）制成；匀风板是采用0.75mm的白铁皮制作的空心板，板的上下分布有3mm左右的孔，以起匀风作用。

⑦切刀：采用耐磨的合金钢制作而成，一根转轴上设置2块或4块刀片，刀片的安装位置可以调整。

⑧传动机构：粉皮机金属带和不锈钢网带采用磁力调速电机带动，利用三角带和链轮传动，速度匹配一致，带速可根据温度和产量任意调整。

⑨蒸箱供热系统：有条件的企业可采用蒸汽，压力不能低于450kPa。一般采用手烧炉，其烟道通过蒸箱的散热管加热蒸箱内的水。通过手烧炉气管中的热空气（净化空气）进入烘箱中的匀风板。

⑩烘箱供热系统：必须采用干燥的气体，可利用上述手烧炉加热管道中流动的热空气（130~150℃）干燥粉皮，也可利用散热片组通过蒸汽加热，使流动的空气升温，由干燥的热空气干燥粉皮。因此，烘箱供热系统需设置供热系统、引风机等配套设施。

（2）技术参数

机制粉皮成套设备产量为1~2吨/天；动力配备7~15kW；粉皮的长度300~350mm；外形尺寸为20m×1.2m×2.5m。

（3）生产工艺

原料搅拌→成型→蒸箱蒸熟→水箱冷却→刮刀脱离→烘箱干燥→切刀裁切→烘干冷却→包装→成品。

①调糊。取含水量为45%~50%的湿淀粉或小于13%的干淀粉（马铃薯淀粉、甘薯淀粉各占50%），利用黏度较高的甘薯淀粉占总粉量的4%，用95℃的开水打成一定稠度的熟糊，用40目滤网过滤后加入淀粉中，再用约为干淀粉重量的1.5~2倍的温水慢慢加入，并不断搅拌成糊，加入明矾水（300g明矾/100kg淀粉）、食盐水（150g食盐/100kg淀粉）搅拌均匀，调至无粒块为止。将制备好的淀粉糊置入均质桶中待用。

②定型。机制粉皮的成型是利用一环形金属带，淀粉糊由均质桶流入漏斗槽（木质结构槽宽350~400mm），进入运动中的金属带上（粉皮的厚薄可调整带速和漏斗槽处的金属带的倾斜角度），淀粉糊附着在金属带上进入蒸箱（用金属管组成的加热箱，可利用蒸汽或烟道加热使水升温至90~95℃）成型，水温不能低于90℃，以免影响粉皮的产量和质量，但温度不能过高，否则将使金属带上的粉皮起泡，影响粉皮的成型。

③冷却。采用循环的冷水，利用多孔管（管径为10mm，孔径为1mm）将水喷在金属带粉皮的另一面上，起到对粉皮的冷却作用（从金属带上回流的水由水箱流出，冷却后循环使用）。冷却后的湿粉皮与金属带之间形成相对的位移，利用刮刀将湿粉皮与金属带分离进入干燥的金属网带。为了防止粉皮粘着在金属带上，需利用油盒向金属带上涂少量的食用油。

④烘干。湿粉皮的烘干，是利用一定长度的烘箱（20~25m），多层不锈钢网带（3~4 层，带速同金属带基本同步），利用干燥的热气（125~150℃，采用散热器提供热源），通过匀风板均匀地将粉皮烘干。由于网带的叠置使粉皮在干燥中不易变形。

⑤切条。粉皮在烘箱中烘至八成干时（在第三层），其表面黏度降低，韧性增加，具有柔性，易于切条，可利用组合切刀（两组合或四组合），根据粉皮的宽窄要求，以不同速度切条，速度高为窄条，速度低为宽条，切条后的粉皮进入烘箱外的最后一层网带冷却。

⑥成品包装。将冷却后的粉皮，按照外形的整齐程度，色泽好坏，分等包装。

粉皮机的传动均采用磁力调速电机带动，可根据产量和蒸箱、烘箱的温度高低控制金属带和不锈钢网带以及切刀的速度。

（4）成品质量标准

机制商品粉皮，要求水分含量不超过 14%，粉皮长短宽窄均匀，厚度为 1~2mm，水分均匀，透明有光泽。

12.1.15　不粘连水晶粉丝

水晶粉丝是指在生产过程全封闭的条件下，利用现代自动化加工设备生产的晶莹剔透的高档薯类粉丝。其外观质量、内在质量和卫生质量均明显优于普通粉条，商品档次较高。

目前，国内水晶粉丝的生产工艺主要有切割式和挤压式两种。

1. 切割式直条水晶粉丝生产技术

直条水晶粉丝生产，采用国际先进水平的直条切割，加带成型工艺，有效克服了挂杆式成品率低、条形弯的缺陷，大大提高了成品率和平整度。国内生产直条水晶粉丝的设备多采用全机械化、全封闭、多功能的 6FJT-1200 型水晶粉丝生产线。

（1）生产工艺

预热→混合搅拌（恒温贮料）→刮板下料成型→蒸熟（成型）→冷却→脱离→常温老化→低温老化（冷库）→竖切丝→低温大风量→定形干燥→回潮（进冷风）→定长横切→称重包装。

（2）水晶粉丝生产线主要系统

主要系统包括：供汽换热系统，打浆预糊化系统，刮板成型自控装置，连续熟化系统，恒温、恒湿老化系统，横竖切丝系统，低温干燥系统，链传动、电器系统，包装系统。

（3）生产前的准备工作

第一，检查电源电压是否正常（380V+10%），各动力电动机是否转动灵活，旋转方向是否正确，各管道连接是否良好，冷冻压缩机运转是否正常。

第二，向各传动润滑部位加注润滑脂、润滑油，检查各紧固件是否牢靠。输送钢、网带表面应清洁卫生，无异物，传动件运转应灵活，无卡滞现象。

第三，调整好输送金属钢、网带，其松紧适宜，无摆游偏移现象。

第四，上述工作就绪后开启主机，空转 20min，检查各部位正常后方可生产。

（4）生产工序

①预热。先将供热装置的锅炉加水至规定水位后点火升温，待烘干箱温度达到使用值后，开启蒸箱。

②配料。精制干淀粉或净化好的湿淀粉（先取少量淀粉打成熟糊）加适当温水标准化配料，自动搅拌成粉浆。将搅拌好的粉浆放入贮料桶内，恒温贮料。

③成型、脱离、连续熟化。粉浆定量流入成型斗中，通过刮板成型。此时根据水晶粉丝厚薄要求，利用调速表上的控制旋钮适当调整电动机转速，使摊在钢带上的粉乳呈生粉皮状。当生产粗粉丝时，需将转速调慢，使粉皮加厚；当生产细粉丝时，需将转速调快，使粉乳摊薄。调整好转速后，利用蒸汽将带上的粉皮进行熟化。

④老化。待带状粉皮冷却脱离钢带后，启动冷冻、老化装置，使粉带进入冷冻装置内，在冷冻环境下进行冷冻老化。粉皮冷冻后进入常温区解冻，并进一步做常温老化。

⑤竖切丝。经冷冻老化和常温老化的带状粉皮进入竖切装置，切割成与厚度等宽的粉丝。

⑥干燥。竖切后的粉丝进入低温定风处理装置，经低温大风量处理，使其失水趋直，然后进入干燥区定型干燥。

⑦切割定长。干燥后的粉丝，经冷风凉化回潮，进入横切装置，切割成需要的长度。

⑧称重包装。将切割定长后的粉丝进行整理、精拣、计量和包装。水晶粉丝属于精品淀粉制品，故应采用小包装，以每袋重100~500g为宜。

（5）生产操作注意事项

第一，生产过程中，金属输送钢带、网带不宜过紧，也不可单在一侧调整。一旦有跑偏现象，在钢带、网带紧的情况下可调松另一侧，否则越调整越紧，导致刚带网带拉伸变形或损坏，减少使用寿命。

第二，运行过程中若突然断电，务必及时将调速表旋钮旋转至“0”，否则一旦恢复供电容易将调速电机激磁线圈烧坏。

第三，经常观察仪表和各部位温度（包括冷冻箱冷却温度）自变化情况，如果有异常应及时处理。

第四，时刻注意观察锅炉的水位，严禁缺水运行，严格按照操作规程进行并做好当班记录。

第五，操作过程中，工作人员切勿接触横竖切刀和网带、电器部分，发现问题应停机检查。各部位电器必须要有接地保护，不可在设备运行中或带电作业，以免发生人身安全事故。

第六，所有电器、电动机不得受潮或进水，以免出现断路或短路现象而影响正常使用。

第七，停机时，同时关闭供热装置风机、冷冻机和其他电机及水阀门，切断总电源。调松蒸箱内的钢带和烘箱内的网带，以免损坏。

（6）设备维护与保养注意事项

第一，注意定期维护和保养，注意生产安全，严格按操作规程操作。

第二，各传动部件每8h时应加注润滑油1次，轴承部分每3个月清洗后更换1次润滑油，电机轴承每年清洗和更换1次润滑脂。

第三，定期加注冷冻液，保持冷冻装置正常工作。

第四，经常检查热电偶插孔、传感器与热电偶胶把有无烧损情况，若有损坏则应及时更换，以免影响温度准确值而误导工作。

第五，经常检查截切刀刃部磨损状况或间隙状况，以免过早损坏而影响设备正常运行。

第六，每班应清洁金属输送钢带、网带，保持经常性卫生。

(7) 常见故障与排除方法

切割式直条水晶粉丝生产常见故障与排除方法

故障现象	原　因	排除方法
烘干温度低	蒸汽压力低，温度上不去；热电偶或温度指示表有故障；散热器漏气；热风道阻塞	提高锅炉蒸汽压力；检查热电偶或温度仪表；检查并焊接漏气部分；检查并疏通阻塞部位
钢带走偏	张紧螺杆未调整正确，两滚筒及支撑辊平行度有偏差	正确调整张紧螺杆；调整滚筒及支撑辊位置
调速电机工作时转速一直上升，调节旋钮失去作用	电位器损坏；插脚接触不良；二极管在运行中烧坏，断路	更换电位器；用酒精清洗插脚；更换二极管
网带走偏	张紧螺杆未调整正确，两钢辊轴线不平行或不对中	正确调整张紧螺杆；校正两钢辊水平位置，调整偏离使其对正
老化程度达不到	老化时间短，风量小，空气温、湿度不稳定	加大排风量
冷却温度达不到	进水温度高；冷冻液不足；冷冻机工作不正常；冷冻箱封闭不严	降低进水温度；按要求添加冷冻液；检查排除故障；修复密封装置损坏处
水晶粉丝粘连	切刀刃部磨损严重；老化程度差；淀粉质量存在问题	修复刀刃；调整老化程度；检查更换淀粉原料
粉丝含有微尘和杂物	金属钢带、网带不卫生，有微尘进入生产工序系统，风机进风口处环境污染严重	清洁钢带、网带；保持风机进风口处环境卫生，做到无粉尘、杂物

2. 电子计算机控制不粘连水晶粉丝生产技术

电子计算机控制不粘连水晶粉丝生产，是指运用 BLF-1300 型电子计算机控制不粘连粉丝生产线而进行水晶粉丝生产的过程。

该技术采用电子计算机触摸屏集中控制，人机操作界面简单，清晰可见，具有易于操作管理、传动平稳、适应范围广和产量高等特点。

不粘连水晶粉丝的生产，采用在线风力疏散和多级冷冻等新技术，可彻底解决多年来普通粉丝挤压式生产最难克服的粘连问题。

（1）生产工艺

淀粉标准配料→自动和粉→旋压搅拌→成型成熟→自动疏散→第一次老化→冷冻→第二次老化→自动拉成直条（或自动制成碗粉块）→烘干→剪切成段（或出粉块）→包装。

（2）工艺特点

第一，通过物理方法解决了粉丝的粘连问题，不再需要任何添加剂，生产的粉丝更卫生、更安全。

第二，采用 PVC、PE 的加工技术使淀粉的熟化和成型更节能、方便。通过对多种物料的混炼，可使配方多元化，使加工各种营养功能型粉丝成为现实。比如，在配方中加入蔬菜汁来增加维生素，使粉丝更富营养；加入中药材，增加粉丝食疗保健功能；也可以加入海鲜产品，丰富粉丝口味及增加营养。

第三，低温快速烘干技术使熟化的淀粉由 α 化向 β 化的转变产生了停顿，从而减少了粉丝制品的烹调时间，提高了方便速食粉丝的复水性。

12.1.16 一种替代明矾生产手工粉条的方法

目前在新国标的规范下，寻找明矾替代物刻不容缓，市面上最广泛的替代物为各类食品胶体。但是各种胶体也不是十分健康安全，胶体有一定的收缩性，对产品的形状有一定的影响，而且使用也不方便，利用自然健康易于消化的变性淀粉替代明矾生产粉条。交联变性淀粉属于淀粉制品的加工产品，无毒，无副作用，既解决了食品安全问题，也解决了不同胶体对设备要求的问题，具体操作要点如下：

（1）将 1%~10%交联变性淀粉和 0.3%~3%马铃薯生粉混合，取 3%~13%的混合配料进行打芡替换明矾；用 2~3 倍的 20~50℃水溶解芡粉，通蒸汽加温糊化制成均匀透明的胶体备用。

（2）将定量的马铃薯生粉加入和面槽中，再倒入备用的胶体，打开螺旋搅拌，加入 20~40℃的水和面，所加水分总量占原料质量的 40%~60%，和面 20~30min 为宜。

（3）按工艺要求，将和好的面团进行抽真空、漏粉、熟化、老化、扯断、挂架、冷冻、解冻以及烘干。

该方法具有以下优点：①该配方可以完全替代明矾生产手工粉条，杜绝铝元素污染及对人体的伤害。②交联变性淀粉的主要成分是碳水化合物，是人体所需的三大营养物质之一。一定交联程度的交联淀粉对人体的消化吸收无影响。

12.1.17 美容抗衰老粉条

原花青素（OPC）是目前国际上公认的清除人体内自由基最有效的天然抗氧化剂。具有非常强的体内活性。实验证明，OPC 的抗自由基氧化能力是维生素 E 的 50 倍，是维生素 C 的 20 倍，并且人体可以迅速完全吸收，口服 20min 即可达到最高血液浓度，代谢半衰期达 7h 之久。

1. 原料配方

按质量百分比，原料包括：1%~2%原花青素、0.1%~0.3%食盐、0.1%~0.3%食用碱和 97.4%~98.8%马铃薯淀粉。

2. 操作要点

(1) 打芡

按质量百分比取马铃薯淀粉的 2%，用等量冷水调和均匀，得粉浆。

(2) 冲浆冷却

用粉浆质量 10 倍的 100℃沸水，冲入粉浆内，搅拌调成透明的粉糊，搅拌速度 l0r/min，然后自然冷却至室温。

(3) 搅拌混料

将冷却后的粉糊倒入质量百分比为 95.4%~97.8%马铃薯淀粉中，边加边搅拌，搅拌速度为 10r/min，同时加入 1%~2%原花青素，0.1%~0.3%食盐，0.1%~0.3%食用碱，搅拌均匀，得原料浆，原料浆含水量为 60%。

(4) 上料成型

将原料浆倒入粉条机的料斗内，原料浆从料斗内流出，在粉条机传动的不锈钢带上均匀布膜得粉膜。

(5) 蒸熟

传送带将粉膜传送进入粉条机的蒸汽箱内蒸熟，蒸汽箱内温度为 125℃，粉膜通过蒸汽箱时间为 4min。

(6) 冷却

将蒸熟粉膜从不锈钢带传送至传动重叠的不锈钢网带上，在两层不锈钢网带间压紧，并循环传动，同时鼓风冷却干燥 10min，得粉片。

(7) 切割

将粉片切成 lcm 宽的竖条。

(8) 烘干

将切成竖条的粉片送入干燥箱烘干，干燥箱温度 80℃，时间 20min。自然冷却至室温，得粉条。

12.1.18　螺旋藻粉条

螺旋藻含有丰富的赖氨酸、苏氨酸等人体必需的氨基酸，对婴幼儿，尤其是缺少母乳喂养的婴幼儿极为重要。丰富的矿物质和微量元素能有效地预防营养性贫血，也是偏食儿童良好的营养补充来源，可逐渐纠正他们偏食的不良习惯。螺旋藻可调节人体的酸碱度，其叶绿素可净化血液，清除体内毒素和清洁直肠，所含的各种氨基酸、维生素、矿物质和微量元素可增强内脏器官功能。人类衰老的主要原因是在代谢中产生了大量的氧自由基，它强烈破坏人体中生命分子结构，导致细胞功能衰退，加速人体衰老。螺旋藻中有多种抗衰老物质，如 D-胡萝卜素、维生素 E、Y-亚麻酸和超氧化物岐化酶，这些物质通过抗氧化作用清除自由基，有效地延缓细胞衰老，同时螺旋藻含丰富的铁、钙，且易吸收，对老年人常见的贫血、骨质疏松、高血压、动脉硬化、腰腿酸疼有较好的辅助防治作用。保持外表皮肤柔润光泽的根本因素，是均衡营养。D-胡萝卜素、超氧化物岐化酶及 Y-亚麻酸对保持皮肤生理弹性、消除色斑、改善皮肤炎症比较有效。

1. 原料配方

质量百分比，由 0.5%~1.5%螺旋藻、0.1%~0.3%的食盐、0.1%~0.3%食用碱和

97.9%~99.3%马铃薯淀粉组成。

2. 操作要点

(1) 打芡

按质量百分比取马铃薯淀粉的2%，用等量冷水调和均匀，得粉浆。

(2) 冲浆冷却

用粉浆质量10倍的100℃沸水，冲入粉浆内，搅拌调成透明的粉糊，搅拌速度为10r/min，然后自然冷却至室温。

(3) 搅拌混料

将冷却后的粉糊倒入质量百分比为95.9%~97.3%的马铃薯淀粉中，边加边搅拌，搅拌速度为10r/min，同时加入0.5%~1.5%螺旋藻、0.1%~0.3%食盐、0.1%~0.3%食用碱，搅拌均匀，得原料浆，原料浆含水量为60%。

(4) 上料成型

将原料浆倒入粉条机的料斗内，原料浆自料斗内流出，在粉条机传动的不锈钢带上均匀布膜得粉膜。

(5) 蒸熟

传送带将粉膜传送进入粉条机的蒸汽箱内蒸熟，蒸汽箱内温度为125℃，粉膜通过蒸汽箱时间为4min。

(6) 冷却

将蒸熟粉膜从不锈钢带传送至传动重叠的不锈钢网带上，在两层不锈钢网带间压紧，并循环传动，同时鼓风冷却干燥10min，得粉片；制得的粉片在切割前先送入冷冻箱冷冻，温度为2℃，时间为1h。

(7) 切割

将粉片切成1cm宽的竖条。

(8) 烘干

将切成竖条的粉片送入干燥箱烘干，干燥箱温度80℃，时间20min自然冷却至室温，得粉条。

12.1.19 蔬菜汁粉条及其制备方法

目前市场上粉条的原料只采用淀粉，区别仅在于采用的是红薯淀粉还是马铃薯淀粉。随着我国饮食文化的发展，原始方式生产的粉条营养单一，不能满足现代消费群体对“天然、营养、健康”的高消费诉求。

蔬菜汁粉条的出现可以满足人们的这些需求，它的制备方法中，要解决的技术问题是如何使粉条具有丰富的营养价值，而且颜色鲜艳美观。

1. 原料配方

原料由4%~6%蔬菜汁、0.1%~0.3%食盐、0.1%~0.3%食用碱、93.4%~95.8%马铃薯淀粉组成，菜汁为新鲜蔬菜榨的汁。这里说的新鲜蔬菜为芹菜、胡萝卜或菠菜。

2. 操作要点

(1) 打芡

按质量百分比取马铃薯淀粉的2%，用等量冷水调和均匀，得粉浆。

（2）冲浆冷却

用粉浆质量10倍的100℃沸水冲入粉浆内，搅拌成透明的粉糊，搅拌速度l0r/min，然后自然冷却至室温。

（3）蔬菜榨汁

按现有技术采用打浆机将新鲜蔬菜榨汁，得蔬菜汁。

（4）搅拌混料

将冷却后的粉糊倒入质量百分比为91.4%~93.8%的马铃薯淀粉中，边加边搅拌，搅拌速度l0r/min，同时加入4%~6%蔬菜汁、0.1%~0.3%食盐、0.1%~0.3%食用碱，搅拌均匀，得原料浆，原料浆的含水量为60%。

（5）上料成型

将原料浆倒入粉条机的料斗内，原料浆自料斗内流出，在粉条机传动的不锈钢带上均匀布膜得粉膜。

（6）蒸熟

传送带将粉膜传送进入粉条机的蒸汽箱内蒸熟，蒸汽箱内温度为125℃，粉膜通过蒸汽箱时间为4min。

（7）冷却

将蒸熟粉膜从不锈钢带传送至传动重叠的不锈钢网带上，在两层不锈钢网带间压紧，并循环传动，同时鼓风冷却干燥10min，得粉片；制得的粉片在切割前先送入冷冻箱冷冻，温度为2℃，时间为lh。

（8）切割

将粉片切成lcm宽的竖条。

（9）烘干

将切成竖条的粉片送入干燥箱烘干，干燥箱温度80℃，时间20min。自然冷却至室温，得粉条。

12.2　马铃薯粉丝、粉条和粉皮的常见质量问题及预防措施

12.2.1　机械加工粉丝存在的主要技术难题

一是粉丝成型困难；二是不易开粉；三是粉丝酥脆易断；四是粉丝无光泽不透明；五是粉丝表面起珠；六是粉丝下锅浑汤易断。

1. 粉丝成型困难

粉丝从粉丝机模板成型出机后如果黏结成一团，这说明：

（1）和粉时粉浆太稀，遇到这种情况，只要在和粉时，多加些干淀粉，使淀粉拌和至黏稠并能快速流动为止。即手抓一把粉浆提起后，粉浆能快速成线状流下，堆积起来又快速散开，此时淀粉的含水量约为60%~70%。不同种类和质量的淀粉的最佳加水量有所不同，要注意在实践中摸索规律。

（2）淀粉在化学脱色时，加药超量，破坏了淀粉结构，造成黏性降低；或储藏太久，使淀粉变质；或加工过程中没有掌握好淀粉的碱度，也会破坏淀粉分子结构，导致制成的

粉丝难以成型。其解决办法是：

第一，加干淀粉，主要是为了降低粉浆的含水率。

第二，加入明胶或豌豆淀粉等，主要是为了平衡粉浆酸碱度。可以加入0.25%~0.50%的食用明胶，先把明胶用热水溶化再加入；或加入10%~20%的豌豆淀粉；或加入0.30%的魔芋淀粉，先用热水溶化再加入。

2. 不易开粉

不易开粉是指粉丝冷却成型后，在搓开成松散状的过程中，发现粉丝黏结紧密，搓洗困难，造成生产效率降低，或者粉丝根本搓不开，造成原料全部报废，从而带来很大的经济损失，这是以往粉丝生产中一直难以解决的问题。一般可以通过加入一些大分子的化学物质来解决。主要方法有：

第一，加明矾。打芡时，加入干淀粉量0.02%~0.50%的明矾。明矾应先磨碎，加水溶化后除去杂质，加入淀粉中打芡，这样生产的粉丝，容易开粉，还可以提高粉丝的透明度。

第二，加麦芽片（或淀粉酶）。在拌和淀粉时，加入干淀粉量0.01%~0.05%的麦芽片或淀粉酶，麦芽片应先溶于水中过滤后加入。

第三，加菜油。和面时，加入干淀粉量0.10%~0.20%的菜油，效果明显，但对粉丝成品的色泽有影响。

第四，加小苏打、食盐。和面时，加入干淀粉量0.10%~0.50%的食盐及小苏打。

第五，加生姜汁。和面时，加入干淀粉量0.10%~0.50%的生姜汁。生姜先捣碎，加4倍水泡3~4h，过滤后，即成姜汁。

第六，泡粉时加酸浆水。用粉丝机制作粉丝时，在和粉过程中加入总水量20%~30%的二合酸浆水，搅拌3~10min，这样处理后的粉浆制作的粉丝，不但易开粉，而且色泽洁白、光亮。

第七，粉丝出来，快冷却，慢失水。粉丝成型出机后，要用风扇吹风，加快粉丝的散热，剪条后需置低温下快速冷却，并用塑料薄膜覆盖，使其缓慢失水。

3. 粉丝酥脆易断

有时生产出的粉丝干燥后发硬、酥脆，极易断条，主要原因是：①粉丝中加入明矾过多；②粉丝晒得太干；③粉丝成型后，没有充分冷却；④熟化不彻底。为了提高粉丝的筋度，应采取的措施是：

第一，减少明矾用量。粉丝中加入明矾的量应控制在1%以内。

第二，加食盐。和面时，加入干淀粉量0.50%~1%的食盐，使其自然吸潮，也可防止脆断。

第三，粉丝成型后不要马上晾晒。粉丝成型后需8~12h才能充分冷却，之后再拿去晾晒，否则，粉丝成型后快速干燥，极易酥脆。目前，许多生产厂家都忽略了这个问题。

第四，成型时要彻底熟化。粉丝机生产粉丝时，夹层中的水一般应沸腾，才能使淀粉充分糊化，否则漏出的粉丝干燥后酥脆易断。

第五，加明胶或海藻酸钠。在和面时加入干淀粉量0.10%~0.50%的食用明胶或干淀粉量0.30%~1%的海藻酸钠。

4. 粉丝无光泽不透明

有时生产出的粉丝表面无光泽，显得粗糙不透明，其原因主要是：①加热温度太高，出现气泡；②淀粉糊化不彻底；③明矾用量不够；④酸度不够。其解决办法是：

第一，和粉时减少气泡出现。应在和粉时注意减少空气的混入，有条件的可用真空和粉机，温度应控制在 80~90℃，便可提高粉丝光洁度和亮度。

第二，彻底糊化。使淀粉彻底糊化，即粉丝要熟透，可提高粉丝光泽。

第三，加花生油、TZ 增溶剂或明矾。打芡时，加入加工粉丝的干淀粉量 0.05%~0.15%的花生油和 0.10%~0.30%的明矾，可使粉丝变得光亮、透明。也可加入干淀粉量 0.005%左右的 TZ 增溶剂，效果会更好。

第四，加酸浆水。淀粉和粉前，用 20%~30%的二和酸浆水浸泡几分钟，可增加粉丝的光洁度。

第五，改手工生产粉丝为机加工。手工粉丝最易出现无光泽、不透明现象，只要改用粉丝机加工，同样淀粉生产的粉丝，就光滑、透明得多。

第六，加食用有机酸。和粉时加入柠檬酸或乳酸、醋酸等，使面团 pH 值保持在 4.0~5.0 即可。

5. 粉丝表面起珠

造成粉丝表面起珠的原因有两点：①粉丝机有水夹层，机器工作时夹层中的水一般达到微沸状态，而有的机器运转中，通过摩擦还会发热，使机器内淀粉糊的温度超过 150℃。这样成型的粉丝，出机遇到冷空气迅速收缩，且多段收缩不均匀，结果导致一节大一节小，看起来似乎是起珠或起泡的样子。②淀粉拌和得过干，粉丝成型后水分有限，易出现珠状。其解决办法是：

第一，适当降低温度。粉丝机工作时，水夹层中的水温应保持在 80~90℃，使淀粉糊彻底。

第二，和面时不能太干。和面时若多加点芡，和稀一点，粉丝出机后，因水分充足，大量失水，迅速降温，粉丝表面收缩均衡一致，就不会出现珠状物。

6. 粉丝下锅浑汤易断

有的粉丝一下锅就浑汤，极易断条，再煮一下就化成糊状。其原因就是粉丝无筋力，这可根据不同的情况采用不同的办法解决。

第一，调整加水比。对含水量为 40%、55%、65%、75%四种情况的面团进行对比研究，发现以这四种情况制成的粉丝，透明度逐渐增强，粉丝的筋力、弹性逐渐减弱。实际上，在生产中一般都将淀粉含水量控制为 60%~70%。

第二，熟化彻底。未熟透的粉丝，干后一是易酥脆，二是一下锅就断，浑汤严重。这种情况，唯一的办法就是使淀粉糊（机器生产）或粉丝（手工的）彻底熟化，即可大大提高粉丝的筋力。

第三，加海藻酸钠。加入干淀粉量 0.30%~0.50%的海藻酸钠，方法是：先用热水或开水，把海藻酸钠泡化或煮化，将此液作为打好的芡，再加入干淀粉和湿淀粉，拌和均匀。这样制成的粉丝，不但有光泽，透明度好，而且煮时不断条，不浑汤，煮后的粉丝嚼劲及口感都比较好。

第四，加琼脂。和粉时，加入干淀粉量 0.20%~0.50%的琼脂，仍然是煮化后作芡加入。

第五，加魔芋精粉。和粉时，加入干淀粉量0.30%以上的魔芋精粉和0.50%的明矾，先把魔芋精粉用开水搅化打成芡，再加入明矾和粉即可。

第六，加入豌豆淀粉。和面时加入干淀粉量10%~20%的豌豆、蚕豆或绿豆淀粉，可明显提高粉丝的筋力，且久煮不浑汤，不变细，不断条，几乎不降低粉丝的柔软感。所加豆类淀粉，均以打芡的形式加入为佳。

第七，加食用有机酸。和面时加入适量柠檬酸或乳酸、醋酸等，使面团的pH值保持在4.0~5.0，不但可以明显提高粉丝的韧性、筋力，而且色泽洁白、光亮，久储藏不变色。

12.2.2 影响粉丝品质的因素

到目前为止，虽然全国各地有不少大规模的粉丝生产厂，但是我国粉丝的生产绝大多数还是沿用传统的家庭作坊式。因此，本节讨论的影响因素仍然针对传统的生产方式。影响粉丝品质的因素很多，除原料的差异外，还主要有生产用水的品质（即水质）、自然环境和加工手段等方面。

1. 水质对粉丝品质的影响

水是粉丝加工业最重要的辅助材料，消耗量非常大。一般来说，粉丝与水的用量比为1∶25~1∶30，即每生产1t的粉丝就要消耗25~30t的水，民间有粉丝加工是“水中捞银”的说法（银一方面指白色，另一方面指钱），因此，粉丝加工厂（作坊）必须有充足的水资源，才能保证生产的顺利进行。此外，粉丝的质量与水的质量也有非常密切的关系。

水通常被分成软水和硬水，其中的差别用水的硬度表示，而水的硬度由度数表示。硬度1度是指每升水中含10mg的氯化钙。水的硬度大致分为以下几类：极软水，0~4度；软水，4~8度；中硬水，8~12度；较硬水，12~18度；硬水，18~30度；极硬水，30度以上。

凡是水中含有钙和镁时，都能使水的硬度增加。水中只有钙时称为钙硬度，只含有镁时称为镁硬度，两者合并称为总硬度。实际上，以碳酸盐形式存在的钙、镁和以非碳酸盐形式存在的钙对水的硬度产生的作用又有不同。前者可以通过把水煮沸后除去沉淀而降低水的硬度，因此碳酸盐硬度又被称为暂时硬度；而非碳酸盐硬度仅仅通过加热的方式是很难改变的，因此又被称为永久硬度。

粉丝加工用水一般选用未受污染的较硬水，或pH值为6.5~7.2的中性水。理论上，水的性质对淀粉的提取影响不大，但传统粉丝采用的是酸浆的自然发酵法，酸浆中起作用的主要是某些微生物，而水中微量的金属离子的存在是微生物生长繁殖的营养素的来源，而且某些金属离子又是微生物产生酶的激活剂。必须指出的是，如果水中重金属的含量超过正常标准所允许的范围，则不仅微生物的生长繁殖受到抑制，而且残留的重金属会导致人食用粉丝后引起生理障碍（食物中毒）。因此，如果水质的硬度较高或卫生指标达不到生活饮用水标准时，必须采取必要的净化或处理措施，方可使用。

2. 环境对粉丝品质的影响

影响环境的因素是多方面的，包括地理环境、气候环境等。

（1）地理环境

地理环境的影响有以下几方面的内容：

第一，粉丝厂（坊）是食品类的作业单位，厂（坊）址的选择应是通风好、空气洁净、风沙粉尘少、工业“三废”（废水、废气、废渣）少的地区。

第二，水源充足，水质适和粉丝的加工。

第三，微生物区系适和粉丝加工用的酸浆。我们已有这样的经验，在其他材料和工艺都完全相同的条件下，所用的酸浆不同，粉丝的质量有很大的差别，这说明酸浆在粉丝加工中占有举足轻重的地位。究其原因，酸浆的质量取决于其中的微生物种类、组成和数量。

第四，地理位置还决定空气的相对湿度和温度。

这两者除了对微生物的影响较大外，对粉丝加工操作中的挂条、冻条和干燥都有很大的影响。

（2）气候环境

气候环境与地理环境有密切的联系。纬度越高，湿度和温度就越低。而季节的不同，气候条件也不同。气候条件影响酸浆的质量，也影响粉丝的干燥效果。

生产粉丝理想的气候环境是：天气晴朗、无阳光直射、降雨量少、有微风、空气不过于干燥、温度稍低但不冻等。

还要指出的是，粉丝厂（坊）要有足够的场地，交通运输方便。粉丝厂（坊）址最佳选择是在水网地带或植被丰富的坡地。

12.2.3　淀粉性质和工艺因素对粉丝品质的影响

1. 淀粉性质对粉丝品质的影响

在淀粉的性质中已经介绍，不同来源的淀粉因其颗粒形状、聚合度大小、直链组分含量等的不同，淀粉糊的黏度、糊化温度、回生后淀粉凝胶的强度等性质有很大的差异。也就是说，淀粉的品种或来源是决定粉丝质量的主要因素。

并不是所有的淀粉都能用于粉丝加工，根据经验，豆类淀粉和薯类淀粉是生产粉丝的原料，而粮谷类淀粉不能用于粉丝生产加工。豆类淀粉和薯类淀粉相比较，在粉丝加工方面，豆类淀粉优于薯类淀粉，其中又以绿豆为好。从淀粉的形状方面来看，多角形的淀粉是完全不适合传统工艺生产粉丝的，原因在于多角形淀粉的糊化度高，其淀粉凝胶没有弹性而更多地表现为刚性（脆性），易破碎。通过粒度分布研究发现马铃薯淀粉、甘薯淀粉和玉米淀粉颗粒粒度分布呈现正态分布，集中在一区域中，马铃薯淀粉的粒度较大；而绿豆淀粉的粒度分布有其特殊性，主要为中等粒度分布的颗粒。粒度大的淀粉因分子间的结合力小，淀粉糊的黏性大而凝胶强度弱，易被热水泡胀，制作的粉丝易糊汤。所以，与豆类粉丝比较，薯类粉丝易糊汤不耐煮，容易断条而不能捞起。从淀粉分子的分散度来看，绿豆淀粉的分散度要大于玉米淀粉，却小于甘薯淀粉和马铃薯淀粉，这也说明绿豆淀粉中存在很多中等链长的分支结构，可以像直链淀粉一样能够形成局部的微晶束，产生回生。

2. 工艺因素对粉丝品质的影响

工艺因素对粉丝品质的影响是直接的，加工过程中很多因素会影响淀粉的纯度。无论是传统的自然沉降法还是工业化的机械分离法，在淀粉和其他成分的分离中都采用湿法，如此制得的淀粉的纯度较高，其中非淀粉成分的含量，除灰分外，都低于1%。在粉丝加工中，纯净的淀粉才能获得高的凝胶强度。迄今为止，在原料的粉碎方法上，一是湿磨，二是干磨。除了由甘薯干加工淀粉采用先干磨后湿磨的方法分离外，所有的原料几乎都是先打浆或用水浸泡后湿磨的。湿磨的好处在于这种方法能够较好地保持淀粉颗粒的完整性；干磨时由于机械研磨和剪切的作用，使得淀粉颗粒受到较大程度的损伤，损伤后淀粉颗粒的吸水膨胀能力增大，成糊性能变差，凝胶强度减弱，产品收得率低。干磨还会因为粉碎过程中产生的热量使部分淀粉变性，最终导致淀粉糊的品质恶化，从而影响粉丝的品质。

第 13 章　马铃薯糖制品加工

13.1　糖制品概述

糖本身对微生物并无毒害作用，它主要是降低介质的水分活度，减少微生物生长活动所能利用的自由水分，并借渗透压导致细胞质壁分离，得以抑制微生物的生长活动。食品糖藏时，有直接加糖于其中，也有先配成各种浓度不同的糖浆后再加入。食品加糖后仍可保持其品质，并可改进其风味。

13.1.1　糖制品分类

糖制品按其加工方法和状态分为两大类，即果脯蜜饯类和果酱类。

1. 果脯蜜饯类

果脯蜜饯类属于高糖食品，能基本保持果实或果块原形，大多含糖量在 50%~70%。

（1）干态果脯

干态果脯是原料在糖制后进行晾干或烘干而制成表面干燥、不粘手的制品，也有的在其外表裹上一层透明的糖衣或形成结晶糖粉，如各种果脯、某些凉果、瓜条及藕片等。

（2）湿态蜜饯

原料在糖制后，不进行烘干，而是稍加沥干，制品表面发黏，如某些凉果，也有的在糖制后，直接保存于糖液中制成罐头，如各种带汁蜜饯或糖浆水果罐头。

2. 果酱类

先将原料打浆，再与糖配合，经煮制而成的凝胶冻状制品。果酱类属高糖高酸食品，不能保持果块的完整形状，含糖量多在 40%~65%，含酸量约在 1%以上。果酱类主要有果酱、果泥、果冻、果糕及果丹皮等。

（1）果酱

原料经处理后，添加糖、酸等物质调配，再经浓缩制成的凝胶制品。呈黏稠状，也可以带有果肉碎块，如番茄酱、草莓酱等。

（2）果泥

原料经处理后，加热软化，打浆过滤，添加糖、酸等物质调配，再经浓缩制成的凝胶制品。果泥呈糊状，果实须在加热软化后打浆过滤，其酱体细腻，如苹果泥、山楂泥等。

（3）果冻

将果汁和糖经过加热、浓缩、冷却凝结而制成的透明凝胶制品。特点是透明度好，有一定形状，如山楂果冻等。

（4）果糕

将果泥加糖和增稠剂后，经过加热、浓缩、冷却凝结而制成的透明凝胶制品。其特点是透明度差，有一定形状，如山楂糕等。

(5) 果丹皮

将果泥加糖浓缩后，刮片烘干制成的柔软薄片即为果丹皮。山楂片是将富含酸分及果胶的一类果实制成果泥，刮片烘干后制成的干燥的果片。

13.1.2 糖制原理

果蔬糖制保藏主要是利用食糖抑制微生物的活动，而食糖的保藏作用在于其强大的渗透压，使微生物细胞原生质脱水失去活力。因此，一般糖制品最终糖浓度都在65%以上。如果是中、低浓度的糖制品，则需利用糖、盐的渗透压或辅料产生抑制微生物的作用，使制品得以保藏。

1. 食糖的保藏作用

(1) 高渗透压作用

糖溶液有一定的渗透压，通常1%的蔗糖溶液可产生70.9kPa的渗透压，若浓度在65%以上时，则远远大于微生物的渗透压，使微生物细胞质脱水收缩，发生生理干燥而无法活动。为了保藏食品，糖液的浓度至少要达到50%~75%，以70%~75%最适宜。

(2) 降低水分活度

微生物吸收营养要在一定的水分活度条件下，大部分微生物要求水分活度在0.9以上。而糖浓度越高，其水分活度就越小，微生物就不易获得所需的水分和营养。新鲜水果的水分活度大于0.99，而糖制品的水分活度约为0.75~0.80，故有较强的保藏作用。

(3) 抗氧化作用

氧气难溶于糖溶液中，所以高浓度的糖溶液有利于防止氧的作用。在20℃时，60%蔗糖溶液溶解氧的能力仅为纯水的1/6。原料在糖液中浸渍或煮制，因氧含量少而有利于制品色泽、风味、维生素C的保存，同时也增强了对好氧生物的抑制能力。

2. 糖的性质

糖的理化性质包括甜味、风味、蔗糖的转化、渗透压、结晶和溶解、吸湿性、热力学性质、黏度、稠度、晶体大小、容积、导热性等。

(1) 甜度和风味

糖的甜度影响糖制品的甜度和风味。各种糖的甜度、风味不同，影响着糖制品的风味。蔗糖的甜度比较纯正，能使制品具有良好的风味；葡萄糖先甜，继而有苦和酸涩感；麦芽糖甜味小而又带酸味。所以糖制品一般常用蔗糖，少用葡萄糖和麦芽糖。

(2) 蔗糖的转化与褐变

蔗糖是非还原性双糖，与稀酸共热，或在转化酶的作用下，水解为葡萄糖和果糖，又称为转化糖。这种转化反应，在果品糖制上比较重要。糖煮时，有部分蔗糖转化，可提高制品中蔗糖溶液的饱和度，从而有利于抑制晶析，增强制品的保藏性和甜度，使质地紧密细致。另一方面，由于转化糖的吸湿性很强，过度转化又会使制品在储存时回潮，造成变质。另外，由于葡萄糖分子中含有羟基和醛基，蔗糖若长时间与稀酸共热，会生成少量的羟甲基呋喃甲醛，使制品轻度变褐。转化糖与氨基酸反应，也引起制品的褐变。特别是戊糖与氨基酸或蛋白质发生羰氨反应生成黑色素，使制品褐变。这种褐变是一种非酶褐变，多发生在与加热有关的加工过程中。

（3）溶解度与晶析

糖的溶解度与晶析对糖制品品种和保藏性能影响较大。糖制食品液态部分的糖分达到过饱和时，即析出晶体，从而降低了含糖量，削弱了保藏作用，同时有损糖制品的品质和外观。

糖的溶解度随温度的升高而增大。如蔗糖在10℃时的溶解度为65.6%（约相当于糖制品所要求的含糖量），在90℃时，溶解度上升80.6%。糖煮时糖浓度过高，糖煮后储藏温度低于10℃，就会出现过饱和而晶析，降低制品含糖量，削弱了保藏性。

（4）吸湿性

糖的吸湿性和糖的种类及空气的相对湿度关系密切。其中，果糖的吸湿性最强，葡萄糖和麦芽糖次之，蔗糖最弱。空气的相对湿度越大，糖的吸湿量越多。糖的这一特性，对干制品和糖制品的保藏性影响很大，在缺乏包装的糖制品中，储藏期会因吸湿回潮使制品的糖浓度降低，削弱糖的保藏性，甚至导致制品变质或败坏。但生产上常利用转化糖吸湿性强的特点，使糖制品中含适量的转化糖，有利于防止糖制品的蔗糖晶析和返砂。

（5）沸点和浓度

在一定压力下，糖液的沸点随着浓度的增大而上升。糖制品在煮制时，常利用测定蔗糖的沸点来掌握制品所含可溶性固形物的总量，控制煮制时间和终点。但应该注意的是蔗糖的沸点除了受其本身浓度的影响外，还受大气压和纯度的影响。因此，当大气压和纯度改变时，用该方法来判断糖浓度会有一定的误差。

13.2　马铃薯糖制品加工工艺

13.2.1　马铃薯果脯蜜饯

1. 基本生产工艺

原料预处理→清洗→去皮→切分→护色→硬化→清洗→烫漂→糖制→烘烤成品。

2. 操作要点

（1）原料选择

根据产品的特性，正确选择适宜的加工原料，是保证产品质量的基本条件。一般选择组织致密、硬度较高、还原糖含量低，蛋白质和纤维少的马铃薯品种，以防止糖制过程中的煮烂变形。

（2）预处理

按照产品对原料的要求进行选择、分级处理。分级多为大小分级，目的是使产品大小相同、质量一致和便于加工。分级标准可根据原料实际情况、产品特点而定，并进行洗涤、去皮、切分和划缝等处理。

划缝可增加成品外观纹路，使产品美观。更重要的是加速糖制过程中的渗糖。划缝有手工划缝或划纹机划缝两种，划纹要纹路均匀，深浅一致。

（3）护色

马铃薯原料大多数需要进行护色处理，以防止原料褐变，并使糖制后的果块色泽明亮，同时还有防腐、利于糖的溶解等作用。护色的方法主要有熏硫和浸硫。

熏硫在熏硫室或熏硫箱中进行。熏硫室或熏硫箱既能严格密封，又可方便开启。熏硫时，将分级、切分的原料装盘送入熏硫室，分层码放。

浸硫时先配制好含0.1%~0.2%SO_2的亚硫酸或亚硫酸氢钠溶液，将原料置入溶液中浸泡10~30min，取出立即在流水中冲洗。

(4) 硬化（保脆）

在糖煮前进行硬化处理，可以提高原料的硬度，增强其耐煮性。通常将原料投入一定浓度的石灰、明矾、氯化钙或氢氧化钙等水溶液中，进行短时间浸渍，令钙、镁离子与原料中的果胶物质生成不溶性盐类，使细胞间相互黏结在一起，提高硬度和耐煮性。硬化剂的选择、用量和处理时间必须适当，若用量过大会生成过多的果胶酸钙盐，或引起纤维素钙化，使产品粗糙，品质下降。一般明矾溶液为0.4%~2%，亚硫酸氢钙溶液为0.5%，石灰溶液0.5%。可用pH值试纸检查是否浸泡合格，并用清水彻底漂洗。

(5) 漂烫

热烫的目的是为了脱去附着在原料上的硬化剂，除掉原料本身的果胶及黏性物，增加原料的透明度和渗透压，还能使糖制时的糖分容易渗透到原料中。漂烫时需把水煮沸，用水量为原料的1.5~2倍，然后投入原料，烫至七八成熟。漂烫后马上用冷水冷却，以防止漂烫过度，对于无不良风味的部分原料，可直接用30%~40%糖液烫漂，可以省去单独漂烫工作。

(6) 糖制

糖制有蜜制和煮制两种：

① 煮制。一般耐煮的原料采用煮制可迅速完成加工过程，但色、香、味差，并有维生素C的损失。煮制在生产实践中有以下几种方法：

a. 一次煮制法。对于组织疏松易于渗糖的原料，将处理后的原料与糖液一起加热煮制，从最初糖液浓度40%一直加热蒸发浓缩至结砂为止。这样一次性完成糖煮过程的方法称为一次糖煮法。

b. 多次煮制法。对于组织致密、难以渗糖或易煮烂的含水量高的原料，将处理过的原料经过多次糖煮和浸渍，逐步提高糖浓度的糖煮方法称为多次煮制法。一般每次糖煮时间短，浸渍时间长。

c. 变温煮制法。利用温差悬殊的环境，使组织受到冷热交替的变化。组织内部的水蒸气分压有增大和减小的变化，由压力差的变化，迫使糖液渗入组织，加快组织内外糖液的平衡，从而缩短煮制时间的方法，称为变温糖煮法。

d. 减压煮制法。在减压条件下糖煮，组织内的蒸汽分压随真空度的变化而变化，促使组织内外糖液浓度加速平衡，缩短糖煮时间，品质稳定，制品色泽浅淡鲜明、风味纯好。减压煮制法需要在真空设备中进行，先将处理后的原料投入25%的糖液中，在真空度为83.5kPa、温度为60℃下热处理4~6min，消压、浸渍一段时间，然后提高糖液浓度至40%，再重复加热到60℃时，开始抽真空减压，使糖液沸腾，同时进行搅拌，沸腾约5min后改变真空度，可使糖液加速渗透。每次提高糖浓度10%~15%，重复3~4次，直到产品糖液浓度达到60%~65%时解除真空，完成糖煮过程，全部时间需1d左右。

e. 扩散煮制法。它是在减压煮制的基础上发展的一种连续化煮制方法，其机械化程度高，糖制效果好。先将原料密闭在真空扩散器内，抽真空排除原料组织中的空气，然后加入 95℃的热糖液，待糖分子扩散渗透后，将糖液迅速转入另一扩散器内，再向原来扩散器内加入较高浓度的糖液，如此反复操作几次，并不断提高不同扩散器内的糖浓度，最后使产品的糖浓度达到规定的要求，完成渗糖过程。

② 蜜制。蜜制是蜜饯加工的传统糖制方法，适用于肉质疏松、不耐煮制的原料。其特点是分次加糖，不加热。由于糖有一定的稠度，在常温下渗透速度慢，产品加工需要较长时间，但制品能保持原有的色、香、味和完整的外形及质地，营养损失少。

蜜制的方法就是把经处理的原料逐次增加干砂糖进行腌渍。先用原料质量 30%的干砂糖与原料拌均匀，经 12~14h 后，再补 20%的干砂糖翻拌均匀。再放置 24h，又补加 10%的干砂糖腌渍。由于采用干砂糖腌渍，组织中水分大量渗出，使原料体积收缩到原来的一半左右后，透糖速度降低。糖制时间 1 周左右后，将原料捞出，沥干表面糖液或洗去表面糖液，即成制品。

（7）烘晒和上糖衣

① 烘晒。干态果脯和返砂蜜饯制品，要求保持完整和饱满状态，不皱缩，不结晶，质地紧密而不粗糙，水分一般不超 18%~20%，因此要进行干燥处理，即烘干。

烘干在烘房中进行，人工控制温度，升温速度快，排湿通气性好，卫生清洁，原料受热均匀。烘烤中要注意通风排湿和产品调盘，温度不宜过高，控制在 60~65℃，以防止糖分结块或焦化。

② 上糖衣。糖衣蜜饯需在干燥后上糖衣，即用配制好的过饱和糖液处理干态蜜饯，干燥后使其表面形成一层透明状糖质薄膜。糖衣不仅外观好看，并且保藏性强，可以减少蜜饯保藏期中吸湿和返砂现象。

（8）整形、包装

① 整形。由于原料进行一系列处理后，会使果脯出现收缩、破碎、折断等现象，因此在包装前要进行整形、回软。整形按原有产品的形状、食用习惯和产品特点进行。

② 包装。包装的目的是防潮防霉，一般先用塑料薄膜包装后，再用其他包装。可用大包装和小包装，以利于保藏、运输、销售为原则。

13.2.2　马铃薯果酱类

1. 基本生产工艺

原料处理→软化打浆→配料→加糖浓缩→灌装→杀菌→成品。

2. 操作要点

（1）原料处理

将原料进行洗涤、去皮、切分等处理。原料中果胶及酸含量低，含酸量主要通过补加柠檬酸来调节，果胶可添加琼脂、海藻酸钠等增稠剂，也可通过加入另一种富含果胶的果实来弥补。

（2）软化打浆

软化的目的是破坏酶的活性；防止变色和果胶水解；软化果肉组织，便于打浆；促使果肉中果胶渗出。预煮时加入原料 10%~20%的水进行软化，也可以用蒸汽软化，时间为 10~20min，然后进行粗打浆。

（3）配料

果酱的配料按原料分类及产品标准要求而异，一般要求果肉占总原料量的40%~55%，砂糖占45%~60%，必要时配料中可适量添加柠檬酸及果胶。柠檬酸添加量一般以控制成品含酸量0.5%~1%为宜，果胶添加量以控制成品含果胶量0.4%~0.9%为宜。低糖果酱由于糖浓度较低，需要添加一定量的增稠剂，常用琼脂。

注意配料使用前应配成浓溶液，过滤后备用。白砂糖配成70%~75%的溶液；柠檬酸配成50%的溶液；果胶粉不易溶于水，可先与其重量4~6倍的白砂糖充分混合均匀，再加入其重量10~15倍的水在搅拌下加热溶解。

（4）加糖浓缩

浓缩是果酱类产品的关键工艺，其目的是排除原料中的大部分水分，破坏酶的活性及杀灭有害微生物，以利于制品保存；同时使糖、酸和果胶等配料与果肉煮制渗透均匀，改善组织状态及风味。常用的浓缩方法有常压浓缩法和真空浓缩法。

① 常压浓缩。将原料置于夹层锅内，在常压下加热浓缩。将原料与糖液充分混合后，用蒸汽加热浓缩，前期蒸汽压力较大，后期为防止糖液变褐焦化，蒸汽压力要降低。每次蒸汽量不要过多。再次下料量以控制出品达50~60kg为宜，浓缩时间为30~60min。操作时注意不断搅拌，终点温度为105~108℃，含糖量达60%以上。

② 真空浓缩（又称减压浓缩）。真空浓缩指原料在真空条件下加热蒸发一部分水分，从而提高可溶性固形物浓度，达到浓缩的目的。浓缩有单效浓缩和双效浓缩两种。具体操作为先将蒸汽通入锅内赶出空气，再开动离心泵，使锅内形成真空。当真空度达0.035MPa以上时，开启进料阀，待浓缩的物料靠锅内的真空吸力吸入锅中，达到容量要求后，开启蒸汽阀门和搅拌器进行浓缩。加热蒸汽压力保持在0.098~0.147MPa时，锅内真空度为0.087~0.096MPa，温度为50~60℃。浓缩过程中，若泡沫上升剧烈，可开启锅内的空气阀，使空气进入锅内抑制泡沫上升，待正常后再关闭。

浓缩时应保持物料超过加热面，防止焦锅。当浓缩接近终点时，关闭真空泵开关，解除锅内真空，在搅拌下将果酱加热升温至90~95℃，然后迅速关闭进气阀出锅。

（5）灌装与杀菌

将浓缩后的果酱直接装入包装容器中密封，在常温或高压下杀菌，冷却后为成品。

13.2.3　低糖奶式马铃薯果酱

低糖奶式马铃薯果酱的特点是果酱含糖量低、优质营养成分丰富、有较佳的口感品质。产品主要用于作为面制品的夹心填料或涂抹用的甜味料。

1. 原料配方

马铃薯泥150kg，奶粉17.5kg，白砂糖84kg，菠萝浆15kg，适量的柠檬酸（调pH值至4.0），适量的碘盐、增稠剂和增香剂，水量为马铃薯泥、奶粉、白砂糖总量的10%。

2. 生产工艺

菠萝→去皮→打浆→压滤 ↓

马铃薯→去皮→护色处理→蒸煮捣碎→打成匀浆→混匀→煮制→调配→热装罐→封盖倒置→分段冷却→成品。

3. 操作要点

（1）切片

马铃薯去皮后要马上切成片，用0.05%的焦亚硫酸钠溶液浸泡10min，并清洗去除残留的硫，汽蒸10min后备用。

（2）过筛

菠萝去皮打浆过80目绢布筛，增稠剂琼脂与卡拉胶按1：2的重量比加20倍水热溶制备。

（3）加配料

马铃薯浆中加入白砂糖、菠萝浆、奶粉和增稠剂，先在温度为100℃条件下煮制，起锅前按顺序加柠檬酸、碘盐（占物料总量的0.3%）和增香剂。

（4）热装罐、封盖、冷却

采用85℃以上热装罐，瓶子、盖子应预先进行热杀菌，装罐后进行封盖倒置，然后再分段冷却，经过检验合格者即为成品。

4. 成品质量指标

（1）感官指标

产品为（淡）黄色，有光泽，均匀一致；口感酸甜，具有牛奶及菠萝的固有香味，无明显马铃薯味；酱体为黏稠胶状，表面无液体渗出。

（2）理化指标

含糖量（转化糖）≤5%，总可溶性固形物≤40%（以折光度计）。

（3）卫生指标

锡（以Sn计）≤200mg/kg，铅（以Pb计）≤2mg/kg，铜（以Cu计）≤10mg/kg，无致病菌及微生物引起的腐败现象。

13.3　马铃薯糖制品常见质量问题及预防措施

在马铃薯糖制品加工中，由于原料处理不当或操作方法失误，往往会出现一些问题，造成产品质量低劣，影响经济效益。

1. 变色

糖制品在加工过程及储存期间都可能发生变色。在加工期间的前处理中，变色的主要原因是氧化引起酶促褐变；在整个加工过程和储藏期间还伴随着非酶促褐变，其主要影响因素是温度，即温度越高变色越深。

控制措施：针对酶促褐变主要是做好护色处理，即去皮切分后要及时护色，在整个加工工艺中尽可能地缩短与空气接触的时间，防止氧化。而防止非酶促褐变则要在加工中尽可能地缩短受热处理的过程，特别是果脯类在储存期间要控制在较低的温度，最好采用真空包装，在销售时要注意避免阳光暴晒，减少与空气接触的机会。注意加工用具一定要用不锈钢制品。

2. 返砂和流糖

返砂和流糖的产生主要是由于转化糖占总糖的比例问题。在糖制品煮制过程中，如果转化糖含量不足，就会造成产品表面出现结晶糖霜，即返砂。返砂会使果脯变硬且粗糙，表面失去光泽，品质降低。当转化糖含量占总糖的50%时，产品不易返砂；但如果转化糖含量过高，又容易出现流糖现象，转化糖含量占总糖的70%以上时，产品易出现流糖。

控制措施：在加工中要控制好转化糖的比例，注意加热的温度及糖液的pH值（为2.5~3.0）要适宜；在储藏时一定要注意控制恒定的温度，且不能低于12~15℃，否则由于糖液在低温条件下溶解度下降引起过饱和而造成结晶。糖制品一旦发生返砂或流糖，将不利于长期储藏，也影响制品外观。

3. 果酱类产品分泌汁液

由于果块软化不充分、浓缩时间短或果胶含量低未形成良好凝胶而导致果酱类产品分泌汁液。

控制措施：原料软化充分，使果胶水解而溶出果胶；对果胶含量低的可适当增加糖量、添加果胶或其他增稠剂来增强凝胶作用。

4. 微生物败坏

糖制品在储藏期间最易出现的微生物败坏是长霉和发酵产生酒精味。这主要是由于制品含糖量太低或含水量过大，没有达到要求的浓度（65%~70%），或者保藏过程中通风不良、卫生条件差、微生物污染等造成。

控制措施：加糖时一定按要求添加糖量。但对于低糖制品一定要采取防腐措施，如添加防腐剂，采用真空包装，必要时加入一定的抗氧化剂，保证较低的储藏温度等。对于罐装果酱一定要注意封口严密，以防止表层残氧过高为霉菌提供生长条件，另外杀菌要彻底。

第14章 马铃薯淀粉糖加工

马铃薯制糖是马铃薯深加工技术之一，马铃薯淀粉是最重要的制糖原料，淀粉糖品已成为最主要的糖品。

14.1 马铃薯淀粉糖常规生产工艺

利用淀粉或淀粉质原料生产的糖品统称为淀粉糖。随着酶技术的发展，淀粉糖工业发展迅速。使用酶技术，以淀粉为原料生产糖品，不仅不受地区和季节的限制，而且具有对生产条件的要求不高、设备简单、投资少、耗能少的优点。除此之外，通过工艺条件的改变可得到不同的糖品。不同的糖品其甜度、增稠性、渗透性、吸湿性、保湿性、结晶性、冰点降低、化学稳定性和可发酵性等都不同，而这些性质中的一种或几种在有些情况下是至关重要的，是选择糖品的关键因素。淀粉的水解随转化程度的不同，所得糖浆的各种性质也有差异，其中甜度、渗透性、吸湿性、冰点降低、焦化性、可发酵性等随转化程度的提高而增加，而增稠性、黏度、防止蔗糖结晶效果、防止冰粒生成效果和稳定泡沫效果则随转化程度提高而降低。

马铃薯含有大量的淀粉，是加工淀粉糖浆的理想原料。生产淀粉糖时可以根据不同的目的和产品的要求，选择鲜薯、粗淀粉或精淀粉为原料，也可以选择不同的工艺进行生产。淀粉糖的种类很多，通常分类如下：

① 转化糖浆：包括麦芽糖浆、低转化糖浆、中转化糖浆、高转化糖浆、麦芽糊精、低聚糖浆。

② 异构化糖浆：如果葡糖浆。

③ 结晶糖：包括葡萄糖、麦芽糖、果糖。

④ 氢化糖浆：包括麦芽糖醇、山梨糖醇、甘露糖醇和普通氢化糖醇。

淀粉糖生产按液化、糖化方法不同可分为酶法、酸法和酸酶结合法。从工艺上看，酶法和酸法的不同之处在于液化工序，前者是采用酶，后者是采用酸，其余工序过程都相同。从工艺上淀粉糖生产的基本过程可分为三个阶段，即淀粉乳的准备、糖化和糖化液的精制。三种基本生产方法的差异就在于糖化液的精制有所不同。

过去淀粉糖的生产以精制干淀粉为原料，生产时需要将干淀粉加水调制成一定浓度的淀粉乳，所调制淀粉乳浓度的大小可根据糖化工艺和生产糖浆的转化率来确定。现在多用湿精制淀粉或直接利用马铃薯为原料，节省了能源消耗，降低了生产成本。

14.1.1 糖化

1. 酸法糖化

淀粉通过酸催化水解反应生成由葡萄糖、麦芽糖、低聚糖和糊精等多种糖分组成的糖浆。工业上采用的酸糖化方法有两种，一种为加压罐法，是间歇操作。另一种为管道法，是连续操作。间歇式糖化与连续式糖化的工艺特点见表 14-1。

表 14-1 **间歇式糖化与连续式糖化工艺方式比较**

特　点	间歇式	连续式
设备投资	糖化罐较贵	蛇管加热器及计量器较贵
对淀粉质量要求	可用不同质量的淀粉	要求淀粉质量稳定
操作	简单	操作条件确定后，比较简单
糖化温度	134～144℃	144～151℃
糖化时间	15～30min	10～15min
蒸汽量	较多	比间歇式少一半
产品质量	糖化不均匀，易产生分解反应	产品质量均匀，分解产物少

下面介绍间歇加压罐糖化法。

（1）生产工艺

间歇加压罐糖化法的生产工艺流程：马铃薯淀粉→调乳→糖化→中和→过滤→浓缩→脱色→精制→浓缩→成品。

加压糖化罐为密闭的垂直圆筒罐，罐的大小因生产规模而不同，容积较大的在 $10m^3$ 以上，小的只有几立方米。糖化罐材料要求能耐酸，一般用青铜（90%铜、10%锡）板或不锈钢板制成，罐的耐压能力为 $50kg/cm^2$，但一般当压力到 $7kg/cm^2$，调整安全阀自行打开，以保安全。

（2）加压糖化的操作

用温水加干淀粉或精制淀粉乳进行搅拌调乳，加入全部酸的 1/2～2/3 与其混合，保持淀粉乳温度在 50℃左右。其余 1/3～1/2 的酸用水冲淡后加入糖化罐中煮沸，保持罐内压力为 19.6～49.0kPa。然后将淀粉乳均匀加入糖化罐，淀粉乳全部加入后，开大蒸汽管阀门，提高罐内压力到 0.294MPa（相当于 143℃）。保持此压力到需要的程度，当生产 DE 值（还原糖占总糖的比值）为 42 的糖浆时，需 5～6min；当生产 DE 值为 55 的糖浆时，需 8～10min；当生产结晶葡萄糖时，要求糖化到 DE 值达到 90～92，需 20～25min。

酸的水解能力强，但酸的水解没有专一性，不仅水解淀粉，还水解蛋白质、半纤维素等物质生成一些副产物，同时酸液化需要碱中和，产生的灰分也多，因此会给糖的生产带来不利影响。水解温度越高时，糖发生复合反应越多，生成的有色物质使糖的颜色加深。

（3）酸水解制糖过程实例

①间歇法。目前国内淀粉酸水解糖化工艺基本上还属于间歇单罐糖化法。国内某味精厂间歇单罐糖化工艺如图 14-1 所示。

②连续法。日本和欧美一些国家的很多工厂已采用连续糖化法，如图 14-2 所示。

2. 酶法糖化

酶法糖化就是淀粉通过酶制剂的作用而形成的糖品。由酸法水解工艺可知，以淀粉为

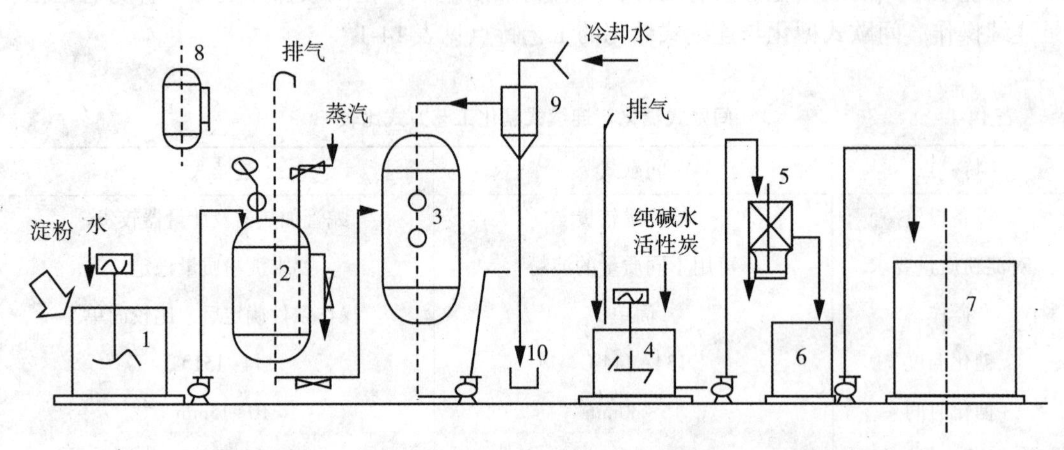

1，4—调浆槽；2—糖化锅炉；3—冷却罐；5—过滤机；6—糖液暂储罐；
7—糖液储罐；8—盐酸计量器；9—水力喷射器；10—水槽

图 14-1　酸水解糖化工艺流程图

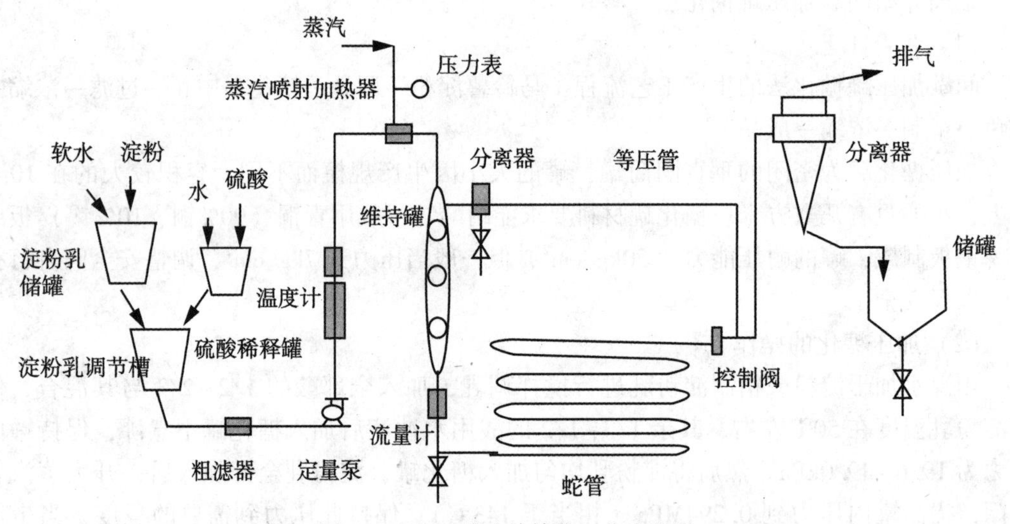

图 14-2　CPR 式连续糖化工艺流程图

原料应用酸水解法制备糖液，由于需要高温、高压和催化剂，会产生一些不可发酵性糖及其一系列有色物质，不仅降低了淀粉转化率，而且生产出来的糖液质量差。自 20 世纪 60 年代以来，国外在酶水解理论研究上取得了新进展，使淀粉水解取得了重大突破，日本率先实现工业化生产，随后其他国也相继采用了这种先进的制糖工艺。酶解法制糖工艺是以作用专一性的酶制剂作为催化剂，因此反应条件温和，复合材料和分解反应少，因此采用酶法生产不仅可提高淀粉的转化率及糖液的浓度，而且还可大幅度地改善糖液的质量，是目前最为理想、应用最广的制糖方法。

目前我国大部分淀粉糖厂都采用的是酶法生产淀粉糖的生产工艺。

（1）生产工艺

马铃薯淀粉→调乳→酶液化→加热→酶糖化→脱色→过滤→浓缩→精制→成品。

①液化

液化就是利用淀粉酶（液化酶）将糊化后的淀粉水解成糊精和低聚糖，即将一定淀粉酶先混入淀粉乳中，加热到一定温度后淀粉糊化、液化。虽然淀粉乳浓度达40%，但液化后流动性强，操作并无困难。常用的液化方法有：

a. 高温液化法。浓度为30%~40%的淀粉乳或淀粉质原料用盐酸调节pH值到6.0~6.5，加入氯化钙调节离子浓度到0.01mol/L，加入需要量的液化酶，在保持剧烈搅拌的情况下，加热到85~90℃，在此温度下保持30~60min达到需要的液化程度。或者将淀粉乳直接喷淋到90℃以上的热水中，然后从罐底放出，在保温容器中保温40min。此法需要的设备和操作都简单，但液化效果差，经过糖化后，糖化液的过滤性质差。

b. 喷射液化法。喷射液化法是通过喷射器，使蒸汽直接喷入淀粉乳薄层，使淀粉糊化、液化。蒸汽喷射产生的湍流使淀粉受热快而均匀，黏度降低也快。将液化的淀粉乳引入保温桶中，在85~90℃温度下保温约40min，达到需要的液化程度。此法的优点是液化效果好，蛋白质类杂质的凝结好，糖化液的过滤性质好，设备少，也适于连续操作。马铃薯淀粉液化容易，可用浓度为40%的淀粉乳。

实例：两次加酶喷射液化工艺（DDS公司），流程如下：调冷却浆→配料→一次喷射液化→液化保温→二次喷射→高温维持→二次液化→冷却→（糖化）（见图14-3）。

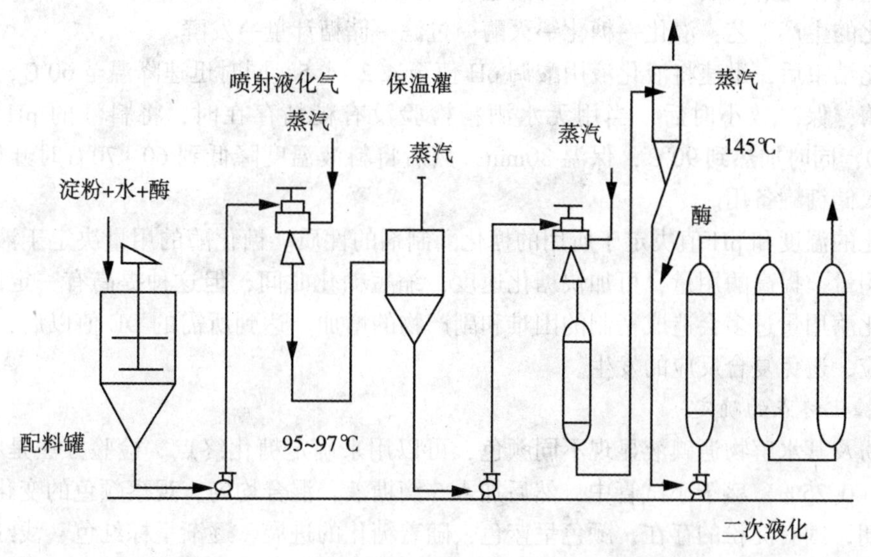

图14-3　两次加酶喷射液化工艺（DDS公司）图示

在配料罐内，先将淀粉加水调浆成淀粉乳，然后用Na_2CO_3调pH值为5.0~7.0，再加入0.15%的$CaCl_2$作为淀粉酶的保护剂和激活剂，最后加入耐高温α-淀粉酶。料液经搅拌均匀后用泵打入喷射液化器，在喷射器中出来的料液和高温蒸汽接触，料液在很短时间内升温至95~97℃，此后料液进入保温罐保温60min，温度保持在95~97℃，然后进行二次喷射。在第二只喷射器内料液和蒸汽直接接触，使温度迅速增至145℃以上，并在维持罐内维持该温度3~5min左右，彻底杀死耐高温的α-淀粉酶。然后料液经真空闪急冷却系统进入二次液化罐，将温度降低到 95~97℃，在二次液化罐内加入耐高温 α-淀粉酶，液化 30min，用碘呈色试验合格后，结束液化。

c. 酸液化法。40%的淀粉乳用盐酸或硫酸调节 pH 值为 1. 1~2. 2，在 130~145℃下加热 5~10min，当 DE 值约为 15 时，降温、中和。酸法适合不同种淀粉的液化，液化液过滤性好，但水解专一性差，副产物多。

②酶糖化

酶糖化是利用糖化酶将液化产生的糊精和低聚糖进一步水解成葡萄糖或麦芽糖。淀粉糖工业上应用的糖化酶为 β-淀粉酶、葡萄糖淀粉酶和异淀粉酶。

a. β-淀粉酶。β-淀粉酶又称麦芽糖酶，工业上用的 β-淀粉酶来自发芽大麦，俗称麦芽酶。它是最早应用的淀粉酶，水解产物是麦芽糖，主要用于酿酒和饴糖生产，已有悠久的历史。这种麦芽糖酶实际上是 α-淀粉酶和 β-淀粉酶的混合物，α-淀粉酶起液化作用，β-淀粉酶起糖化作用，这对工业应用是有利的。近年来，发现不少微生物产生的 β-淀粉酶在耐热性等方面都优于高等植物的 β-淀粉酶，更适合工业应用。

b. 葡萄糖淀粉酶。葡萄糖淀粉酶对淀粉的水解作用与 β-淀粉酶相似，也是从淀粉分子的还原性末端开始依次水解 α-1，4-葡萄糖苷键，所不同的是该酶以葡萄糖为单位逐个进行水解生成葡萄糖。该酶的底物专一性很低。

酶糖化工艺比较简单，将淀粉液化液引入糖化罐中，调节到适当的温度和 pH 值，混入需要量的糖化酶制剂，保持一定时间达到所需 DE 值即完成糖化过程。

糖化的生产工艺：液化→糖化→灭酶→过滤→储糖计量→发酵。

液化结束后，迅速将液化液用酸调 pH 值至 4. 2~4. 5，同时迅速降温至 60℃，然后加入糖化酶，保温数小时后，当用无水酒精检验没有糊精存在时，将料液的 pH 值调至 4. 8~5. 0，同时加热到 90℃，保温 30min，然后将料液温度降低到 60~70℃时开始过滤，滤液进入储糖罐备用。

糖化的温度和 pH 值决定于所用的糖化酶制剂的性质。糖化酶的用量决定于液化液的浓度和用量，提高酶用量，可加快糖化速度，缩短糖化时间，但这种提高有一定的限度，因为糖化酶用量过多会造成精制的困难和副产物的增加。达到所需的 DE 值以后，应立即停止反应，避免复合反应的发生。

3. 糖化终点的确定

淀粉及其水解物遇碘液显现不同颜色，可以用来确定糖化终点。检验方法是将 10mL 稀碘液（0. 25%）盛于小试管中，然后加入 5 滴糖液，混合均匀，观察颜色的变化。在糖化的初期，因有淀粉的存在，颜色呈蓝色，随着糖化的进展，逐渐呈棕红色、浅红色。可以取所需 DE 值的糖浆和稀碘液混合均匀，制成标准色管。把罐中所取糖浆和稀碘液混合均匀后所成的颜色与标准管颜色比较，以确定所需的糖化终点。由于生产结晶葡萄糖需要糖化程度较高，需用酒精试验糖化进行的程度。取糖化液试样，滴几滴于酒精中，呈白色糊化沉淀。随着糖化的进行，糊精被水解，白色沉淀逐渐减少，最后无白色沉淀生成，再糖化几分钟，DE 值即可达到 90~92，此时应即时放料。糖化时间过久不但不能增高糖化的程度，反而促进葡萄糖的复合与分解反应，降低糖化液的 DE 值，加深颜色，增加脱色精制的困难。所以，糖化时间不应过长。

实例：双酶法制糖工艺流程（见图 14-4）。

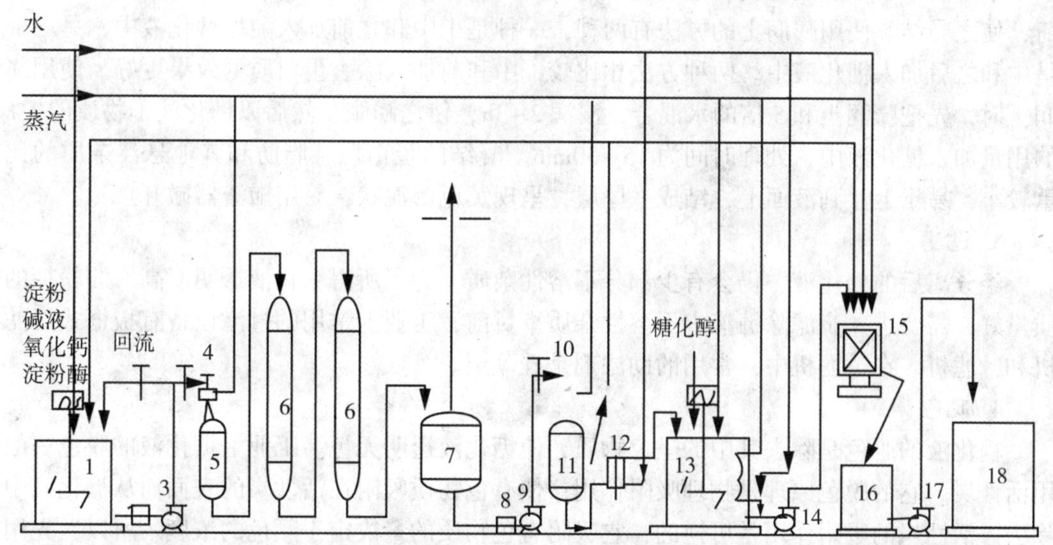

1、4—调浆配料槽；2、8—糖化锅炉；3、9、14、17—泵；4、10—喷射回执器；5—缓冲器；
6—液化层流罐；7—液化储罐；11—灭酶罐；12—板式换热器；13—糖化罐；
15—压滤机；16—糖化暂储罐；18—储糖槽

图 14-4　双酶法制糖工艺流程图

4. 酸酶结合法

由于酸法工艺在水解程度上不易控制，现许多工厂采用酸酶法，即酸法液化、酶法糖化。在酸法液化时，控制水解反应，当 DE 值在 20%~25%时即停止水解，迅速进行中和。调节 pH 值为 4.5 左右、温度为 55~60℃后加葡萄糖淀粉酶进行糖化，直至达到所需 DE 值，然后升温、灭酶、脱色、离子交换、浓缩。

酸酶法的生产工艺：马铃薯淀粉→调乳→酸液化→中和→过滤→冷却→酶糖化→脱色→过滤→浓缩→精制→成品。

14.1.2　糖化液精制

糖化液精制的目的就是尽可能地除去糖化液中的各种杂质，提高糖浆的质量，也有利于糖的结晶。酸法糖化液的主要精制工序为中和、过滤、脱色、浓缩。灭酶和脱色可同时进行，在 80~90℃的温度下，加入活性炭保持 20~30min，过滤即可。

1. 中和

中和工序是用碱中和糖化液中的酸，并使蛋白质类物质凝结。使用盐酸做催化剂时，用碳酸钠中和；用硫酸做催化剂时，用碳酸钙中和；草酸也用碳酸钙中和。中和时使用的碱液浓度一般为 2%~5%，温度在 85℃左右为宜，中和到蛋白质的等电点 pH 值为 4.8~5.2。当糖化液 pH 值达到这一范围时，蛋白质胶体处于等电点，净电荷消失，胶体凝结成絮状物，有利于下一工序分离的进行。

2. 分离

为了能更好地促进蛋白质类物质的凝结，常添加带有负电荷的胶性黏土（如膨润土）作为澄清剂。膨润土的主要成分为硅酸铝，呈灰色，遇水吸收水分，体积膨胀。膨润土分散于水溶液中会带有负电荷，它的悬浮液加入糖化液中能中和蛋白质类胶体物质的正电荷，使之凝结。使用膨润土的方法有两种，一种是于中和之前加入酸性糖化液中，另一种是中和之后加入糖化液中。两种方法相比较，中和前加入除去蛋白质的效果更好。使用膨润土时，先把膨润土和5倍的水混合，浸润2~3h，使之膨胀，然后以糖化液干物质的1%的用量加入糖化液中，处理时间为15~30min。凝结的蛋白质、脂肪和其他悬浮杂质的比重较小，易于上浮到液面上，结成一厚层，呈现黄色污泥状，易用撇渣器撇开。

3. 过滤

经分离后的糖化液，仍会有少部分不溶性杂质，为了所得糖化液透明度高，淀粉糖的质量好，需要进一步滤除糖液中不溶性杂质。目前，工业上常用的过滤设备有板框式压滤机和叶滤机。在过滤机中，常用的助滤剂是硅藻土。

4. 脱色

糖化液的脱色是除去其中的呈色物质，使糖化液透明无色。工业上糖化液的脱色一般用活性炭。它的脱色原理是物理吸附作用，使有色物质吸附在活性炭的表面而从糖化液中除去。活性炭的吸附作用是可逆的，它吸附有色物质的量决定于颜色的浓度。所以，先用于颜色较深的糖化液后的活性炭，不能再用于颜色较浅的糖化液。反之，先用于颜色浅的糖化液的活性炭，仍可再用于颜色较深的糖化液。工业生产中脱色便是根据这种道理，用新鲜的活性炭先脱色颜色较浅的糖化液，再脱色颜色较深的糖化液，然后弃掉。这样可以充分发挥活性炭的吸附能力，减少炭的用量。这种使用方法在工业上称为逆流法。

在工业生产中影响吸附作用的最重要的因素为温度和时间。活性炭脱色温度一般保持在80℃左右，在这样较高的温度下，糖化液的黏度较低，易于渗入活性炭的多孔组织内部，能较快地达到吸附的平衡状态。吸附过程实际是瞬时完成的，但因为糖浆具有黏度，并且活性炭的用量很少，达到吸附平衡需要一定的时间。一般需要30min。活性炭的用量和达到吸附平衡的时间成反比，用量多，时间可缩短。

使用粉末活性炭来脱色时，将活性炭与糖化液充分混合，在pH值为4.0、温度为80℃的条件下脱色30 min，然后过滤。脱色操作时，用新活性炭先脱色浓糖浆（浓度约55%），收回活性炭滤饼，用于脱色稀糖浆（浓度约40%），再收回活性炭滤饼，用于脱色中和糖浆液。活性炭滤饼重复使用时一般不洗涤，但最后一次脱色后要弃掉，需要用水洗，收回裹带的糖分。

使用颗粒活性炭来脱色时，可以把活性炭装于圆柱形直立脱色罐中，过滤后的清糖液由罐底进入，向上流经炭床，由罐顶流出。每脱色8h，暂时停止流通糖液，由罐底放出少量废炭进行再生，同时由罐顶加入同量的新炭或再生炭。如此一来，糖浆向上流经炭床时，先与已使用较久、脱色能力较低的活性炭接触，最后与脱色能力强的新活性炭或再生活性炭接触，糖液与活性炭的流动呈相反的方向，称为“活动床工艺”。

5. 离子交换树脂精制

离子交换树脂具有离子交换和吸附作用，淀粉糖化液经脱色后再用离子交换树脂精制，能除去几乎全部的灰分和有机杂质，进一步提高纯度。离子交换树脂除去蛋白质、氨基酸、羟甲基糠醛和有色物质等的能力比活性炭要强。应用离子交换树脂精制过的糖化液生产糖浆，结晶葡萄糖或果葡糖浆，产品质量都大大提高，糖浆的灰分含量降低到约0.03%，仅约为普通糖浆的1/10，因为有色物质被除得彻底，放置很久也不会变色。生产结晶葡萄糖，会使结晶速度快，产品质量和产品率都较高而生产果葡糖浆，由于灰分等杂质对异构酶稳定性有不利影响，也需要用离子交换树脂精制糖化液。

淀粉糖生产应用的阳离子交换树脂为强酸苯乙烯磺酸型，如上海出产的732、美国的Amberhte IR-120等。阴离子交换树脂为弱碱性丙烯酰胺叔胺型，如上海产的701、705和美国的Amberlite IRA-93等。树脂装在圆桶形树脂滤床中，若用阳离子和阴离子交换树脂滤床串联应用，能将溶液中的离子全部除掉。糖液由上而下流经离子交换树脂滤床，顶部的离子交换树脂与糖液接触，发生交换现象，一段时间后，这部分离子交换树脂能力消失，糖液再与较低部分的离子交换树脂发生交换作用。如此，离子交换区域逐渐向下移动，糖液先与交换能力已消失的离子交换树脂相遇，最后与尚未发生交换的新离子交换树脂相遇，这是一个逆流交换过程，效率较高。

离子交换树脂具有一定的交换能力，达到一定限度后不能再交换，需用酸或碱处理再生。阳离子交换树脂用5%~10%盐酸再生，阴离子交换树脂用4%的氢氧化钠再生。阳、阴离子交换树脂使用一段时间后，其离子交换能力都降低，再生处理后也不能恢复其原有能力，这时需要更换新的离子交换树脂。

6. 浓缩

中和过滤后的糖化液浓度较低，为15°Bé左右。为了有利于脱色，需要将其送至多效蒸发罐内进行浓缩，一般是在60~80℃下浓缩到约26°Bé，然后进入脱色工序。离子交换树脂精制后的淀粉糖化液浓度仍较低，需要进一步浓缩，一般是在55~60℃下浓缩至42~43°Bé、含水量约为16%，这种经过精制的浓缩糖浆即为淀粉糖浆成品。

14.2 马铃薯淀粉糖加工工艺

14.2.1 麦芽糊精

以淀粉为原料水解到DE值在20以内的产品称为麦芽糊精。麦芽糊精的主要成分是糊精和四糖以上的低聚糖，还含有少量麦芽糖和葡萄糖。麦芽糊精的生产工艺一般用酶法和酸酶结合法两种。酸法水解产品过滤困难，产品的溶解度低，易变混浊或凝沉，工业生产一般不使用此法。生产DE值为5~20的产品常用酶法生产。对于生产DE值为15~20的产品时，也可用酸酶结合法，先用酸转化淀粉使DE值为5~12，再用α-淀粉酶转化使DE值为15~20。采用这种方法生产的产品与酶法生产的相比，过滤性质好，透明度高，不变混浊，但灰分较酶法稍高。

1. 生产工艺

淀粉糊精→加α-淀粉酶液化→升温灭酶→脱色过滤→真空浓缩→浆状产品→喷雾干燥→粉状产品。

2. 操作要点

(1) 浆

先将淀粉调成21°Bé，再用碳酸钠溶液将浆液的pH值调到6.0~6.5，用醋酸钙调节钙离子浓度为0.01mol/L。

(2) 液化

加入一定量的液化酶，用喷射液化器进行糊化、液化。淀粉浆的温度从 35℃ 升高到 148℃，经过液化的淀粉浆由喷射液化器下方卸出，引入保温罐中，当温度达到 85℃时再把剩余的酶加入；放置 20～30min。经过液化的液化液，DE 值可达到 15～22，pH 值为 6～6.5。

(3) 脱色过滤

在液化液中直接加入活性炭混合均匀，脱色 20～30min。然后利用板框过滤机进行过滤，成为无色透明的液体。

(4) 浓缩

在真空浓缩蒸发器中将糖液进行浓缩，通过浓缩使麦芽糊精的浓度从 35%增加到 60%左右。

(5) 喷雾干燥

将浓缩后的麦芽糊精进行喷雾干燥，成为疏松粉状麦芽糊精。产品需要严密包装以防受潮。

3. 产品特点

麦芽糊精具有许多独特的理化性能，如水溶性好、耐熬煮、黏度高、吸潮性低、抗蔗糖结晶性高、赋形性质好、泡沫稳定性强、成膜性好以及易于人体吸收等。这些特点使它在固体饮料、糖果、果脯蜜饯、饼干、啤酒、婴儿食品、运动员饮料及水果保鲜等多种食品的加工和生产中得到应用，是一种多功能、多用途的食品添加剂，是食品生产的基础原料之一。

14.2.2　低聚糖

低聚糖主要成分为麦芽糖、麦芽三糖至麦芽八糖等低聚糖，它是含很少葡萄糖和糊精的产品。这种糖品葡萄糖含量很低、甜度低、黏度高、吸潮性低。

1. 生产工艺

α-淀粉酶　低聚糖酶　活性炭
↓　↓　↓
淀粉调浆⟶液化⟶糖化⟶脱色→过滤→真空浓缩→低聚糖（固形物 70%以上）。

2. 生产简介

美国、日本的低聚糖产品中，麦芽四糖或麦芽五糖含量较高（30%～50%），麦芽三糖占 5%～15%，麦芽糖占 2%～8%，葡萄糖占 5%～10%。我国研制生产的低聚糖精产品中，麦芽糖占 25%，麦芽三糖占 25%，麦芽四糖、麦芽五糖、麦芽六糖的含量都高达 12%～15%，从麦芽三糖到麦芽七糖占总糖的 70%以上。这是因为所采用的低聚糖酶的来源和性质不同所致。美国、日本多采用灰色链霉菌、施氏假单胞菌、假单胞菌产生的低聚糖酶，而我国多用高温根霉菌产生的低聚糖酶。

3. 产品特点

低聚糖作为新型的甜味剂，与其他甜味剂相比，在许多方面具有独特的优点。

(1) 保健功能

低聚糖具有抑制肠道中腐败菌的生长、增加人体免疫功能的作用。同时，低聚糖的食用可阻碍牙垢的形成和在牙齿上的附着，从而防止了微生物在牙齿上大量繁殖，达到防龋齿的目的。因此低聚糖在美国、日本等已经很流行，它被应用于食品工业的许多品种中，尤其是病人、老人和儿童的滋补食品。

(2) 甜度

低聚糖甜度低于蔗糖。如果以蔗糖的甜度为100，则葡萄糖的甜度为70，麦芽糖的甜度为44，麦芽三糖的甜度为32，麦芽四糖的甜度为20，麦芽五糖的甜度为17，麦芽六糖的甜度为10，麦芽七糖的甜度为5。随着聚合度的增加甜度下降，麦芽四糖以上只能隐约地感到甜味，但味道良好，没有饴糖的糊精异味。低甜度的糖品是一种优良的食品原料，与其他各种食品混合后不会对口味产生不好的影响，而且能够大量使用。与高甜度甜味剂混用，起到改善口味、消除腻感的作用，混于酒精饮料中可以减少酒精刺激性，起到缓冲效果。

(3) 黏度

麦芽三糖以上至麦芽七糖之间黏度存在着明显的差异，麦芽二糖的黏度特性与蔗糖相同，麦芽三糖以上黏度随着聚合度增加而增加，麦芽七糖至麦芽十糖黏度极高，使食品有浓稠感。较低聚合度的麦芽二糖、麦芽三糖和麦芽五糖仍能保持较好的流动性，是应用于营养口服液、病后营养滋补液等的糖源。

(4) 水分活度和渗透压

与其他糖品相比，相同浓度的低聚糖水分活度大、渗透压小，因此适用于调节饮料、营养补液等的渗透压，减少渗透压性腹泻，提高人体对营养物质和水分的吸收速度和效率。

(5) 其他特性

低聚糖在人体内具有很高的利用率，它的利用率甚至超过葡萄糖与蔗糖，糖的聚合度越高其利用率也越高。低聚糖脂对于氨基酸引起的美拉德反应有很高的稳定性，所以用低聚糖作为甜味剂，可以避免食品着色。大部分低聚糖还具有抗老化和不易析出结晶的优点，低聚糖还可以形成具有光泽的皮膜，对各种蜜饯以及食品有特殊的利用性。

14.2.3 葡萄糖浆（全糖）

葡萄糖浆采用全酶法生产，糖化液含葡萄糖百分率达95%~97%（干基计），其余为低聚糖。它纯度高，甜味纯正，适用于食品工业。产品可经喷雾干燥制成颗粒状，也可经冷凝成块状，然后再加工成粉末状产品，成为粉末葡萄糖。全糖质量虽然低于结晶葡萄糖，但工艺简单，成本低。

1. 生产工艺

液化酶 糖化酶
↓ ↓
淀粉乳→液化→糖化→过滤澄清→活性炭脱色→离子交换→浓缩→干燥→成品。

2. 操作要点

(1) 淀粉液化

先将淀粉调成21°Bé，然后用碳酸钠溶液将浆液 pH 值调到6.0~6.5，再加入醋酸钙调节钙离子浓度为0.01mol/L，最后加入需要的液化酶，用泵均匀输入喷射液化器，进行糊化、液化。淀粉浆温度从35℃升高到148℃。经过液化的淀粉浆由喷射液化器下方卸出，引入保温罐中，当温度到 85℃时再把剩余的酶加入，放置 20~30min，冷却后转入糖化工艺。

（2）糖化

经过液化的液化液，DE 值达到 15~22，pH 值为 6.0~6.5。将液化液降温到 60℃左右，并用盐酸调节 pH 值到 4.0~4.3，加入所需糖化酶充分混合均匀，保持 60℃左右的温度进行糖化。糖化作用时间需 48~60h，糖化后要求 DE 值达 97~98。

（3）澄清过滤

糖化液中含有一些不溶性的物质，须通过过滤器除去。过滤用回转式真空过滤器，在使用前先涂一层助滤剂，然后将糖化液送入过滤器中过滤，所得澄清糖液收集于贮液罐内，等待脱色。

（4）脱色过滤

将糖液用泵送至脱色罐（内装有搅拌器械），加热至 80℃，加入活性炭混合均匀，脱色时间为 20~30min。然后打入回转式真空过滤器中进行过滤，以除去活性炭，过滤的糖液收集于贮液罐内。

（5）离子交换

离子交换柱设有三套，其中两套连续运转，一套更换使用。每一套离子交换柱可连续运转 30h，经脱色的糖液由上而下流过，进行离子交换，除去糖液中的离子型杂质（如无机盐、氨基酸）和色素，成为无色透明的液体。

（6）浓缩

在浓缩蒸发器中将糖液进行浓缩，通过浓缩使葡萄糖液的浓度从 35% 提高到 54%~67%。

（7）喷雾结晶干燥

将糖液浓缩到 67%，混入 0.5%含水 α-葡萄糖晶中，在 20℃下结晶，保持缓慢搅拌 8h 左右，此时糖液中有 50%的结晶出来。所得糖膏具有足够流动性，仍能用泵运送到喷雾干燥器中。经喷雾干燥后的成品，一般所含水分约为 9%。

14.2.4　中转化糖浆

中转化糖浆（DE 值 38~42）是生产历史最久、应用较多的一种糖浆，又常称为“标准”糖浆。它广泛应用于饮料、糖果、糕点等食品及医药用糖浆生产。

1. 生产工艺

生产中转化糖浆，国内外一般都采用酸法工艺，主要的工序有糖化、中和、脱色和浓缩等。糖浆的品级有特级、甲级和乙级 3 种。甲级糖浆的生产工艺流程如下：淀粉原料、水、盐酸→调粉→淀粉乳（pH 值 1.8，浓度 40%）→糖化（压力 274.4kPa，温度 142℃）→废炭、适量碳酸钠溶液中和（pH 值 4.8）→过滤→中和糖浆→冷却（60℃）→活性炭第一次脱色→过滤→离子交换（pH 值 3.8~4.2）→第一次蒸发（42%~50%干固物）→活性炭第二次脱色→过滤（pH 值 3.8~4.2）→第二次蒸发→成品。

2. 操作要点

（1）调粉

在调粉桶内先加部分水（可使用离子交换或过滤机洗水），在搅拌条件下加入淀粉原料，投料完毕，继续加水使淀粉乳达到规定浓度（40%），然后加入盐酸调节至规定pH值。

（2）糖化

调好的淀粉乳，用耐酸泵送入糖化罐，进料完毕后打开蒸汽阀，把压力提高至274.4kPa左右，保持该压力3~5min。取样，用20%碘液检查糖化终点。糖化液遇碘呈酱红色时即可放料中和。

（3）中和

糖化液转入中和桶中进行中和，开始搅拌时加入定量废炭做助滤剂，逐步加入10%碳酸钠溶液，中和要注意混合均匀，达到所需的pH值后，打开出料阀，用泵将糖液送入过滤机。滤出的清糖液随即送至冷却塔，冷却后将糖液进行脱色。

（4）脱色

清糖液放入脱色桶内，加入定量活性炭，随加随搅拌，脱色搅拌时间不得少于5min（指糖液放满桶后），然后再送至过滤机，滤出清液盛放在储桶内备用。

（5）离子交换

将第一次脱色后滤出的清液送至离子交换滤床进行脱盐提纯及脱色。糖液通过阳-阴-阳-阴4个树脂滤床后，在储糖桶内调节pH值至3.8~4.2。

（6）第一次蒸发

离子交换后，准确调好pH值的糖液利用泵送至蒸发罐中，保持真空度在66.7kPa以上，加热蒸汽压力不得超过98kPa，控制蒸发浓缩的中糖浆浓度在42%~50%，即可出料进行第二次脱色。

（7）二次脱色过滤

经第一次蒸发后的中糖浆送至脱色桶，再加入定量新鲜活性炭，操作同第一次脱色。二次脱色糖浆必须反复回流，过滤至无活性炭微粒为止，方可保证质量，然后将清透、无色的中糖浆送至储糖桶。

（8）第二次蒸发

第二次蒸发操作基本上与第一次蒸发相同，只是第二次蒸发开始后，加入适量亚硫酸氢钠溶液（35°Bé）能起到漂白而保护色泽的作用。蒸发到规定的浓度，即可放料至成品桶内。

14.2.5 马铃薯水晶饴糖

饴糖是重要的马铃薯深加工产品，是糖果、糕点、果酱、罐头等食品的必备原料。马铃薯饴糖味甘性温，为药食兼用之品。它营养价值高，主要有健胃、止咳（可用于治疗肺津亏虚所致的久咳痰少）、滋补等功能；能补脾益气，故中医凡治脾虚中寒的复方中多配用饴糖；可纠正营养不良状态；短气乏力、咽喉燥痒者，可单用饴糖或与其他药配伍应用；也常作为婴幼儿营养食品。

1. 原料选择

精选无发霉、无腐烂、芽眼浅、个大且薯形整齐、成熟度好的马铃薯块茎。

2. 生产工艺

原料处理→蒸煮→打浆→液化→糖化→熬制（浓缩）→干燥→饴糖糖果或饴糖粉→

包装。

3. 操作要点

（1）原料处理

将马铃薯原料投入不锈钢清洗池充分清洗后，削皮并切成2mm厚的薄片，然后送入浸泡池浸泡5~30min，以防止马铃薯褐化。

（2）蒸煮

从浸泡池中沥出马铃薯片，入离心机脱水后送蒸柜加温蒸至熟透。

（3）打浆

以打浆机的打浆时间为35~45min来制浆。原浆制好后加入35~75℃的热水混合成水浆，再用食碱将水浆液的pH值调为6.2~6.4后备用。

（4）液化

浆液调至25%~35%、加入0.1% $CaCl_2$，α-淀粉酶2.0U/g马铃薯，入夹层锅中加热液化，液化时间为15~45min，液化温度为70~95℃，调节pH值为5.6~6.8。

（5）糖化

将液化后的浆液降温至60~65℃，加入糖化酶30U/g马铃薯，充分搅拌均匀，糖化反应时间150~210min，糖化反应温度为55~65℃，pH值为4.6~5.4。

（6）饴糖糖果生产

将糖化液、白砂糖、柠檬酸等原料加入调配罐，搅拌均匀后送入熬糖锅熬制，待出锅时加入预先融化好的琼脂，然后冷却至45~50℃，再由浇注成型机定型，约3h稳定后放入干燥箱干燥，干燥箱保持45℃以下，当含水量降到8%时可以冷却、包装。

饴糖呈淡黄色或金黄色，水晶透明度突出，组织均匀细腻、无结块，味甜柔和，有蒸煮或烤马铃薯特有的香味，具有良好弹性和韧性，不粘牙，无异味，无肉眼可见杂质。

（7）饴糖粉生产

将糖化液泵入板框压滤机过滤去渣，再加入少量水，搅拌至糊状，再次装袋过滤，反复多次直至滤液呈透明、无杂质。过滤后的液体送入活性炭脱色罐中，继续升温使糖液温度达到100℃，保持30 min左右将糖液送入箱式过滤机，再用阳离子、阴离子交换罐进行离子交换，之后采用单效浓缩器浓缩糖液至浓度达到60%进行喷雾干燥，即得饴糖粉。

14.2.6　马铃薯渣生产饴糖

马铃薯渣是提取淀粉后的下脚料，利用薯渣制饴糖，可变废为宝。下面介绍适合于农村加工饴糖的生产技术。

1. 生产工艺

麦芽制备→配料、糊化→糖化→熬制→饴糖。

2. 操作要点

（1）麦芽制备

将大麦在清水中浸泡1~2h，水温保持在20~25℃。将大麦捞起，放在25℃的室内进行发芽，每天洒水2次。4d后麦芽长到2cm以上即可。

（2）配料、糊化

马铃薯渣研碎、过筛，加入25%的谷壳，把8%的清水洒在配好的原料上，拌匀后放置1h。将混合料分3次上屉蒸制，第一次加料40%，上汽后加料30%，再次上汽后加入余下的混合料，从蒸汽上来时计算，蒸2h。

（3）糖化

料蒸好后放入桶中，加入适量浸泡过麦芽的水，搅拌均匀。当温度降至60℃时，加入制好的麦芽，麦芽用量为料重的10%。再拌匀，倒入适量麦芽水，待温度降至54℃时，保温4h（加入65℃的温水保温），充分糖化后，把糖液滤出。

（4）熬制

将上述得到的糖液放入锅内，熬糖浓缩。开始火力要猛，随着糖液浓缩，火力逐渐减弱，并不停地搅拌，以防焦化。最后以小火熬制，浓缩至40°Bé时，即成饴糖。

14.2.7 焦糖色素

焦糖色素是一种天然着色剂，被广泛用于食品、医药、调味品、饮料等行业。焦糖色素的生产可用各种不同来源、不同加工工艺的糖质原料，常用淀粉质原料生产或直接用糖浆生产。生产工艺多用常压氨法，基本原理是糖质原料中的还原糖与氨水在高温下发生美拉德反应，生成有色物质。焦糖色素的颜色深浅用色率（EBC）表示，色率的高低与糖质中还原糖含量、氨水用量、反应温度等因素有关，一般糖质中还原糖的含量（DE）值越高，色素色率越高。

1. 生产工艺

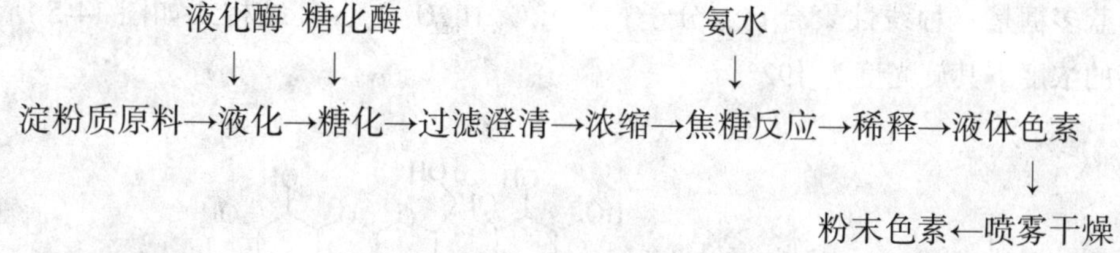

2. 操作要点

（1）糖化

淀粉质原料可以直接利用马铃薯或其淀粉，其液化、糖化工艺与葡萄糖浆生产工艺相同，可以采用双酶法、酸法或酸酶结合法。使用糖浆、糖蜜等作为原料时，可直接浓缩进行焦糖反应。

（2）澄清过滤

糖化液中含有一些不溶性的物质，须通过过滤器除去。可采用板框过滤机、回转式真空过滤器等进行过滤，在过滤前先涂一层硅藻土作为助滤剂。如果生产高质量的色素，还需进行脱色、离子交换处理，其处理方法与葡萄糖浆生产工艺相同。

（3）浓缩

糖化液浓缩可以直接采用常压蒸发器进行浓缩，直至糖液变浓，温度达到135~140℃。

（4）美拉德反应

分次加入氨水（浓度为20%~25%）进行反应，反应温度维持在140℃左右。氨水的用量是糖液干物质的20%，反应时间为2h。

（5）液体色素

反应结束后，加水稀释到35°Bé、色率为3.5万EBC单位左右，包装后即为成品液体焦糖色素。

（6）粉末色素

将上述液体色素喷雾干燥或将不经稀释的膏状色素经真空干燥后粉碎，即得粉末固体焦糖色素，色率在8万~10万EBC单位。

14.3　普鲁蓝多糖生产

普鲁蓝多糖（Pullulan）又称短梗霉多糖，是由出芽短梗霉（*Aureobasidium pullulans*）菌体分泌的一种胞外水溶性大分子中性多糖。1958年，Bernier首次发现出芽短梗霉可以产生一种细胞外多糖，并从发酵液中提取到该多糖。目前，尚无从自然界中分离到普鲁蓝多糖的报道，普遍采用生物合成法生产普鲁蓝多糖。

普鲁蓝多糖具有极佳的成膜性、成纤维性、阻氧性、可塑性、黏结性及易自然降解等独特的理化和生物学特性，无毒无害，对人体无任何副作用，用途广泛。因此，普鲁蓝多糖是一种具有极大开发价值和前景的多功能新型生物制品。

14.3.1　普鲁蓝多糖的结构和性质

1. 结构

普鲁蓝多糖是一种线性聚合物，分子式为（$C_{37}H_{62}O_{30}$）$_n$，其结构式如图14-5所示。在10g/L的浓度下其旋光度为192°。

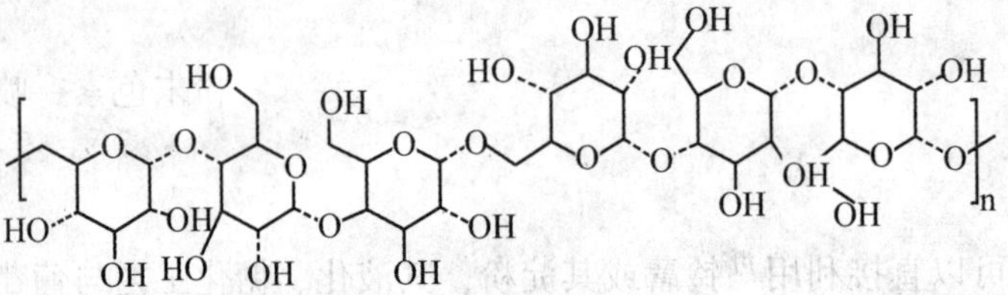

n=100~500

图14-5　普鲁蓝多糖结构式（α-1，4和α-1，6）

普鲁蓝多糖是以α-1，6-糖苷键结合麦芽糖构成同型多糖为主，即葡萄糖按α-1，4-糖苷键结合成麦芽三糖，两端再以α-1，6-糖苷键同另外的麦芽三糖结合，如此反复连接而成的高分子多糖。α-1，4键与α-1，6键比例为2∶1，聚合度大约为100~5000，其分子量因产生菌种和发酵条件的不同而有较大的变化，一般为5.0×10^4~5.0×10^6D（日本商品普鲁蓝多糖平均分子量为2×10^5，大约由480个麦芽三糖组成）。该糖一般没有分支结构，但由于菌种和底物的不同，多糖链中麦芽三糖偶尔也会被极少量麦芽四糖或葡萄糖残基所取代，某种情况下，也会有支链结构存在。

2. 性质

普鲁蓝多糖为白色非结晶性粉末，无味无臭，易溶于水、二甲基甲酰胺，不产生胶凝作用，溶液黏稠稳定，呈中性，不溶于醇、醚、氯仿等有机溶剂中。其完全酸水解的产物全部是葡萄糖分子，部分酸水解因水解条件的不同而产生各种寡聚糖，在高碘酸氧化作用下的主要产物是甲酸。在碘液中不显色，茚三酮反应呈阴性，但在斐林试剂中出现蓝色沉淀。完全燃烧后无任何有害气体产生、无残留物，仅释放出二氧化碳。溶液的黏稠性与阿拉伯胶相同，具有非常优良的耐盐、耐酶、耐热、耐 pH 值变化的增稠作用。造膜性强，其水溶液在金属板上干燥后形成的薄膜，对氧、氮的阻气性强。易形成水溶性的可食薄膜，与其他水溶性高分子物质的相容性良好。它的性质主要集中在以下几个方面。

（1）无毒性，安全性

根据普鲁蓝多糖的急性、亚急性和慢性毒性试验以及变异源性试验的结果，即使普鲁蓝多糖的投用量达到 LD50（半致死剂量）的界限量 15g/kg，普鲁蓝多糖都不会引起任何生物学毒性和异常状态的产生，所以用于食品和医药工业安全可靠。

（2）溶解性

普鲁蓝多糖能够迅速溶解于冷水或温水，溶解速度比羧甲基纤维素、海藻酸钠、聚丙烯醇、聚乙烯醇等快两倍以上，溶液呈中性，不离子化、不凝胶化、不结晶。它还可以与水溶性高分子如羧甲基纤维素、海藻酸钠和淀粉等互溶，不溶于乙醇、氯仿等有机溶剂。但普鲁蓝多糖酯化或醚化后，理化性质将随之改变。根据置换度不同，它可以分别溶于水和丙酮、氯仿、乙醇及乙酸乙酯等有机溶剂。

（3）稳定性

普鲁蓝多糖的分子呈线状结构，因此与其他多糖类相比，普鲁蓝多糖水溶液黏性较低，不会形成胶体，是粘附性强的中性溶液，不易受 pH 值或各种盐类影响，尤其是能对食盐维持稳定的黏度。当普鲁蓝多糖混合硼、钛等元素，其黏度会急剧增大。此外，pH 值在 3 以下时若长时间加热，会和其他多糖一样部分分解，从而导致溶液黏度下降。

（4）润滑性

普鲁蓝多糖是一种牛顿流体，尽管黏度低，但是具有优良的润滑性，用于食品时具有勾芡作用（做汤做菜时加上芡粉使汁变稠），最适合用于佐料汁、调味剂等产品中。

（5）黏合性、凝固性

普鲁蓝多糖具有非常强的黏合力，在喷涂后风干，可以稳定黏合食品（特别是干燥食品）。同时，它也具有较强的凝固力，在制成药片或制成颗粒时最适合作为黏合剂使用。

（6）覆膜性

普鲁蓝多糖具有优良的覆膜性，容易在食品、金属等表面形成涂层。同时，由普鲁蓝多糖水溶液形成的易溶水性、无色透明、强韧的薄膜，具有阻气性、保持芳香性、耐油性、电绝缘性等特性，用于食品时，可使食品表面增添光泽并起保鲜作用。

（7）分解性

据体内酶的消化试验或白鼠的成长试验结果证实，普鲁蓝多糖与纤维素、琼脂等的分解性相同，是一种难消化的多糖类。普鲁蓝多糖在动物消化器官内的消化酶作用下，几小时之内接近不分解，利用普鲁蓝多糖的这种低消化性，可制造低热量的特殊食品和饮料。另一方面，普鲁蓝多糖与淀粉相同，在达到 250℃左右时开始分解，其后被碳化，燃烧时不产生有毒气体和高热。

（8）改善物性，保持水分

在食品中添加少量普鲁蓝多糖，可以起到改善物性、保持水分等作用，因此它可用于改良食感、改善质量、防止老化以及提高成品率。

(9) 成型性、纺纱性

只需在普鲁蓝多糖中添加一定量的水，进行加热加压成型和纺纱处理，即可加工出具有可食性和溶水性的成型物或纤维。

14.3.2 普鲁蓝多糖的生物合成

1. 胞外多聚糖的生产

出芽短梗霉发酵产生的胞外多聚糖多种多样。早期的研究普遍认为出芽短梗霉发酵产物主要含有两种不同的胞外多聚糖，一种是普鲁蓝多糖，另一产物认为是一种水不溶性胶状物质。1993 年，Simon 等通过电子显微镜观察出芽短梗霉的细胞壁发现，在静息培养过程中主要的多糖都是由细胞产生的，普鲁蓝多糖和不溶性胶状物都依附于细胞壁的外表面，最外层是高度密集的普鲁蓝多糖层，里面包着一层是由葡萄糖和甘露糖通过 β-1, 3-糖苷键连接而成的不溶性的聚多糖层。

2. 生物合成机制及途径

Clark 发现在出芽短梗霉细胞内 ATP 是通过磷酸戊糖循环合成的。在出芽短梗霉培养基里加入带有放射性同位素标记的葡萄糖后，发现葡萄糖 α 位上的碳最终转化为 CO_2。在发酵初期，随着 CO_2浓度的快速增大和溶氧浓度的降低，pH 值会呈现下降的趋势；在发酵过程中，酸性化合物的生成，造成 pH 值的继续降低；发酵后期，由于在通气条件下物质传递的加快使 pH 值回升。因此，整个发酵过程中 pH 值的时间曲线呈字母 U 形。

普鲁蓝多糖是在细胞内合成的，并通过载体脂蛋白作用穿过细胞壁而分泌到细胞外。普遍认为，普鲁蓝多糖的生物合成途径是出芽短梗霉利用基质中的葡萄糖，通过糖酵解途径和糖醛酸途径使葡萄糖首先转变为 6-磷酸葡萄糖，然后再转变为尿苷二磷酸葡萄糖。尿苷二磷酸葡萄糖（UDPG）脱下的葡萄糖残基，通过磷酯键与脂质分子（LPh）相结合首先形成葡萄糖基（Glucosy l）；然后进行第二次葡萄糖基转移反应得到异麦芽糖基（Isomaltosy l）；经过第三次作用后形成的异潘糖基（Isopanosy l），最后通过聚合而成普鲁蓝多糖链。具体过程如图 14-6 所示。

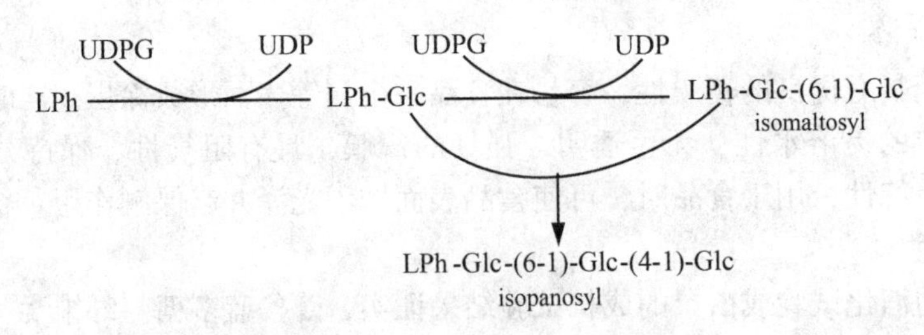

图 14-6 普鲁蓝多糖生物合成途径

3. 普鲁蓝多糖的发酵生产

(1) 菌种特性

普鲁蓝产生菌出芽短梗霉，又名出芽茁霉（*Pullularia pullulans*），为半知菌类短梗霉属，是一种具有酵母型和菌丝型形态的多形真菌。由于遗传上的不稳定性，可形成许多变种，菌落最初黏稠，呈暗白色，很快转变为淡绿色，最终为黑色。菌落质地由黏稠状到坚硬，菌落边缘呈明显的根状。无性繁殖方式多样，主要类似于酵母菌的多边芽殖形式到形成明显的真菌丝。常具有节孢子、厚垣孢子、芽分生孢子。幼龄营养细胞呈椭圆形至柠檬形，代谢为氧化型。

（2）新菌株的发酵研究

出芽短梗霉在发酵的过程中，伴有深绿色和黑色的色素产生，使发酵液颜色变深。色素的产生对短梗霉多糖的提取纯化造成困难，降低其品质，导致后续的分离成本提高。Chi Zhenming 等发现了一种新的产普鲁蓝多糖菌株 *Rhodotorula bacarum*Y68，该菌株在发酵过程中不产生色素，以葡萄糖为碳源大豆水解物为氮源进行发酵，300mL 摇瓶装液量为 50mL，在温度为 28℃ 的条件下，180r/min 振荡培养 60h，普鲁蓝多糖最高产量可达到 59g/L。

在发酵过程中由于发酵条件和底物的不同，一般有酵母状（Y 相）和菌丝体（M 相）两种状态相互转变，大量研究表明酵母状细胞最有利于短梗霉多糖的形成。S. V. N. V. ijayendra 等采用出芽短梗霉 CFR-77 菌株，以 5.0%椰子树汁制的粗糖为唯一碳源，发酵过程中细胞始终呈酵母状并带有厚垣孢子，菌体不产生色素，发酵 72h 产量达到 51.9g/L。此菌株发酵周期短，多糖产量高且黏性好。

随着发酵时间的推移，发酵液中糖浓度不断升高，会使普鲁蓝多糖分子量降低。Hyung-Pil Seo 等对出芽短梗霉 ATCC42023 进行紫外诱变，得到诱变株出芽短梗霉 HP-2001，该菌株发酵时无色素产生，所产的高分子量普鲁蓝多糖不会因糖浓度的升高而被分解。实验采用出芽短梗霉 HP-2001，比较了酵母抽提物和豆油渣分别作为唯一氮源的生产效果，发现后者的普鲁蓝多糖产量较高，纯浓度达到 7.5g/L，平均分子量相对较大，为 $1.32\times10^6 \sim 5.66\times10^6$D。所产的普鲁蓝多糖拥有相同的基本结构，只是单体成分的比率有细微的区别，从而使所产生的普鲁蓝多糖有不同的分子量。

（3）发酵工艺条件的影响

发酵工艺条件包括 pH 值、温度、通气量、接种量、种龄等，其中通气量对产普鲁蓝菌株细胞活性的影响显著。出芽短梗霉是好氧菌，因此在无氧条件下细胞既不生长也不生产普鲁蓝多糖。而在氧气充足的情况下，菌体的生长和普鲁蓝多糖的产量都有大幅度提高，尤其是在含氮源丰富的培养基中，这一现象更为明显。在低含氮量的培养基中，结果则相反，此时高通气量会抑制普鲁蓝多糖的生产。Audet 等研究发现，在养分平衡的培养基中，溶氧的提高利于产物的合成，但高通气量会使菌种产生的普鲁蓝多糖的分子量变小。

Triantafyllos Roukas 等对搅拌发酵罐中出芽短梗霉 P56 菌株生产普鲁蓝多糖的发酵条件进行研究，以甜菜蜜糖为碳源，当通气量为 1.0vvm 时，多糖浓度为最高，达到 23.0g/L，细胞干重 22.5g/L，糖利用率为 96.0%。多糖浓度和 pH 值的上升会使饱和多糖的黏度上升，但温度上升使黏度下降。结果表明，当 pH 为 8.0，温度为 20℃ 的时候，黏度最大。

Youssef F 等研究分批发酵与补料-分批发酵对普鲁蓝多糖生产的影响。结果显示，分批发酵对普鲁蓝多糖的合成更有利，多糖浓度可以达到 31.3g/L，日产量达到 4.5g/L，糖利用率 100%。而在补料分批发酵中，补料培养基组成对发酵动力学会产生影响，多糖浓度仅为 24.5g/L，日产量 3.5g/L。通过结构分析得知，α-1，4 糖苷键占 66%，α-1，6 糖苷键约占 31%，另外，糖苷链中还存在小于 3%的三重键。

4. 普鲁蓝多糖的分离

要从发酵液中分离得到纯的普鲁蓝多糖，需经过 3 个步骤：菌体的分离、黑色素的洗脱以及最后多糖的析出。发酵液在室温下，8000r/min 离心 30min 除去菌体，得到呈黑绿色的上清液，将上清液在 80℃下持续加热 1h 使胞外酶失活，过滤后将滤液冷却至 25℃，然后脱色，此步骤最为关键。Dharmendra K Kachhawa 等对不同的脱色方法进行了比较，他们分别采用活性炭、单一有机溶剂、不同配比有机溶剂混合物以及不同浓度的 KCl 乙醇溶液进行脱色，结果表明，乙醇与丁酮按 60：40 配比的有机混合物脱色效果最佳。脱色后的混悬液用 2 倍体积的乙醇沉淀，弃上清液，沉淀物于 60℃烘干，得到的固体即为普鲁蓝多糖。

5. 普鲁蓝多糖生产现状

普鲁蓝多糖的研究工作起始于西德，英国人在理论方面也做了不少工作，日本进行了比较系统的研究，尤其是在生产工艺和产品应用方面取得了大量专利。1976—1980 年为第一个研究高峰，主要是对其性质和发酵方法的研究；1984—1996 年为第二个研究高峰，主要集中在其产生机理和应用的研究。目前已进入应用研究高峰，包括普鲁蓝多糖衍生物的结构鉴定、性质、应用的研究以及普鲁蓝多糖改善食品品质方面的研究。从国外所发表的文章来看，目前普鲁蓝多糖的产率并不高，大多为 20g/L~50g/L，并且其发酵时间较长，一般需要 96~144h。日本在普鲁蓝多糖的研究中做了大量工作，目前年产量已达万吨。1976 年日本 Hayashihara（日本林原生化研究所）就开始进行普鲁蓝多糖中试水平规模的商业化生产，至今仍垄断国际市场。

我国从 1980 年开始研究普鲁蓝多糖，是“七五”、“八五”攻关项目，在研究中筛选到了一些多糖产量高、色素含量低的菌株，但国内生产技术与先进国家相比还有差距，原料利用率还不高，后提取成本较高，目前尚未见工业化生产报道。有报道称普鲁蓝多糖产量已经达到了 30g/L~60g/L，然而却存在发酵时间长、产品黑色素多、纯化提取困难等问题。在普鲁蓝多糖应用方面的研究在国内进行得更少，已有的应用研究主要是把普鲁蓝多糖作为食品（如鸡蛋、海产品等）和水果（如苹果、梨等）的保鲜剂。

山东省食品发酵工业研究设计院与中科院微生物研究所于上世纪 80 年代开始研究普鲁蓝多糖，是国家轻工部科技攻关项目。1990 年开发出普鲁蓝多糖产品，但由于当时的产品质量低劣，且缺乏应用研究，国内还未有专项推广应用的资金，而暂停了开发。山东省食品发酵工业研究设计院在日本林原生化研究所研究的基础上，从 2000 年开始，对过去有关普鲁蓝多糖研究开发方面的成果重新进行了分析，通过一系列科研攻关，多糖的产率达到 55g/L，糖转化率可达 60%~70%。之后，对后提取工艺条件进行多方位摸索试验，制成了类似日本的优质普鲁蓝多糖产品。

2009 年，甘肃省农业科学院农产品储藏加工研究所完成的科技攻关项目“茁霉多糖新产品研发”经甘肃省科技厅组织有关专家进行了成果鉴定。该项目以马铃薯淀粉为原料，通过复合诱变筛选出白色高产茁霉多糖菌株；采用微波技术优化了淀粉液化、糖化工艺；研究了固定化茁霉多糖菌悬浮培养技术，提高了发酵过程中生物转化率；采用分子筛技术等提取方法处理茁霉多糖发酵液，形成了15L生物反应器规模的白色高产茁霉多糖发酵工艺。同时，诱变筛选出的白色高产茁霉多糖菌株，在20%淀粉含量的发酵原料中，多糖发酵转化率为58.5%，较原株（对照）多糖发酵转化率提高8%，纯度80%以上的多糖提取得率达到90%，制订并备案了产品的企业标准。鉴定委员会一致认为：该项目充分利用甘肃省马铃薯淀粉的资源优势，生产茁霉多糖；技术路线合理，项目整体工艺技术水平达到国内同类研究的领先水平，同意通过技术成果鉴定；并建议将成果名称更名为"茁霉多糖产品生产工艺研究"，尽快开展中试研究。

湖北工学院化工系采用生物发酵法合成了茁霉多糖，并研究了它的成膜性及其膜性能，由于其极低的氧气透过率，适合用作食品保鲜包装材料，有望成为一种有前途的生物降解塑料。湖州巴克新材料有限公司目前正在研究普鲁蓝多糖的生产。公司所采用的是微生物发酵法酶法生产普鲁蓝多糖。该项目以甘蔗糖蜜为原料，将购进出芽短梗霉菌株经微波-紫外复合诱变处理，筛选出来的菌株产糖量高且发酵液的颜色浅，简化了后续脱色工序，而且用该法生产普鲁蓝多糖，对环境污染小，得到的目标产物的纯度高，原料利用率高，节省了生产成本，增加了产品的附加值。该技术在国内属首创，在国内处于领先地位，湖州巴克新材料有限公司已经给这项技术申请了专利。

6. 相关发明专利技术

（1）一种生产普鲁蓝多糖的菌株与利用该菌株生产普鲁蓝多糖的方法

①发酵工艺：

a. 菌种：出芽短梗霉（*Aureobasidium pullulans*）G-58，保藏号CGMCC No. 1234。

b. 种子培养基以g/L计：蔗糖50，$(NH_4)_2SO_4$ 0.8，K_2HPO_4 4，$MgSO_4$ 0.2，NaCl 0.2，酵母膏1.5；pH值为6，于121℃灭菌30min。

c. 发酵培养基以g/L计：蔗糖50~100，$(NH_4)_2SO_4$ 0.4~0.8，K_2HPO_4 4~8，$MgSO_4$ 0.4，NaCl 0.2，$MnCl_2$ 0.005，酵母膏0.3~0.5；pH值为6.0~7.0，于121℃灭菌30min。

d. 种子培养条件：取28℃培养4d的斜面菌种一环，接种于种子培养基，装液量为在500mL三角瓶中装100~120mL，于28℃、200r/min摇瓶培养36h即为种子液。

e. 10L发酵罐培养条件：10 L发酵罐，装液量6L，接种量2%；温度28℃，罐压0.5kg/cm^2，搅拌速度200~600r/min，通气量1.5~6L/min，发酵时间96h。

f. 1.5m^{3}发酵罐培养条件：1.5m^{3}发酵罐，装液量900L，接种量2%；温度28℃，罐压0.5kg/cm^2，搅拌速度200~600r/min，通气量1.5~6L/min，发酵时间96 h。

g. 最佳的发酵培养基以g/L计：蔗糖50，$(NH_4)_2SO_4$ 0.6，K_2HPO_4 6，$MgSO_4$ 0.4，NaCl 0.2，$MnCl_2$ 0.005，酵母膏0.4；pH值为6.5，于121℃灭菌30min。

②发酵液后处理工艺：发酵液经过滤I→离心I→热处理→离心II→脱色→离心III→酒精沉淀→离心IV→脱盐→过滤II，制得液体普鲁蓝产品；继续干燥制得固体普鲁蓝产品。

a. 过滤I：8层纱布抽滤；

b. 离心I：3000r/min、30min；

c. 热处理：离心I之后的上清液用于热处理，用$NaHCO_3$和HCl调pH值，温度为70℃、10min，pH值为7.0；

d. 离心II：4000r/min、30min；

e. 脱色：活性炭脱色，活性炭用量为 0.5%，温度为 15℃，pH 值为 7.0；

f. 离心 III：4000r/min、30min；

g. 酒精沉淀：离心 III 的上清液加入 2 倍体积工业酒精，搅拌，在 4℃放置 12h；

h. 离心 IV：2000r/min、15min；

i. 脱盐：离心 IV 的沉淀用 65%的酒精洗涤 3 次；

j. 毫过滤 II：8 层纱布抽滤。

过滤 II 得到的沉淀溶于水，配制成固形物含量为 20%的水溶液。将溶液蒸发至固形物含量为 60%~70%，即为液体普鲁蓝产品；或通过喷雾干燥制得固体普鲁蓝产品。

（2）一种生产普鲁蓝多糖的发酵方法

①制备种子培养基，其水溶液组成为（W/W,%）：蔗糖 2.0~4.0，精制氮源 0.2，KH_2PO_4 0.1~0.8，$(NH_4)_2SO_4$ 0.1~0.5，$MgSO_4 \cdot 7H_2O$ 0.1~1.0，pH 值为 6.0~6.2，于 121℃灭菌 25min；

②出芽短梗霉菌种，接在上述种子培养基中，经一级种子、二级种子、种子罐逐步扩大培养后，作为液体种子；

③准备发酵初始培养基，其水溶液组成为（W/W,%）：蔗糖或 DE 值为 40~60 的淀粉水解物 3.0~5.0，精制氮源 0.2~0.5，KH_2PO_4 0.2~1.0，$(NH_4)_2SO_4$ 0.1~0.5，$MgSO_4 \cdot 7H_2O$ 0.1~1.0，发酵复加溶液 20~50，pH 值为 6.0~6.2；

④将上述液体种子接入发酵培养基中，接种量为 5%~10%，发酵搅拌速度为 200~300r/min，温度为 29℃±1℃，通气量为 0.5~1.0（V/V），罐压为 0.01~0.02MPa；

⑤发酵进行 16h 后补加碳源，每隔 8~12h 流加一次，流加体积为发酵体积的 2%，流加液为含有蔗糖或 DE 值为 40~60 的淀粉水解物 30%~50%、尿素或氨水 0.5%~1.0%的水溶液；

⑥连续流加 5~7 次碳源后，再继续发酵 16~56h；

上述发酵液得到的普鲁蓝多糖溶液通过分子量 3000~4000 道尔顿的陶瓷膜进行膜分离，得到分子量 3000~4000 以上的普鲁蓝多糖。

（3）生产普鲁蓝多糖的发酵方法

①制备种子培养基，其水溶液组成为（g/L）：植物油 20.0~30.0，KH_2PO_4 2.0~6.0，$(NH_4)_2SO_4$ 0.4~0.8，$MgSO_4 \cdot 7H_2O$ 0.1~0.4，NaCl 0.5~2.0，酵母膏 0.2~0.4，pH 值 5.5~6.5，于 121℃灭菌 20min；取一环出芽短梗霉菌种接入在上述种子培养基中，经一级种子、二级种子、种子罐逐步扩大培养后，作为液体种子；摇瓶于 29±1℃、转速为 240~280rpm 的摇床上培养 48h，作为一级种子液；摇瓶于 29±1℃、转速为 240~280rpm 的摇床上培养 24h，作为二级种子液。

②制备发酵初始培养基，其水溶液组成为（g/L）：植物油 20.0~40.0，KH_2PO_4 3.0~8.0，$(NH_4)_2SO_4$ 0.4~0.8，$MgSO_4 \cdot 7H_2O$ 0.1~0.4，NaCl 0.5~2.0，$FeSO_4 \cdot 7H_2O$ 0.01~0.02，酵母膏 0.2~0.6，pH 值 5.5~6.5，于 121℃灭菌 20min。

③将液体种子接入上述发酵培养基中，接种量为 3%~8%，发酵搅拌速度为 200~500rpm，发酵温度为 29±1℃，通气量为 0.5~10（V/V），罐压为 0.01~0.02MPa。

④在发酵 24h 后进行补加另一种碳源，流加量为 40~80g/L，流加液为 40%~60%浓度的蔗糖溶液、葡萄糖溶液或者是 DE 值为 40~60 的淀粉水解物；流加碳源后，pH 值调

控在4.0，通气量0.8~1.0（V/V），发酵搅拌速度提高到300~350rpm，罐压0.02MPa，再继续发酵60~72h。发酵液按常规絮凝、超滤、膜分离、浓缩、干燥后，得到分子量为20~60万道尔顿的普鲁蓝多糖。

14.3.3　普鲁蓝多糖及其衍生物的应用

1. 在食品工业上的应用

普鲁蓝多糖具有透明、硬度强、耐油、可热封、可食、表面摩擦系数小、弹性强、延伸率低等特点，可将其直接制成薄膜，薄膜最特殊的性质是比其他高分子薄膜的透气性能低，氧、氮、二氧化碳等几乎完全不能通过。且薄膜具有良好的热封性，成品不需添加增塑剂、稳定剂，温度的小范围变化不改变其稳定性，对食品、环境和人体都无毒无害，所以是一种非常理想的食品包装材料。普鲁蓝多糖作为主食、糕点的低热值食品原料和食品品质的改良剂和增塑剂，广泛地应用于食品工业中。

（1）作为食品包装材料

普鲁蓝多糖水溶液具有极好的成膜性，膜具有光泽和透明度，韧性好，对温度的变化极为稳定，且薄膜具有良好的热封性，成品不需添加可塑剂、稳定剂，对食品、环境和人体都无毒无害，所以是一种非常理想的水溶性食品包装材料。普鲁蓝多糖膜最特殊的性质是比其他高分子膜的透气性能低，氧、氮、二氧化碳和香气等气体几乎不能透过，并且具有抗油脂的特性，可以防止扩散和因配料与添加剂所含油脂氧化引起的气味与口味变质。用普鲁蓝多糖水溶液制成食品薄膜，可用于密封容易氧化变质的食品及风味强的粉末食品如汤料、咖啡、酱、各种香辛料、冻结干燥食品等，有保护食品外观及香味的作用并能长期保持稳定。用普鲁蓝多糖作为食品包装材料，还可使食品表面光滑、有光泽，最大特点是普鲁蓝多糖具有可食性，食品不需开封，可以连膜食用，十分方便。在水果、鸡蛋保鲜方面，可以采用普鲁蓝多糖或其衍生物，加适量的化学保护成分，在其表面直接喷撒干燥成膜，可有效阻止水果鸡蛋中的水分、氧气、二氧化碳等与外界的交换和反应，并抑制水果与鸡蛋的呼吸强度，降低储存过程的营养损失，从而达到保鲜的目的。

（2）作为低热量食品添加剂

普鲁蓝多糖是非消化吸收性碳水化合物，不被肠吸收，可排出体外，不会导致高血压、心脏病、肥胖症等，是一种健康的食品材料，可用作低热量食品添加剂，制造低热量食品和饮料。最近发现，普鲁蓝多糖还具有使双歧杆菌增殖和治疗便秘的作用。

（3）作为食品品质改良剂和增稠剂

普鲁蓝多糖水溶液有滑润、清爽的感觉，具有改善口感的作用，因此可用作食品品质改良剂和增稠剂。在食品加工过程中添加少量普鲁蓝多糖可显著改善食品质量，如鱼糕能增味提质，制豆腐时添加少量普鲁蓝多糖能保持大豆的香味并简化工艺；酱油、调味品、咸菜、糖煮鱼虾、美味食品等少量添加普鲁蓝多糖能稳定其黏性，增加其黏稠感并使其口感更顺滑。

2. 在化妆品方面的应用

普鲁蓝多糖有良好的水溶性、分散性、成膜性、吸湿性和无毒害性，可作为化妆品中的黏性添加物；在价格方面远比用于化妆品的透明质酸要低廉得多，但其效果却与透明质酸相差无几。

3. 在医药工业上的应用

在制药工业中用 20% 的普鲁蓝多糖代替动物胶，可简化防氧化胶囊的生产；添加 5%~10%的普鲁蓝多糖，可适当提高软胶囊的柔性、弹性、黏着性，使它能在胃肠预定区域溶解，释放内含物，以提高药物的疗效；作为抗氧化包装材料可使维生素 C 和酶制剂等易氧化药品延长保存期。此外，它还可作为酶纯化的层析胶和酶固定化的支持物。普鲁蓝多糖作为一种良好的佐剂与抗原，或病毒混合后，注入动物体内可促进动物免疫反应产生抗体。

普鲁蓝多糖及其衍生物有许多潜在的药物、临床和医疗方面的用途。由于组成多糖的糖苷键类型的不同，在吡喃环中，因为不同位置羟基的性质不同以及分子微环境的不同，会发生许多化学反应。在普鲁蓝多糖的结构中，每个重复单元大约有 9 个羟基可以被取代，而根据溶剂的极性和反应试剂的不同，这些基团的性质差别是很大的。

羧甲基普鲁蓝多糖是一种极佳的药物载体，当在 CMP 大分子中导入负电荷后，此衍生物能在人体内延长保留时间。Bruneel 等研究发现，在 DMSO 溶液中，多糖的羧化作用和琥珀酰化作用发生在葡萄糖吡喃环的 C-6 位置上。而 Glinel 等研究发现，在酒精-水的混合物反应体系中，普鲁蓝多糖的羧甲基化作用主要发生在 C-2 位置。

硫酸化普鲁蓝多糖具有抗凝血活性作用，副作用小，可替代肝素成为一种新的抗凝血活性剂。Mihai D 等通过实验发现，由于普鲁蓝多糖结构中羟基含量高，因此在相同条件下，普鲁蓝多糖的取代程度要比葡聚糖高，而羟基的取代顺序为 C-6>C-3>C-2>C-4。反应温度、反应过程控制和反应所用试剂很大程度上也决定了普鲁蓝硫酸化衍生物的最终性质。

普鲁蓝多糖还可以用来做药物包衣，包括缓释剂等。利用普鲁蓝多糖薄膜特性的口服治疗产品已经进入规模生产。此外，普鲁蓝多糖及其衍生物还应用于摄影、平版印刷和电子等方面。

4. 在工业中的应用

（1）用于环保型包装材料和污水处理

普鲁蓝多糖具有极好的成膜性和成纤维性，可以用于生产无植物纤维的纸张。这种纸具有良好的吸水性，便于书写和印刷，是良好的包装材料。加入某些配料可生产出特殊用途的高级纸张，还可用来包装面膜等。作为絮凝剂，普鲁蓝多糖特殊的吸附性及电化学性使其在有助凝剂的作用下进行分子架桥、吸附、絮凝与收缩沉淀。此特点使其可用作饮用水及生活、工业污水的净化剂，去除水中的悬浮物、BOD、COD 并脱色。华中科技大学将该产品应用于高浓度水净化处理、城市污水一级强化处理和味精生产中废水的处理，形成了完整的工艺技术，投料量为 2mg/L，取得较好效果。也有将普鲁蓝多糖与聚合氯化铝复合处理污水的报道。

（2）用做黏合剂、凝固剂和保护膜

普鲁蓝多糖在任何温度下都能完全溶解，不会因干燥而产生结晶。作为再湿性黏合剂，可以不用添加任何化学溶剂，就可以进行黏合和凝固，而且，燃烧时不产生高温和有害气体。沙模用它来黏接，浇铸时具有不产生气体、尘埃、噪音和振动等特点。用它黏合而成的肥料颗粒具有缓慢释放肥力的特点，从而可增加肥料的利用率。用做平板画的印刷图版保护膜，不但使图版具有抗氧化性，还能增加非成像区域金属表面的亲水性而使画面更清晰。在农业的种子保护和烟草工业中，也可以利用它的黏着性和抗氧化性。尤其在烟草工业中，我国普遍采用羧甲基纤维素（CMC）做烟末的黏合剂，但用CMC黏接成的烟丝有抗拉强度低、易潮解、好发霉以及有异味等缺点，从而降低了烟丝的质量。而用普鲁蓝多糖代替CMC，不仅克服以上缺点，还能减少尼古丁的含量、增加烟丝的芳香，提高了烟丝品级，是非常有前途的烟草黏合剂。

随着应用领域的不断扩大，普鲁蓝多糖具有极大经济价值和巨大开发潜力，市场前景必会越来越好。目前国外仅日本林原生化公司独家生产普鲁蓝多糖产品，国内尚没有普鲁蓝多糖产品的生产，主要是因为黑色素去除难度大、发酵液黏度大、后提取成本高等问题，关键是没有高产菌。获取普鲁蓝多糖高产菌是工业化生产的先决条件。采用构建工程菌、原生质体激光诱变等新技术获得普鲁蓝高产菌株，如何使多糖色素水平低，又能使多糖转化率高并进行产业化研究是当前的热点，实现发酵自动化、可视化是当今国际上发酵方面的最前沿研究，通过可视化自动控制技术，控制短梗霉于特定形态可对发酵过程进行控制，从而得到更好的效果。普鲁蓝多糖的生产原料价廉、易得，我国作为一个农业大国，家产品资源丰富，为此应加快对普鲁蓝多糖产业化的应用研究，推动该产业在国内的发展。

参 考 文 献

[1] 许克勇，冯卫华. 薯类制品加工工艺与配方 [M]. 上海：科技文献出版社，2001.
[2] 孟宏昌，李慧东，华景清. 粮油食品加工技术 [M]. 北京：化学工业出版社，2008.
[3] 马莺，顾瑞霞. 马铃薯深加工技术 [M]. 北京：中国轻工业出版社，2003.
[4] 李秀娟. 食品加工技术. [M] 北京：化学工业出版社，2008.
[5] 樊振江，李少华. 食品加工技术 [M]. 北京：中国科学技术出版社，2013.
[6] 沈群. 薯类加工技术 [M]. 北京：中国轻工业出版社，2008.
[7] 宋照军，袁仲. 薯类深加工技术 [M]. 郑州：中原农民出版社，2005.
[8] 郝林，杨宁. 发酵食品加工技术 [M]. 北京：中国社会出版社，2006.
[9] 张国治. 焙烤食品加工机械 [M]. 北京：化学工业出版社，2005.
[10] 陈平，陈明瞭. 焙烤食品加工技术 [M]. 北京：中国轻工业出版社，2009.
[11] 陈仪男. 果蔬罐藏加工技术 [M]. 北京：中国轻工业出版社，2010.
[12] 肖旭霖. 食品机械与设备 [M]. 北京：科学出版社，2006.
[13] 高福成，郑建仙. 食品工程高新技术 [M]. 北京：中国轻工业出版社，2008.
[14] 李书国，张谦. 食品加工机械与设备手册 [M]. 上海：上海科技文献出版社，2006.
[15] 席会平，田晓玲. 食品加工机械与设备 [M]. 北京：中国农业大学出版社，2010.
[16] 曾强，曾美霞. 薯、豆及油料作物食品加工法 [M]. 长沙：湖南科学技术出版社，2010.
[17] 唐伟强. 食品通用机械与设备 [M]. 广州：华南理工大学出版社，2010.
[18] 王娜. 食品加工及保藏技术 [M]. 北京：中国轻工业出版社，2012.
[19] 祝战斌. 果蔬储藏与加工技术 [M]. 北京：科学出版社，2010.
[20] 王培伦，马伟清，刘芳，等. 出口马铃薯安全生产技术 [M]. 济南：山东科学技术出版社，2009
[21] 曾洁，徐亚平. 薯类食品生产工艺与配方 [M]. 北京：中国轻工业出版社，2012.
[22] 田再民. 马铃薯高效栽培与储运加工一本通 [M]. 北京：化学工业出版社，2013.
[23] 薛效贤，李翌辰，薛芹. 薯类食品加工技术 [M]. 北京：化学工业出版社，2014.
[24] 罗其友，刘洋，高明杰，等. 中国马铃薯产业现状与前景 [J]. 农业展望，2015 (3)：35-40.
[25] 王景华. 我国马铃薯休闲食品的发展概况及市场前景 [J]. 农业技术与装备 2010 (9)：78-79.
[26] 陈珏颖，王静怡，刘合光. 中国马铃薯进出口贸易分析及对策 [J]. 世界农业，2014 (12)：100-104.

[27] 谢从华. 马铃薯产业的现状与发展 [J]. 华中农业大学学报（社会科学版），2012（1）：1-4.

[28] 巩慧玲，赵萍，杨俊峰. 马铃薯块茎储藏期间蛋白质和维生素 C 含量的变化 [J]. 西北农业学报，2004，13（1）：49-51.

[29] 吴碧文. 面粉及其制品中溴酸钾的测定方法研究进展 [J]. 福建分析测试，2009，18（4）：58-60.

[30] 高杨. 马铃薯酸奶生产工艺优化 [J]. 乳业科学与技术，2012，35（1）：29-31.

[31] 姚立华，刘翔，何国庆，等. 以马铃薯为辅料的黄酒生产工艺研究 [J]. 食品与发酵工业，2006，32（1）：86-89.

[32] http：//www. chyxx. com/industry/201501/302276. html.

[33] Verma S C，Joshi K C，Sharma T R. Some observations on the quality of potato varieties grown in India [J]. Abstr. Conf，Pap. Trienne Conf. Eur. Assoc. Potato Res，1975（6）：162.

[34] Chi Zhenming，Zhao Shuangzhi. Optimization of medium and cultivation conditions for pullulan production by a new pullulan- producing yeast strain [J]. Enzyme and Microbial Technology，2003，33(3)：206-211.

[35] S V N V ijayendra，Devendra Bansal，M S Prasad，et al. Jaggery：a novel substrate for pullulan production by Aureobasidium pullulans CFR-77 [J]. Process Biochemistry，2004，95(3)：293-299.

[36] Hyung-Pil Seo，Chang-Woo Son. Production of high molecular weight pullulan by Aureobasidium pullulans HP-2001 with soybean pomace as a nitrogen source [J]. Bioresource Technology，2004，95(3)：293-299.

[37] Triantafyllos Roukas，Maria Liakopoulou-Kyriakides. Production of pullulan from beet molasses by Aureobasidium pullulans in a stirred tank fermentor [J]. Journal of Food Engineering，1999，40(1)：89-94.

[38] Youssef F，Roukas T，Biliaderis C G. Pullulan production by a nonpigmented strain of Aureobasidium Pullulans using batch and fedbatch culture [J]. Process Biochemistry，1999，34：355-366.

[39] Dharmendra K Kachhawa，Paramita Bhattacharjee，Rekha S Singhal. Studies on downstream processing of pullulan [J]. Carbohydrate Polymers，2003，52(1)：25-28.

[40] Bruneel D，Schacht E. Chemical modification of pullulan：2. Chloroformate activation [J]. Polymer. 1993，34(12)：2633-2638.

[41] Karine Glinel，Jean Paul Sauvage，Hassan Oulyadi，et al. Determination of substituents distribution in carboxymethyl pullulans by NMR spectroscopy [J]. Carbohydr Res，2000，328(3)：343-354.

[42] Mihai D，Mocanu G，Carpov A. Chemical reaction on polysaccharides：I. Pullulan sulfation [J]. Eur Polym J，2001，37(3)：541-546.

[43] Simon L, Caye-Vaugien C, Bouchonneau M. Relation between pullulan production, morphological state and growth conditions in Aureobasidium pullulans: new observations[J]. Gen Microbial, 1993, 139: 979-985.

[44] Audet J, Lounes M, Thibault J. Pullulan fermentation in a reciprocating plate bioreactor[J]. Bioproc Eng, 1996, 15: 209-215.